云计算理论与实践

潘 虎 著

电子工业出版社
Publishing House of Electronics Industry
北京·BEIJING

内 容 简 介

本书介绍了云计算的基本理论及相关实践，强调理论与实践并重。主要内容包括：云计算技术的基本理论、与其他计算泛型的区别和联系，以及代表性的云计算平台系统；虚拟化技术的基本理论、应用类型及其技术路线；商业虚拟化平台 VMware vSphere、开源虚拟化平台 OpenStack 的系统架构与核心组件，以及详细的安装部署和运维方法；大数据处理技术的基本理论、功能特点与关键技术；开源大数据系统 Hadoop 的系统架构、核心组件与关键技术，及其安装部署和运维方法。

本书内容全面、条理清晰、可操作性强。既注重理论讲解，又注重实践操作。读者通过学习理论知识，结合云平台的实践操作，可对云计算技术快速入门，在此基础上对云计算开展深入研究。为方便教学，本书还配有电子课件及教学资源包，读者可登录华信教育资源网（www.hxedu.com.cn）免费注册下载。

本书既可作为学习云计算理论的技术书籍，又可作为实践技能的培训教材。

未经许可，不得以任何方式复制或抄袭本书之部分或全部内容。
版权所有，侵权必究。

图书在版编目（CIP）数据

云计算理论与实践 / 潘虎著. —北京：电子工业出版社，2016.12
ISBN 978-7-121-30194-0

I. ①云… II. ①潘… III. ①云计算－高等学校－教材 IV. ①TP393.027

中国版本图书馆 CIP 数据核字（2016）第 258866 号

策划编辑：戴晨辰
责任编辑：戴晨辰
印　　刷：北京捷迅佳彩印刷有限公司
装　　订：北京捷迅佳彩印刷有限公司
出版发行：电子工业出版社
　　　　　北京市海淀区万寿路 173 信箱　邮编：100036
开　　本：787×1 092　1/16　印张：17.75　字数：454.4 千字
版　　次：2016 年 12 月第 1 版
印　　次：2022 年 8 月第 7 次印刷
定　　价：42.00 元

凡所购买电子工业出版社图书有缺损问题，请向购买书店调换。若书店售缺，请与本社发行部联系，联系及邮购电话：（010）88254888，88258888。
质量投诉请发邮件至 zlts@phei.com.cn，盗版侵权举报请发邮件至 dbqq@phei.com.cn。
本书咨询联系方式：dcc@phei.com.cn，192910558（QQ 群）。

前　　言

　　云计算（Cloud Computing）是一种动态易扩展的计算方式和信息处理方式。云计算技术的优势在于：理论上讲，使得系统的存储能力和计算能力可以无限扩展。云计算思想的产生源于企业对 IT 设施投资及管理的实际需求，其更关注如何以低成本扩展 IT 系统并使其易于管理。

　　近几十年来，计算模式和信息处理模式经历了从大机时代的终端-主机模式（T-S 模式）到个人 PC 时代的客户机-服务器模式（C-S 模式），再到互联网时代的浏览器-服务器模式（B-S 模式）的不断演进。随着物联网和互联网应用需求的增大，以及移动宽带网络的普及，用户向互联网输入的数据迅速增长，软件更多地以服务的形式通过互联网被发布和访问。这些日益增长的业务需要海量存储和强大的计算能力来支撑。云计算的特性满足了现实需求，迅猛地发展起来。

　　当前计算机技术发展的广度和深度是以前无法想象的。计算机专业技术人员想要具备更高的技术能力，就必须快速地掌握各项新技术。多年来，作者一直专注于云计算平台的搭建、使用和运维管理，并开展了云计算理论与实践方面的教学工作。在实际工作中体会到优秀技术资料的稀缺，学习积累过程的不易。为了帮助相关专业人员高效、准确和较为全面地掌握云计算技术的关键知识和技能，作者结合多年教学经验编写本书，希望对读者有所帮助。本书中的实践内容均在实验室和实验教学中进行了验证。

　　本书的主要内容如下。

　　第 1 章　云计算概述。本章首先阐述了云计算技术的架构，服务的类型和特点，以及未来的发展方向。随后从服务层次、部署方式方面介绍了云计算的分类、关键技术，以及云计算、网格、集群、并行计算、分布式计算、效用计算等计算类型的区别与联系。

　　第 2 章　虚拟化概述。本章首先阐述了虚拟化技术的定义和分类，详细讲解了几种重要的服务器虚拟化技术，并从性能与用户体验等多个方面比较了这几种虚拟化技术的优势与不足，最后分析了虚拟化技术与云计算的关系。

　　第 3 章　VMware vSphere 概述。本章首先介绍了 VMware 公司及其产品线的发展，然后重点介绍了 VMware vSphere 的系统架构、核心组件、功能特点，最后介绍了 VMware ESXi 服务器的系统架构。

　　第 4 章　VMware vSphere 平台的搭建和使用。本章详细介绍了该平台的搭建过程，读者可以仿照虚拟环境下服务器与网络的配置方法，使用物理机搭建系统平台。

　　第 5 章　VMware vSphere 配置和高级特性。本章详细介绍了该平台的日常运维方法和高级特性。

　　第 6 章　OpenStack 概述。本章阐述了开源虚拟化管理平台 OpenStack 的发展历程、系统架构、核心组件、工作流程及生产环境的配置模式，详细介绍了 OpenStack 组件的功能和结构。

　　第 7 章　OpenStack 平台的搭建与使用。本章详细介绍了 OpenStack 平台的安装和配置方法。

　　第 8 章　大数据概述。本章首先阐述了大数据的结构类型和数据特征，然后介绍了大数据处理的关键技术，以及大数据处理系统的功能、特性，其与云计算的关系，最后介绍了当下流行的大数据系统的实例及大数据处理技术的经典应用。

第 9 章 Hadoop 大数据技术。本章阐述了开源大数据平台 Hadoop 的系统架构和关键技术，其中主要介绍了 HDFS 和 MapReduce 的工作原理，以及 YARN 框架的工作流程。

第 10 章 Hadoop 平台的搭建和使用。本章首先详细介绍了 Hadoop 平台的安装、配置、使用及管理方法，然后通过分析 MapReduce 程序，详细阐述了 Hadoop 并行工作的原理和过程。

为方便教学，本书还配有电子课件及教学资源包，读者可登录华信教育资源网（www.hxedu.com.cn）免费注册下载。

作者在本书中使用了部分网络中的资源，如 VMware 公司官网、OpenStack 官网、Hadoop 官网的相关资料，专业技术论坛资源及个人博客文章等。这些网络资源为本书提供了很好的参考素材，在此向相关作者表示衷心的感谢。

在本书的写作过程中，吴钊教授为本书的编写提出了许多宝贵的意见和建议，并参与了本书的框架编写工作，熊伟老师、胡春阳老师和程虹老师为云计算相关理论资料的收集和内容编写、实验平台的搭建做出了大量工作，部分实验的验证工作由鲍贵明、张仕山、龙源等完成。

本书得到了国家自然科学基金（61172084）、湖北省科技支撑计划项目（2013BHE022）、湖北省自然科学基金项目（2013CFC026）、湖北省高校优秀中青年科技创新团队项目（T201413）和湖北文理学院特色教材基金项目的资助。由于作者的水平和时间所限，书中难免存在错误和不妥之处，欢迎读者和业界同仁不吝指正。作者 E-mail：583436358@qq.com。

作　者
2016 年 12 月

目 录

第1章 云计算概述 1
- 1.1 云计算简介 1
- 1.2 云计算的分类 2
  - 1.2.1 IaaS、PaaS 和 SaaS 2
  - 1.2.2 IaaS 开发和 PaaS 开发 4
- 1.3 云计算的特点 5
  - 1.3.1 基本特点 5
  - 1.3.2 云计算与其他集群计算 7
- 1.4 云计算关键技术 9
- 1.5 云计算应用 11
  - 1.5.1 云计算平台 11
  - 1.5.2 云计算衍生产品 14
- 1.6 小结 15
- 深入思考 16

第2章 虚拟化概述 17
- 2.1 虚拟化技术简介 17
  - 2.1.1 计算机虚拟化（服务器虚拟化） 17
  - 2.1.2 存储虚拟化 18
  - 2.1.3 网络虚拟化 20
  - 2.1.4 应用虚拟化 20
  - 2.1.5 桌面虚拟化 21
- 2.2 服务器虚拟化 22
  - 2.2.1 服务器虚拟化简介 22
  - 2.2.2 服务器虚拟化分类 22
  - 2.2.3 服务器虚拟化用途 24
- 2.3 x86 虚拟化技术 25
  - 2.3.1 x86 虚拟化技术的发展 25
  - 2.3.2 x86 虚拟化的特征 25
  - 2.3.3 x86 虚拟化技术细节 26
  - 2.3.4 x86 架构服务器虚拟化系统厂商及其产品 28
- 2.4 KVM 虚拟化技术 31
  - 2.4.1 KVM 简介 31
  - 2.4.2 KVM 的 CPU 虚拟化 32
  - 2.4.3 KVM 用户物理内存管理 34

	2.5	云计算与虚拟化	35
		2.5.1 部署与应用	35
		2.5.2 向服务转型	35
	2.6	小结	36
	深入思考		37

第3章 VMware vSphere 概述 — 38

3.1	VMware 公司简介	38
	3.1.1 x86 系统虚拟化技术的提出	38
	3.1.2 VMware 公司发展历史	39
3.2	VMware 公司产品概述	40
	3.2.1 核心产品设计理念	40
	3.2.2 产品简介	40
3.3	VMware vSphere 组成与功能	42
	3.3.1 VMware vSphere 主要组件	42
	3.3.2 VMware vSphere 基本功能	43
	3.3.3 VMware vSphere 高级功能	44
	3.3.4 VMware vSphere 插件	45
3.4	VMware vSphere 逻辑分层结构和物理拓扑	46
	3.4.1 VMware vSphere 虚拟化层	46
	3.4.2 VMware vSphere 管理层	49
	3.4.3 VMware vSphere 接口层	49
	3.4.4 VMware vSphere 数据中心的物理拓扑	50
3.5	VMware ESXi 架构	51
	3.5.1 Service Console	51
	3.5.2 VMkernel	52
	3.5.3 ESXi 小结	54
3.6	VMware vSphere 5.5 特点	55
3.7	VMware vSphere 存储	55
	3.7.1 硬盘分类	55
	3.7.2 磁盘阵列	57
	3.7.3 存储分类	57
3.8	小结	59
深入思考		60

第4章 VMware vSphere 平台的搭建和使用 — 61

4.1	ESXi 服务器的安装和配置	62
	4.1.1 安装 ESXi 服务器	62
	4.1.2 配置 ESXi 服务器网络	67
4.2	安装配置 Openfiler 服务器	71
	4.2.1 安装 Openfiler 虚拟机	71

4.2.2　配置 Openfiler 虚拟机 ··· 78
4.3　安装并配置 VMware vCenter ·· 84
　　4.3.1　安装 Windows Server 2003 ··· 85
　　4.3.2　安装虚拟光驱 ··· 86
　　4.3.3　安装 vCenter Single Sign On ·· 87
　　4.3.4　安装 VMware vCenter Inventory Service ································ 91
　　4.3.5　安装 VMware vCenter Server ··· 93
4.4　登录 vCenter 并挂载 ESXi 主机 ·· 99
4.5　连接 Openfiler 存储 ·· 101
4.6　创建虚拟机 ·· 107
4.7　小结 ·· 112
深入思考 ·· 113

第 5 章　VMware vSphere 配置和高级特性 ·· 114
5.1　修改硬件参数 ··· 114
5.2　查看虚拟机文件 ··· 115
5.3　快照的使用 ··· 116
5.4　虚拟机转模板 ··· 119
5.5　虚拟机迁移 ··· 122
5.6　分布式资源调配 DRS ·· 125
　　5.6.1　创建 DRS 群集 ·· 126
　　5.6.2　体验 DRS ··· 129
5.7　资源池的使用 ··· 133
5.8　虚拟机的高可用性 ··· 134
5.9　热备功能 ··· 137
5.10　虚拟网络 ··· 138
5.11　存储网络 ··· 140
5.12　小结 ··· 140
深入思考 ·· 141

第 6 章　OpenStack 概述 ·· 142
6.1　OpenStack 简介 ·· 142
　　6.1.1　OpenStack 与云计算 ·· 142
　　6.1.2　OpenStack 的功能 ·· 143
　　6.1.3　OpenStack 的发展历程 ·· 143
　　6.1.4　KVM 开放虚拟化技术 ··· 144
6.2　OpenStack 架构 ·· 145
6.3　OpenStack 工作流程 ·· 146
　　6.3.1　Bexar 版本的工作流程 ·· 146
　　6.3.2　Folsom 版本的工作流程 ··· 149
6.4　OpenStack 生产环境的配置模式 ·· 150

- 6.5 OpenStack 各组件详解 ... 151
  - 6.5.1 Nova 组件 ... 151
  - 6.5.2 Keystone 组件 ... 151
  - 6.5.3 Neutron 组件 ... 153
  - 6.5.4 Swift 组件 ... 154
  - 6.5.5 Cinder 组件 ... 157
  - 6.5.6 Glance 组件 ... 158
  - 6.5.7 Horizon 组件 ... 159
  - 6.5.8 Heat 组件 ... 160
- 6.6 OpenStack 在企业中的应用 ... 160
  - 6.6.1 小米 OpenStack 项目概况 ... 160
  - 6.6.2 联想 OpenStack 的高可用企业云平台实践 ... 161
  - 6.6.3 OpenStack 在天河二号的大规模部署实践 ... 162
- 6.7 VMware 与 OpenStack 的比较 ... 162
- 6.8 小结 ... 164
- 深入思考 ... 164

第 7 章 OpenStack 平台的搭建与使用

- 7.1 实验环境资源需求 ... 165
- 7.2 实验环境拓扑 ... 165
- 7.3 实验环境配置 ... 167
- 7.4 安装和配置 Identity Service（身份服务） ... 172
  - 7.4.1 先决条件 ... 172
  - 7.4.2 安装并配置组件 ... 172
  - 7.4.3 配置 Apache HTTP 服务 ... 173
  - 7.4.4 完成安装 ... 174
  - 7.4.5 创建临时管理员令牌环境 ... 174
  - 7.4.6 创建服务实体和 API 端点 ... 175
  - 7.4.7 创建域、项目、用户和角色 ... 175
  - 7.4.8 验证操作 ... 177
  - 7.4.9 创建脚本 ... 178
  - 7.4.10 使用脚本 ... 179
- 7.5 安装和配置 Image Service（映像服务） ... 179
  - 7.5.1 先决条件 ... 179
  - 7.5.2 安装和配置组件 ... 181
  - 7.5.3 完成安装 ... 182
  - 7.5.4 确认安装 ... 183
- 7.6 安装和配置 Compute Service（计算服务） ... 183
  - 7.6.1 安装并配置管理节点 ... 183
  - 7.6.2 安装和配置计算节点 ... 187

7.7	安装配置 Networking Service（网络服务）	190
	7.7.1　安装和配置管理节点	191
	7.7.2　安装和配置计算节点	197
7.8	安装和配置 Dashboard	203
	7.8.1　安装和配置组件	203
	7.8.2　完成安装	204
	7.8.3　验证操作	204
7.9	安装和配置 Block Storage Service（块存储服务）	204
	7.9.1　安装和配置管理节点	204
	7.9.2　安装和配置一个存储节点	208
7.10	Horizon 操作	211
7.11	自动化部署	215
7.12	小结	216
深入思考		217

第 8 章　大数据概述　218

8.1	大数据简介	218
	8.1.1　大数据的定义	218
	8.1.2　大数据的结构类型	218
	8.1.3　大数据的特征	219
	8.1.4　大数据的处理技术	219
8.2	大数据处理系统	222
	8.2.1　大数据处理系统的功能	222
	8.2.2　大数据处理系统的特性	222
	8.2.3　云计算与大数据处理系统	223
8.3	大数据处理系统实例	223
	8.3.1　Google 大数据处理系统	223
	8.3.2　Hadoop	225
8.4	大数据应用	226
	8.4.1　精准广告投放	226
	8.4.2　精密医疗卫生体系	227
	8.4.3　个性化教育	227
	8.4.4　交通行为预测	227
	8.4.5　数据安全	228
8.5	小结	228
深入思考		228

第 9 章　Hadoop 大数据技术　229

9.1	Hadoop 概述	229
	9.1.1　Hadoop 简介	229
	9.1.2　Hadoop 编年史	230

  9.1.3 Hadoop 架构 233
  9.1.4 Hadoop 组件 234
 9.2 HDFS 概述 235
  9.2.1 HDFS 简介 235
  9.2.2 HDFS 工作特性 237
  9.2.3 文件读取过程 241
  9.2.4 文件写入过程 241
 9.3 MapReduce 工作原理 242
 9.4 Shuffle 过程 244
  9.4.1 Map 端 244
  9.4.2 Reduce 端 245
 9.5 YARN 架构任务调度 246
  9.5.1 MRv2（MapReduce Version 2）的基本组成 246
  9.5.2 YARN 的基本组成 246
  9.5.3 YARN 架构下 MapReduce 的任务流程 247
 9.6 Hadoop 应用领域 248
 9.7 小结 249
 深入思考 250

第 10 章 Hadoop 平台的搭建和使用 251
 10.1 Linux 系统配置 251
 10.2 Hadoop 配置部署 257
 10.3 运行 Hadoop 260
 10.4 HDFS Shell 命令操作 263
 10.5 MapReduce 程序解读 266
 10.6 小结 270
 深入思考 270

参考文献 271

第 1 章

云计算概述

1.1 云计算简介

云计算（Cloud Computing）是基于互联网的相关服务的增加、使用和交付模式，云计算通过互联网提供动态易扩展且经常是虚拟化的资源。美国国家标准与技术研究院（NIST）这样定义了云计算：云计算是一种按使用量付费的模式，这种模式提供可用的、便捷的、按需的网络访问，进入可配置的计算资源共享池（资源包括网络、服务器、存储、应用软件、服务），这些资源能够被快速提供，而只需投入很少的管理工作，或与服务供应商进行很少的交互。

计算机技术、计算模式和信息处理模式随着用户信息处理需求的增长而产生和发展。从计算机出现至今，计算模式和信息处理模式经历了大机时代的终端-主机模式（T-S 模式），PC 时代的客户机-服务器模式（C-S 模式），互联网时代的浏览器-服务器模式（B-S 模式）。目前，随着物联网和互联网应用需求的增大及移动宽带网络的普及，用户向互联网输入的数据量迅速增加。同时，软件多以服务的形式通过互联网发布和访问。这些日益增长的业务需要海量的存储和强大计算能力来支持。为了满足不断增长的业务需要，如果还沿用传统的数据中心架构，付出的软硬件成本会大大增加。云计算是一种动态、易扩展的计算方式和信息处理方式，存储能力和计算能力理论上可以无限增大，满足信息处理等业务需求的快速增长。而且云计算使用 x86 架构的服务器，性价比很高。这些优点使云计算逐渐发展和流行起来。云计算的原理是：使用特定的软件，按照指定的优先级和调度算法，将数据计算和数据存储分配到云计算集群中的各个节点计算机上，节点计算机并行运算，处理存储在本节点上的数据，结果回收后合并。云计算的产生并非来自学术界，而是产生于企业计算和互联网领域，它是分布式计算（Distributed Computing）、并行计算（Parallel Computing）、效用计算（Utility Computing）、网络存储（Network Storage Technologies）、虚拟化（Virtualization）、负载均衡（Load Balance）、热备份冗余（Hot Backup Redundancy）等传统计算机和网络技术发展融合的产物。云计算更关心如何扩展系统，如何方便 IT 管理，如何降低成本。

云计算通过互联网向用户提供服务，这些服务包括运算服务，例如，希望通过海量的销售记录计算某个大型商业网站某类商品最近几年的销售量，用户向云服务前端提交任务，由"云"返回计算结果；基础设施服务，例如，用户向云服务前端申请一台服务器，指明自己对硬件和软件的需求，包括 CPU 需求，使用多大内存和硬盘，操作系统是什么等，"云"将按照用户的要求虚拟一台服务器供使用，登录服务器（使用远程桌面或终端工具软件登录），会发现服务器的配置与用户的要求一致。当然还有许多其他的服务类型，比如云存储、云安全等。

对于用户来说，只需向"云"提出要求得到服务，不需要了解云内部的细节。这里的"云"实际上是一个大量硬件和软件的集合体，这些软硬件集合通过网络和"云软件"连接和组织在一起，向用户提供各种服务。前面提到的虚拟服务器，CPU 和内存来源于哪里，销售量运算究竟是哪几台机器做的，用户并不需要知道，而是由"云软件"组织调配"云"中的资源完成。"云软件"可以看作云资源集合的操作系统，有着操作系统的特征：管理软硬件资源和任务流程，提供人机界面。在需要时，可以向这个集合体内增加软硬件资源，不需要时可以把软硬件资源从这个集合体分离出去。

综上所述，云计算可以看成是一种 IT 资源的交付和使用模式，用户通过网络，以按需、易扩展的方式获得所需的资源（包括硬件、平台和软件）。"云"中的资源在使用者看来是可以无限扩展的，并且可以随时获取、按需使用、随时扩展、按需付费。这种特性被人们形象地称为像使用水电一样使用 IT 资源。计算能力也可以作为一种商品进行流通，就像水电一样，取用方便，通过互联网进行传输。之所以称为云计算，是因为在计算机网络拓扑图中互联网通常以云表示，在互联网之中的云资源集合也可以抽象为一朵云。用户对云资源的需求往往是根据业务的实际需求来衡量的，需要多少资源就使用多少，使用完成后再还给"云"，由"云"再提供给其他用户使用。

云计算未来主要有两个发展方向：一是构建与应用程序紧密结合的大规模底层基础设施，使得应用能够扩展到很大的规模；二是通过构建新型的云计算应用程序，在网络上提供更加丰富的用户体验。云计算虽然是一种新型的计算模式，但是现实的需要恰恰为云计算提供了良好的发展机遇。虽然现在的云计算并不能完美地解决所有的问题，但是相信在不久的将来，一定会有更多的云计算系统投入使用，云计算系统也将不断地被完善，并推动其他科学技术的发展。

1.2 云计算的分类

1.2.1 IaaS、PaaS 和 SaaS

按照提供服务的层次和类别，云计算可分为 3 类：基础设施即服务（Infrastructure as a Service，IaaS）、平台即服务（Platform as a Service，PaaS）、软件即服务（Software as a Service，SaaS）。"基础设施"是一个应用系统的硬件平台，处于应用系统的下端；"平台"包括操作系统，中间件和函数库；"软件"就是整个应用系统。在不同的服务类型下，用户可以控制的内容和云服务控制的内容有所区别，如图 1.1 所示。

1. IaaS

IaaS 为用户提供了计算基础架构，通常指提供了物理机、虚拟机、网络资源及其他资源（如虚拟机映像库、块存储或者基于文件的存储、防火墙、负载均衡、IP 地址、虚拟局域网等）。以前，如果要在企业平台运行一些企业应用，需要购买服务器，以及其他价格高昂的硬件来支持。现在，用户可以使用 IaaS 方式将硬件外包，IaaS 公司将提供虚拟服务器、存储和网络硬件，用户可以租用来运行企业应用，有效地节省了维护成本和办公场地。用户可以在任何时候利用租用来的硬件运行其应用。国际上主要的 IaaS 提供商和产品包括：亚马逊的 AWS、微软的 Azure、Rackspace 的 OpenStack、IBM 的 SoftLayer、VMware 的 vCloud 等。国内的有阿里云、青云（Qing Cloud）及中国移动的大云（Big Cloud）等。本书后续章节所讲述的 VMware vSphere 和 OpenStack 是两种有代表性的 IaaS 平台软件，它们都是采用虚拟技术，提供虚拟机 IaaS 服务。

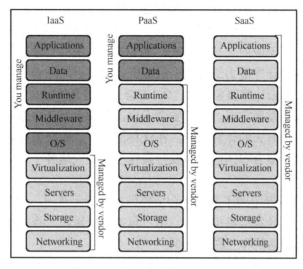

图 1.1　云计算的分类及可控内容

2. PaaS

PaaS 也称为中间件服务。为用户提供的服务平台通常包括操作系统、编程语言运行环境、数据库和大数据集处理、Web 服务器等。PaaS 把开发环境作为一种服务来提供，可以使用中间商的设备和软件开发自己的程序，通过互联网和服务器传送给用户。软件公司的软件开发和软件运行都可以在这一层进行，节省了时间和资源。PaaS 公司在网上提供各种开发和分发应用的解决方案，开发出的应用调用了 PaaS 平台的 API，运行时使用了 PaaS 平台软硬件，节省了硬件开销，也使得处在分散工作场地之间的合作变得更加容易。PaaS 服务提供网页应用管理、应用设计、应用虚拟主机、存储、安全及应用开发协作工具等。主要的服务平台包括亚马逊的 AWS Elastic Beanstalk、Heroku、Force.com、谷歌的 GAE（Google App Engine）、新浪的 SAE、百度云的开发引擎等。

大数据处理系统是一种 PaaS 平台。初期，Google 的创始者因为无法购买昂贵的商用服务器运行搜索引擎，于是采用了大量廉价的 x86 架构个人计算机组成集群来提供搜索服务，成功地把这种个人计算机集群的运算能力做到比商用服务器更强大，而成本却远远低于商用的硬件与软件，从而产生了大数据处理技术。2003—2006 年，Google 发表了 4 篇关于分布式文件系统、并行计算、数据管理和分布式资源管理的文章，奠定了大数据处理技术发展的基础。基于这些文章，开源软件 Hadoop 逐步复制了 Google 的云计算系统，从此 Hadoop 大数据处理系统平台开始流行。本书后续章节将介绍 Hadoop 平台的结构和使用。

3. SaaS

SaaS 为用户提供了按需支付费用（On-Demand）的应用软件。用户不必操心各种应用程序的安装、设置和运行维护，一切都由 SaaS 服务提供商来完成。用户只需要支付费用，通过可视化的客户端来使用它,如谷歌的 Apps、微软的 Office 365、Citrix 的 CloudStack,以及目前流行的各种云存储(网盘)、云相册、云备份、云打印、云监控等针对个人使用的云服务产品。

云计算的部署方式有 4 类,包括:① 私有云,数据中心部署在企业内部,由企业自行管理;② 公共云,数据中心由第三方的云计算供应商提供,供应商帮助企业管理基础设施(如硬件、网络等),企业将自己的软件及服务部属在供应商提供的数据中心,并且支付一定的租金;③ 社区云,是指在一定的地域范围内,由云计算服务提供商统一提供计算资源、网络资源、软件和服务能力所形成的云计算形式,基于社区内的网络互连优势和技术易于整合等特点,通过对区域内各种计算能力进行统一服务形式的整合,结合社区内的用户需求共性,实现面向区域用户需求的云计算服务模式;④ 混合云,混合云融合了公有云和私有云,是近年来云计算的主要模式和发展方向。出于安全考虑,企业更愿意将数据存放在私有云中,但是同时又希望可以获得公有云的计算资源,在这种情况下,混合云被越来越多地采用。混合云将公有云和私有云进行混合和匹配,以获得最佳的效果,这种个性化的解决方案,达到了既省钱又安全的目的。

图 1.2 是云计算产业链中的不同角色和所提供的服务示意图。供应商包括基础设施制造商、基础设施运营商、云计算服务提供商。用户包括政府用户、企业用户和个人用户,行业又分政府、教育、医疗、通信和互联网企业。

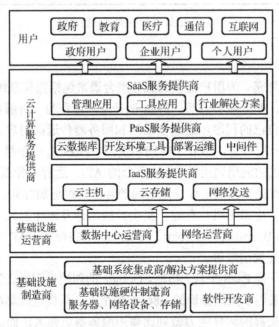

图 1.2 云计算产业链

1.2.2 IaaS 开发和 PaaS 开发

PaaS 是将一个开发和运行的平台作为服务提供给用户,PaaS 开发是在该平台上开发具体业务应用;IaaS 是将虚拟机或其他资源作为服务提供给用户,IaaS 开发是开发资源组织和发布平台,目前国内的大量云平台公司开发虚拟机管理平台、桌面云平台,几乎都是基于 KVM 技术,在 OpenStack 基础上开发的。以下从几个方面比较两者的区别。

1．开发环境

PaaS 提供商都会给开发者提供一整套包括 IDE 在内的开发和测试环境。IaaS 开发人员主要沿用之前的开发环境（如 Eclipse），由于开发环境与云的整合比较欠缺，所以在使用时不是很方便。

2．支持的应用

因为 IaaS 主要提供虚拟机，且普通的虚拟机能支持多种操作系统，所以 IaaS 支持的应用范围非常广泛。但如果一个应用运行在某个 PaaS 平台上，则不是一件轻松的事，因为不仅需要确保这个应用是基于这个平台所支持的语言，而且也要确保这个应用只能调用此平台所支持的 API，如果应用调用了平台所不支持的 API，那么就需要对这个应用进行修改。

3．开放标准

虽然很多 IaaS 平台都存在一定的私有功能，但是由于 OVF（虚拟机文件格式）等协议的存在，使得 IaaS 开发可以跨平台和供应商。PaaS 平台的情况不一样，无论是 Google 公司的 Google App Engine，还是 Salesforce 公司的 Force.com 都存在私有 API，应用不能跨平台。

4．可伸缩性

PaaS 平台会自动调整资源来帮助运行于其上的应用更好地应对突发流量。IaaS 平台则需要开发人员手动对资源进行调整才能应对。

5．整合率和经济性

PaaS 平台整合率非常高，如 PaaS 的代表 Google App Engine 能在一台服务器上承载成千上万的应用。而普通的 IaaS 平台的整合率最多不会超过 100 个，普遍在 10 个左右，使得 IaaS 的经济性不如 PaaS。

6．计费和监管

PaaS 平台在计费和监管方面不仅达到了 IaaS 平台的操作系统层面（如 CPU 和内存的使用量），而且还能达到应用层面（如应用的反应时间或应用所消耗的事务多少等），这将提高计费和管理的精准性。

7．学习难度

在 IaaS 上开发和管理应用的方式与常规方式比较接近，而在 PaaS 上开发则有可能需要学习一门新的语言或新的框架，所以 IaaS 学习难度相对低。

1.3 云计算的特点

1.3.1 基本特点

云计算运行在"云"上，"云"是一个由大量的硬件和软件组成的集合体，硬件通常指一个由高速网络连接在一起的计算机集群，云软件组织调配资源，提供图形化界面或 API 接口。

1. 超大规模

"云"具有超大的规模，Google 云计算拥有 100 多万台服务器，Amazon、IBM、微软、Yahoo 等的"云"也拥有几十万台服务器。一般大型企业的私有云也拥有数百台服务器。超大规模的计算机集群能赋予用户前所未有的计算能力。

2. 虚拟化

虚拟化包括资源虚拟化和应用虚拟化。资源虚拟化是指异构硬件在用户面前表现为统一资源；应用虚拟化是指应用部署的环境和物理平台无关，通过虚拟平台对应用进行扩展、迁移、备份，这些操作都是通过虚拟化层完成的，虚拟化技术支持用户在任意位置、使用各种终端获取应用服务，如大数据处理系统。使用虚拟化技术，用户所请求的资源来自"云"，应用在"云"中运行，用户无须了解，也不用担心应用运行的具体位置。只需要一台笔记本或一部手机，就可以通过网络服务实现用户需求，甚至包括超级计算这样的任务。

3. 动态可扩展

云计算能迅速、弹性地提供服务。服务使用的资源能快速扩展和快速释放。对用户来说，可在任何时间购买任何数量的资源。资源可以是计算资源、存储资源和网络资源等。与资源节点相对应的也有计算节点、存储节点和网络节点。如果所需资源无法达到用户需求，可通过动态扩展资源节点增加资源以满足需求。当资源冗余时，可以添加、删除、修改云计算环境的资源节点。冗余可以保证在任一资源节点异常宕机时，不会导致云环境中业务的中断，也不会导致用户数据的丢失。资源动态流转意味着在云计算平台下实现资源调度机制，资源可以流转到需要的地方。例如，在应用系统业务整体升高的情况下，可以启动闲置资源加入云计算平台中，提高整个云平台的承载能力以应付系统业务的升高。在整个应用系统业务负载低的情况下，可以将业务集中起来，将闲置下来的资源转入节能模式，提高部分资源利用率，以节省能源。

4. 按需部署

供应商的资源保持高可用和高就绪的状态，用户可以按需自助获得资源。按需分配是云计算平台支持资源动态流转的外部特征表现。云计算平台通过虚拟分拆技术，可以实现计算资源的同构化和可度量化，可以提供小到一台计算机，多到千台计算机的计算能力。按量计费源于效用计算，在云计算平台实现按需分配后，按量计费也成为云计算平台向外提供服务时的有效收费形式。

5. 高灵活性

现在大部分的软件和硬件都支持虚拟化，各种 IT 资源（如软件、硬件、操作系统、存储网络等）通过虚拟化放置在云计算虚拟资源池中进行统一管理。云计算能够兼容不同硬件厂商的产品，兼容低配置机器和外设，获得高性能计算。

6. 高可靠性

云计算平台把用户的应用和计算分布在不同的物理服务器上，使用了数据多副本容错、计算节点同构可互换等措施来保障服务的高可靠性，即使单点服务器崩溃，仍然可以通过动态扩展功能部署新的服务器，增加各项资源容量，保证应用和计算的正常运转。

7．高性价比

对物理资源的要求较低。可以使用廉价的 x86 结构 PC 组成计算机集群，采用虚拟资源池的方法管理所有资源，计算性能却可超过大型主机，性价比较高。

8．支持海量信息处理

云计算在底层要面对各类众多的基础软、硬件资源，在上层需要同时支持各类众多的异构业务，具体到某一业务，往往也需要面对大量的用户。因此，云计算需要面对海量的信息交互，需要有高效、稳定的海量数据通信和存储系统的支撑。

9．广泛的网络访问

可以通过各种网络渠道，以统一的机制获取服务。客户端的软件和硬件多种多样（如移动电话、笔记本电脑、PDA 等），只需连网即可。

10．动态的资源池

供应商的计算资源可以被整合为一个动态资源池，以多租户模式服务所有用户，不同的物理和虚拟资源可根据用户需求动态分配。用户一般不需要知道资源的确切地理位置，但在需要的时候用户可以指定资源位置（如哪个国家，哪个数据中心等）。

11．可计量的服务

服务的收费可以是基于计量的一次一付，或基于广告的收费模式。系统针对不同服务需求（如 CPU 时间、存储空间、带宽，甚至按用户的使用率高低）来计量资源的使用情况和定价，以提高资源的管控能力和促进优化利用。整个系统资源可以通过监控和报表的方式对服务提供者和使用者透明化。

云计算的发展极其迅速，但并非一直顺利。2015 年 1 月，Google Gmail 邮箱爆发全球性故障，服务中断时间长达 4 小时。据悉，此次故障是由于位于欧洲的数据中心例行性维护，导致欧洲另一个数据中心过载，连锁效应扩及其他数据中心，最终致使全球性的断线。3 月中旬，微软的云计算平台 Azure 停止运行约 22 小时。业内人士分析认为，Azure 平台的这次宕机与其中心处理和存储设备故障有关。除了 Google 和微软的云计算服务出现过状况外，亚马逊 S3 服务曾断网 6 小时。所以，需要进一步完善云计算技术，以满足用户的各方面需求，避免损失的发生。

1.3.2　云计算与其他集群计算

1．云计算与网格计算

网格是在动态变化的分布式虚拟组织间共享资源、协同解决问题的系统。云计算是网格计算和虚拟化技术的融合，即利用网格分布式计算处理的能力，将 IT 资源构筑成一个资源池，使用成熟的服务器虚拟化、存储虚拟化技术，以便用户可以实时地监控和调配资源。云计算的概念涵盖了网格计算，还涉及企业级安全的因素。

云计算和网格计算的一个重要区别在于资源调度模式。云计算采用集群来存储和管理数据资源，运行的任务以数据为中心，调度计算任务到数据存储节点运行。网格计算以计算为中心，网格将数据和计算资源虚拟化，云计算进一步将硬件资源虚拟化，使用虚拟机技术对失败的任务重新执行，不必重启任务。

计算机集群（Computer Cluster）可以解决服务器单机性能不强的问题。网格计算则解决了集群计算不支持异构设备、资源无法动态伸缩的缺点。云计算能够有效解决网格计算无法同时支持异构多任务体系、无法实现资源动态流转的不足。可以说，云计算弥补了网格计算的不足，是网格计算的高级阶段。表 1.1 是云计算与网格计算的区别列表。

表 1.1　云计算和网格计算的主要区别

区 别 点	云 计 算	网 格 计 算
发起者	工业界	学术界
标准化	否（开放云计算联盟 OCC）	是（有统一的国际标准 OGSA/WSRF）
开源	部分开源	是
互联网络	高速网络，低延时，高带宽	因特网，高延时，低带宽
关注点	数据密集型	计算密集型
节点	集群	分散的 PC 或服务器
获取的对象	提供的服务	共享的资源
安全保证	保证隔离性	公私钥技术，账户技术
节点操作系统虚拟化	多种操作系统上的虚拟机虚拟软硬件平台	相同的系统 UNIX 虚拟数据和计算资源
节点管理方式	集中式管理	分散式管理
易用性	用户友好	难以管理、使用
付费方式	按时付费	/
失败管理	虚拟机迁移到其他节点继续执行	失败的任务重启
对第三方插件的兼容性	易于兼容，通过提供不同的服务来兼容	难以兼容
自我管理方式	重新配置，自我修复	重新配置

2．云计算与分布式计算

分布式计算是指在一个松散或严格约束条件下使用硬件和软件系统处理任务，系统包含多个处理器单元或存储单元、多个并发的过程、多个程序。一个程序被分成多个部分，同时在通过网络连接起来的计算机上运行。分布式计算类似于并行计算，但并行计算通常指一个程序的多个部分同时运行于某台计算机上的多个处理器上。所以，分布式计算通常需要处理异构环境、多样化的网络连接、不可预知的网络或计算机错误。云计算属于分布式计算的范畴，是以提供对外服务为导向的分布式计算形式。云计算把应用和系统建立在大规模的廉价 x86 服务器集群上，通过基础设施与上层应用程序的协同构建，以达到最大效率利用硬件资源的目的。云计算通过软件的方法容忍多个节点的错误，达到了分布式计算系统可扩展性和可靠性两个方面的目标。

3．云计算与并行计算

并行计算就是在并行计算机上所做的计算，就是常说的高性能计算（High Performance Computing）、超级计算（Super Computing）。任何高性能计算和超级计算都离不开并行技术。并行计算仿真一个序列中含有众多同时发生的、复杂且相关事件的事务。近年来，随着硬件技术和新型应用的不断发展，并行计算也有了若干新的发展，如多核体系结构、云计算、个人高性能计算机等。云计算是并行计算的一种形式，也属于高性能计算、超级计算的形式之一。作为并行计算的最新发展计算模式，云计算对于服务器端的并行计算要求增强，因为数以万计用户的应用都是通过互联网在云端来实现的，其在带来用户工作方式和商业模式的根本性改变的同时，对大规模并行计算的技术提出了新的要求。

4. 云计算与效用计算

效用计算是一种基于计算资源使用量付费的商业模式，用户从计算资源供应商那里获取和使用计算资源并基于实际使用的资源付费。在效用计算中，计算资源视为一种计量服务，就像水、电、煤气等一样。传统企业数据中心的资源利用率普遍在20%左右，这主要是因为超额部署，即购买比平均所需资源更多的硬件以便处理峰值负载。效用计算允许用户只为他们所需要用到并且已经用到的那部分资源付费。云计算以服务的形式提供计算、存储、应用资源的思想与效用计算非常类似。两者的区别不在于这些思想背后的目标，而在于组合到一起，使这些思想成为现实的技术。云计算是以虚拟化技术为基础的，提供最大限度的灵活性和可伸缩性。云计算服务提供商可以轻松地扩展虚拟环境，通过提供者的虚拟基础设施提供更大的带宽或计算资源。效用计算通常需要类似于云计算的基础设施的支持，但并不是一定需要。同样，在云计算之上可以提供效用计算，也可以不采用效用计算。

5. 云计算与虚拟化

虚拟化是云计算的技术基础，使用虚拟化技术可以将底层的硬件（包括服务器、存储与网络设备）全面虚拟化，建立一个随需而选的资源共享、分配、管控平台，再根据业务型态的不同需求，搭配出各种互相隔离的应用，形成一个以服务为导向的可伸缩的IT基础架构，为用户提供出租IT基础设施资源的云计算服务。

6. 云计算与SaaS

SaaS是指运营商通过搭建基于Web的软件平台，向企业提供软件线上租赁使用的模式，是云计算服务的一种用户端表现形式。而云计算还可以提供其他不同于SaaS形式的服务，如亚马逊的计算资源出租服务。云计算技术对SaaS提供商在解决硬件或带宽等资源不足方面是一种可选的技术路线，能够扩展SaaS提供商的服务范围，提升SaaS提供商对资源的利用率。

7. 云计算与P2P

云计算和P2P都致力于资源共享，以达到资源利用率的最大化。在云计算架构中，计算机以集群的形式组织起来，由数据处理中心进行自动化的统一管理和资源分配。而P2P强调去中心化的理念，节点之间直接互连，弱化集中式的管理中心。P2P是对等连网，强调互连双方的对等关系，直接交互共享资源，但资源整合利用的能力较低，纯P2P网络一般通过对等网络自身实现所设计的功能，本身很少对外提供可管控、可定制的服务。

1.4 云计算关键技术

云计算是分布式处理、并行处理和网格计算的发展，是一个集合了多种计算机技术的复杂而庞大的技术集合体。它的基本原理是：使用特定的软件按照指定的优先级和调度算法将计算或欲存储的数据分配到云环境中的各个节点，节点并行处理本地数据后控制节点回收合并结果。要实现云计算，必须研究和使用以下技术。

1. 云计算体系结构

云计算是运行在"云"上的,"云"将软件和硬件通过高速网络连接起来,再通过"云软件"管理并提供服务的。云计算体系结构表示"云"如何搭建的。"云"为了有效支持云计算,其关键特征应包括:系统必须是自治的,内嵌自动化技术,智地响应应用的要求,可以减轻或消除人工部署和管理任务;云计算的架构必须是敏捷的,能够对需求信号或变化做出迅速的反应;内嵌的虚拟化技术和集群化技术,能应付增长或服务级要求的快速变化。

2. 弹性计算技术

按需部署是云计算的核心。要解决按需部署,必须解决资源的动态可重构、监控和自动化部署等。而这些又需要以虚拟化、高性能存储、处理器、高速互联网等技术为基础,所以云计算除了需要仔细研究其体系结构外,还要特别注意研究资源的动态可重构、自动化部署、资源监控、虚拟化、高性能存储、处理器等关键技术。

3. 存储管理运算技术

云计算是以数据为中心的一种数据密集型的超级计算。在数据存储、数据管理、编程模式、并发控制、系统管理等方面都具有其自身独特的技术要求。

4. 海量分布式存储技术

为保证高可用、高可靠和经济性,云计算采用分布式存储的方式来存储数据,其采用冗余存储的方式来保证数据的可靠性,为同一份数据存储多个副本,以高可靠架构和软件、数据的冗余来弥补硬件的不可靠,提供廉价可靠的系统。云计算系统需要同时满足大量用户的需求,并行地为大量用户提供服务。因此,云计算的数据存储技术必须具有高吞吐率和高传输率的特点。云计算的数据存储技术主要有谷歌的 GFS(Google File System)和 Hadoop 开发团队开发的 HDFS(Hadoop Distributed File System,GFS 的开源实现)。大部分 IT 厂商(如 Yahoo、Intel)的云计划都是采用 HDFS 数据存储技术。

5. 并行编程模式

为了高效利用云计算的资源,使用户能更轻松享受云计算带来的服务,云计算的编程模型必须保证后台复杂的并行执行和任务调度,向用户和编程人员透明。云计算采用 MapReduce 编程模型,将任务自动分成多个子任务,通过 Map 和 Reduce 两步实现任务在大规模计算节点中的调度和分配。该模型是一种处理和产生大规模数据集的编程模型,其不仅仅是一种编程模型,同时也是一种高效的任务调度模型。这种编程模型并不仅适用于云计算,在多核和多处理器、Cell Processor 及异构机群上同样具有良好的性能。在 MapReduce 编辑模型中,执行程序的 5 个步骤包括:① 输入文件;② 将文件分配给多个计算节点并行地执行 Map;③ 写中间文件(本地写);④ 多个 Reduce 节点计算机同时运行;⑤ 输出最终结果。

程序员在 Map 函数中指定对各分块数据的处理过程,在 Reduce 函数中指定如何对分块数据处理的中间结果进行归约,用户只需要指定 Map 和 Reduce 函数来编写分布式的并行程序即可。

在集群上运行 MapReduce 程序时,程序员不需要关心如何将输入的数据分块、分配和调度,这些工作都由系统软件完成,同时系统还将处理集群内节点失败及节点间通信的管理等。本地写中间文件在减少了对网络带宽压力的同时也减少了写中间文件的时间耗费。执行

Reduce 时，根据主控节点计算机获得的中间文件的位置信息，Reduce 使用远程过程调用，从中间文件所在节点读取所需的数据。

MapReduce 模型具有很强的容错性，当计算节点出现错误时，只需要将该计算节点屏蔽在系统外等待修复，并将该计算节点上执行的程序迁移到其他计算节点上重新执行，同时将该迁移信息通过主控节点发送给需要该节点处理结果的节点。MapReduce 使用检查点的方式来处理主控节点出错失败的问题，当主控节点出现错误时，可以根据最近的一个检查点重新选择一个节点作为主控节点，并由此检查点位置继续运行。

MapReduce 通过"Map（映射）"和"Reduce（化简）"进行运算，用户只需要提供自己的 Map 函数及 Reduce 函数就可以在集群上进行大规模的分布式数据处理。MapReduce 不仅仅是一种编程模型，同时也是一种高效的任务调度模型，该编程模型仅适用于编写任务内部松耦合、能够高度并行化的程序。

6. 数据管理技术

为了能够对大型数据进行高效的分析处理和特定数据的快速搜索，云计算系统必须具备的数据管理技术如下：可存储海量数据，读取海量数据后进行大量的分析，数据的读操作频率要远大于数据的更新频率，列存储的数据管理模式，列存储的读优化数据管理。云计算的数据管理技术中最著名的是 Google 的 BigTable 数据管理技术。Hadoop 也拥有类似 BigTable 的开源数据管理模块 HBASE。由于采用列存储的方式管理数据，如何提高数据的更新速率，以及进一步提高随机读速率，将是未来数据管理技术必须解决的问题。

7. 分布式资源管理技术

在并发执行环境下，分布式资源管理系统是保证系统状态正确性的关键技术。系统状态需要在计算机集群中的节点之间同步，关键节点出现故障时需要使用迁移服务。分布式资源管理技术通过锁机制协调多任务对于资源的使用，从而保证数据操作的一致性。Google 的 Chubby 是著名的分布式资源管理系统。

8. 云计算平台管理技术

云计算资源规模庞大，一个系统的服务器数量可能会高达 10 万台，数据中心可能跨越几个不同物理地点，系统中同时运行成百上千种应用。如何有效地管理这些数据服务器，保证服务器组成的系统能够提供 7×24h 的不间断服务是一个巨大的挑战。云计算系统管理技术能够使大量的服务器协同工作，方便地进行业务部署和开通，快速发现和恢复系统故障。其通过自动化、智能化实现大规模系统的可运营、可管理。

1.5 云计算应用

1.5.1 云计算平台

目前，Google、Amazon、IBM、Microsoft、Sun 等公司提出的云计算基础设施或云计算平台对于研究云计算具有一定的参考价值。当然，针对目前商业云计算解决方案存在的种种问题，开源组织和学术界也纷纷提出了相应的云计算系统或平台解决方案。

1. Google 云计算平台

Google 是云计算最大的实践者，运营最接近云计算特征的商用平台——在线应用服务托管平台 Google 应用引擎（GAE）。软件开发者可以在此之上编写应用程序，企业用户可以使用其定制化的网络服务。例如，开发人员根据提供的服务可以编译基于 Python 的应用程序，并可免费使用 Google 的基础设施进行托管（最高存储空间达 500MB）。对于超过上限的存储空间，Google 按"每 CPU 内核每小时"10～12 美分及 1GB 空间 15～18 美分的标准进行收费。典型的应用方式有 Gmail、Google Picasa Web 及可收费的 Google 应用软件套件。

Google 的云计算基础设施最初是在为搜索应用提供服务的基础上逐步扩展的，针对内部网络数据规模大的特点，Google 提出了一整套基于分布式并行集群方式的基础架构。主要由分布式文件系统 Google File System（GFS）、大规模分布式数据库 Big Table、程序设计模式 MapReduce、分布式锁机制 Chubby 等几个相互独立又紧密结合的系统组成。GFS 是一个分布式文件系统，其能够处理大规模的分布式数据，每个 GFS 集群由一个主服务器和多个块服务器组成，被多个客户端访问。主服务器负责管理元数据、存储文件和块的命名空间、文件到块之间的映射关系及每一个块副本的存储位置；块服务器存储块数据，文件被分割成固定尺寸（64MB）的块，块服务器把块作为 Linux 文件保存在本地硬盘上。为了保证可靠性，每个块默认保存 3 个备份。主服务器通过客户端向块服务器发送数据请求，而块服务器则将取得的数据直接返回给客户端。

2. 开源云计算平台

Hadoop 是 Apache 基金会的开源云计算平台项目（分布式系统基础架构），是从 Nutch 项目发展而来的，专门负责分布式存储及分布式运算的项目。由于 Yahoo、Amazon 等公司的直接参与和支持，已成为目前应用最广、最成熟的云计算开源项目。Hadoop 由分布式文件系统 HDFS（Hadoop Distributed File System）、分布式计算模型 MapReduce、锁服务、结构化数据存储附属等组成，是 Google 文件系统与 MapReduce 分布式计算框架及相关基础服务的开源实现。此外，国内外很多开源云计算平台项目也都提出了较为完整的体系结构设计，比较成熟的包括 AbiCloud、Eucalyptus、MongoDB、ECP、Nimbus 等项目，这些均有助于对云计算平台的理解。

3. Amazon 的 AWS 云服务

Amazon 是以在线书店和电子零售业发展起来的，如今已在业界享有盛誉，它的云计算服务不涉及应用层面的计算，主要是基于虚拟化技术提供底层的可通过网络访问的存储、计算机处理、信息排队和数据库管理系统等租用式服务。Amazon 的云计算建立在其公司内部的大规模集群计算的平台之上，并提供托管式的计算资源出租服务，用户可以通过远端的操作界面选择和使用服务。

Amazon 是最早提供云计算服务的公司之一，该公司的弹性计算云（Elastic Compute Cloud，EC2）平台建立在公司内部的大规模计算机、服务器集群上，平台为用户提供网络界面操作在"云端"运行的虚拟机实例。用户只需为自己所使用的计算平台实例付费，运行结束后计费也将随之结束。弹性计算云用户使用客户端，通过 SOAP over HTTP 协议与 Amazon 弹性计算云内部的实例进行交互。弹性计算云平台为用户或开发人员提供了一个虚拟的集群环境，在用户具有充分灵活性的同时，也减轻了云计算平台拥有者（Amazon 公司）的管理负担。弹性计算云中的每一个实例代表一个运行中的虚拟机。用户对自己的虚拟机具有完整的访问权限，包括针对此虚拟机操作系统的管理员权限。虚拟机的收费也是根据虚拟机的能力进行费用计算的。实际上，用户租用的是虚拟的计算能力，通过这种方式，用户不必自己去建立云计算平台。总之，Amazon 通过提供弹性计算云，满足了小规模软件开发人员对集群系统的需求，减小了维护负担。其收费方式相对简单明了，用户只需为这一部分使用的资源付费即可。图 1.3 是 Amazon 云服务平台提供的服务。

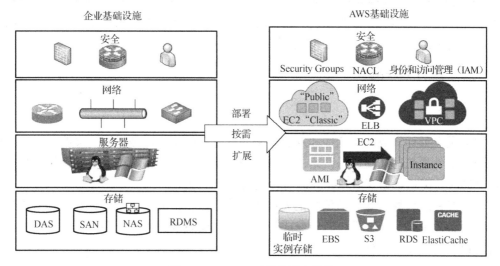

图 1.3　Amazon 云服务平台服务

4．IBM 的 SmartCloud 云计算平台

IBM 的 SmartCloud 云计算平台是一套软、硬件平台，将 Internet 上使用的技术扩展到企业平台上，使数据中心可使用类似于互联网的计算环境。它由一个数据中心、IBM Tivoli 监控软件（Tivoli Monitoring）、IBM DB2 数据库、IBM Tivoli 部署管理软件（Tivoli Provisioning Manager）、IBM WebSphere 应用服务器和开源虚拟化软件，以及一些开源信息处理软件共同组成。SmartCloud 采用了 Xen、PowerVM 虚拟技术和 Hadoop 技术，以期帮助用户构建云计算环境。SmartCloud 的特点主要体现在虚拟机及其所采用的大规模数据处理软件 Hadoop 上，侧重云计算平台的核心后端，未涉及用户界面。由于该架构是完全基于 IBM 公司的产品设计的，所以也可以理解为 SmartCloud 产品架构。2008 年 2 月，IBM 成功在无锡科教产业园设立中国第一个商业化运营的云计算中心。它提供了一个可运营的支撑体系，当一个公司入驻科教产业园后，其部分软、硬件可以通过云计算中心来获取和使用，大大降低了基础设施的建设成本。

5．微软的 Azure"蓝天"云平台

微软于 2008 年 10 月推出了 Windows Azure 操作系统，是继 Windows 取代 DOS 之后的又一次颠覆性转型——通过在互联网架构上打造新云计算平台，让 Windows 真正由 PC 延伸到"蓝天"上。微软的 Azure 云平台包括 4 个层次：底层是微软全球基础服务（Global Foundation Service，GFS）系统，由遍布全球的第四代数据中心构成；云基础设施服务（Cloud Infrastructure Service）层以 Windows Azure 操作系统为核心，主要从事虚拟化计算资源管理和智能化任务

分配；Windows Azure 之上是一个应用服务平台，它发挥着构件的作用，为用户提供一系列的服务，如 Live 服务、NET 服务、SQL 服务等；再往上是微软提供给开发者的 API、数据结构和程序库，是微软为用户提供的服务（Finished Service），如 Windows Live、Office Live、Exchange Online 等。

6. Sun 云基础设施

Sun 提出的云基础设施体系结构包括服务、应用程序、中间件、操作系统、虚拟服务器和物理服务器，形象地体现了其提出的"云计算可描述在从硬件到应用程序的任何传统层级提供的服务"的观点。Sun 公司已被甲骨文公司合并。

1.5.2 云计算衍生产品

1. 云存储

云存储是在云计算概念上延伸和发展出来的一个新的概念，是指通过集群应用、网格技术或分布式文件系统等功能，将网络中大量不同类型的存储设备通过应用软件集合起来协同工作，共同对外提供数据存储和业务访问功能的一个系统。

当云计算系统运算和处理的核心是大量数据的存储和管理时，云计算系统就需要配置大量的存储设备，那么云计算系统就转变成为一个云存储系统，所以云存储是一个以数据存储和管理为核心的云计算系统。

2. 云安全

云安全是在互联网和云计算融合的时代，信息安全的最新发展，包括以下两方面内容。

（1）云安全技术（云计算技术在安全领域的应用）

云安全技术指的是信息安全产品和服务提供商利用云计算技术手段提供信息安全服务的模式，属于云计算 SaaS 模式的一种。瑞星、趋势科技、卡巴斯基、McAfee、Symantec、江民科技、熊猫安全、金山、360 安全卫士等都推出了云安全解决方案。云安全的核心是对海量未知恶意文件或网页的实时处理。

云安全是网络时代信息安全的最新体现，其融合了并行处理、网格计算、未知病毒行为判断等新兴技术和概念，通过网状的大量客户端对网络中软件行为的异常进行监测，获取互联网中木马、恶意程序的最新信息，推送到服务端进行自动分析和处理，再把病毒和木马的解决方案分发到每一个客户端。

简单理解就是通过互联网达到"反病毒厂商的计算机群"与"用户终端"之间的互动。云安全不是某款产品，也不是解决方案，它是基于云计算技术演变而来的一种互联网安全防御理念。

（2）云计算安全（安全技术在云计算平台的应用）

云计算安全是利用安全技术，解决云计算环境的安全问题，提升云体系自身的安全性，保障云计算服务的可用性、数据机密性、完整性和隐私保护等，保证云计算健康可持续地发展，是对信息安全和云服务本身的安全提出的新要求的解决方案和技术，主要集中在安全体系结构、虚拟化、隐私、审计、法律等方面，包括数据加密、密钥管理、应用安全、网络安全、管理安全、传输安全、虚拟化安全等。

云计算安全的关键技术主要分为数据安全、应用安全、虚拟化安全。数据安全的研究主要有数据传输安全、数据隔离、数据残留等方面；应用安全包括终端用户安全、服务安全、基础设施安全等；虚拟化安全主要来源于虚拟化软件的安全和虚拟化技术的安全。

云计算安全研究目前还处于初步阶段，主要研究者和推动者包括：云安全联盟（Cloud Security Alliance，CSA），主要推广云安全实践，提供安全指引；云服务提供商（Amazon、Microsoft、IBM 等），主要通过身份认证、安全审查、数据加密、系统冗余等技术和管理手段提高业务平台的健壮性、服务连续性和数据安全性。

云安全的核心技术或研究方向包括：大规模分布式并行计算技术、海量数据存储技术、海量数据自动分析和挖掘技术、海量恶意网页自动检测、海量白名单采集及自动更新、高性能并发查询引擎、未知恶意软件的自动分析识别技术、未知恶意软件的行为监控和审计技术等。

3．其他

在游戏、教育、通信和娱乐等领域，云计算同样应用广泛，基本思想与以上方式类似。

1.6 小结

Amazon 公司的 AWS 是 IaaS 的典型代表，该公司为了应对业务高峰期的需求，必须准备充足的软、硬件系统，业务不忙时资源将闲置。为了提高资源利用率，Amazon 推出了 EC2 和 S3 共享计算与存储资源。Google 的大数据处理系统 PaaS 平台是为了使用相对廉价的 x86 服务器进行高性能运算而设计的。可见云计算的产生和发展与企业对信息处理技术的需求息息相关。

云计算是分布式处理、并行处理和网格计算的发展，其主要包含如下特点：① 按需自助服务。供应商的资源保持高可用和高就绪的状态，用户可按需、自助获得资源。② 泛在的网络访问。可以通过各种网络渠道，以统一的标准获取服务。③ 动态资源池。供应商的计算资源可以被整合为一个动态资源池，以多租户模式服务所有用户，不同的物理和虚拟资源可根据用户需求动态分配。④ 快速、弹性。可以迅速、弹性地提供服务，快速扩展，也可以快速释放，实现快速缩小。⑤ 可计量的服务。服务的收费可以是基于计量的一次一付，或基于广告的收费模式，整个系统资源可以通过监控和报表的方式对服务提供者和使用者透明化。云计算的三个服务模式是 SaaS、PaaS 和 IaaS。SaaS 提供给用户的服务是运营商运行在云计算基础设施上的应用程序，用户可以在各种设备上访问；PaaS 提供给用户的服务是将用户的应用程序部署到供应商的云计算基础设施上。IaaS 提供给用户的服务是对所有设施的利用，包括处理、存储、网络和其他基本的计算资源。云计算系统的部署方式为私有云（Private Cloud）和公有云（Public Cloud）。

实现云计算的特点和服务，需要研究多种云计算技术，包括云计算体系结构、弹性计算技术、存储管理运算技术、海量分布式存储技术、并行编程模式、数据管理技术、分布式资源管理技术、云计算平台管理技术等。基于以上技术的研究成果，目前 Google、Amazon、IBM、Microsoft、Sun 等公司提出了云计算基础设施或云计算平台。随着云计算的发展，还出现了一些衍生产品，如云存储、云安全、云游戏等。

深入思考

1. 云计算的 5-3-2 原理是什么？
2. 云存储、云安全和云游戏分别都属于哪种服务模式？
3. 目前提供 PaaS 开发平台的云服务提供商有哪些？使用其平台可以开发什么样的程序？
4. 试述 Amazon 公有云服务都有哪些类型，分别提供什么服务。
5. 为什么要研究云计算安全？云计算有哪些缺陷？
6. 分布式计算、并行计算、网格计算和云计算都有什么异同？
7. 云安全的并行计算体现在哪些方面？

第 2 章

虚拟化概述

2.1 虚拟化技术简介

云计算的本质是服务,服务意味着一种可按需取用的状态。SaaS 是软件服务,如某个通过浏览器使用的应用程序,可以按需使用。PaaS 是按需取用的正常运行环境,由于运行环境是按需取用的,所以一个部署到其中的应用就在按需取用的状态下运行。IaaS 是可以按需取用、按需预配置的基础设施。在运营层面预配置基础设施等同于部署服务器。在云计算环境中,所有服务器都已虚拟化,而且是以虚拟机的形式部署的,所以 IaaS 最终就成为了按需部署虚拟机的服务。虚拟化是从单一的逻辑角度来看待和使用不同物理资源的方法,是物理资源的逻辑抽象。虚拟化是虚拟机的核心,目的是提高基础设施的管理、运营及部署的灵活性。

虚拟化是一种资源管理技术,是将计算机的各种实体资源,如 CPU、网络、内存及存储等,予以抽象、转换后呈现出来,打破实体结构间的不可切割的障碍,使用户可以比原本的组态更好的方式来应用这些资源。这些资源虚拟出来的部分不受现有资源的架设方式、地域或物理组态限制。一般所指的虚拟化资源包括计算能力和存储能力。虚拟化技术实现了软件与硬件分离,用户不需要考虑后台的具体硬件实现,而只需在虚拟层环境上看待资源和运行自己的系统及软件。

虚拟化可以用于资源的重组和隔离。在实际的生产环境中,虚拟化技术经常用来解决高性能的物理硬件产能过剩和老旧硬件产能过低的重组重用,透明化底层物理硬件,从而最大化利用物理硬件。与传统 IT 资源分配的应用方式相比,虚拟化有以下优势:虚拟化技术整合了计算机、存储、网络、桌面应用程序,可以大大提高资源的利用率;提供相互隔离、安全、高效的应用执行环境;虚拟化系统能够方便地管理和升级资源,提高管理灵活性;节省计算机空间和电耗成本。虚拟化技术是云计算技术的基础,没有虚拟化技术就没有云计算技术。

虚拟化技术以被应用的领域划分,可以分为:计算机虚拟化、存储虚拟化、网络虚拟化、应用虚拟化和桌面虚拟化等。

2.1.1 计算机虚拟化(服务器虚拟化)

计算机虚拟化技术可以将一个物理计算机虚拟成若干个计算机使用,每个安装在虚拟计算机上的操作系统和运行的应用程序,不会察觉虚拟机与实际硬件的区别。图 2.1 说明了计算机虚拟化的原理:物理资源通过虚拟化软件形成虚拟资源池,再由资源池中分出部分资源构成虚拟机。运行多个虚拟计算机可以充分发挥物理计算机的计算潜能,迅速应对数据中心不断变化的需求。计算机虚拟化是基础设施即服务(IaaS)的基础。

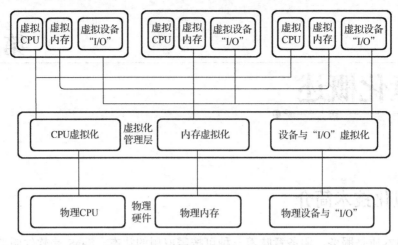

图 2.1 计算机虚拟化示意图

计算机虚拟化需要具备以下功能和技术。

（1）多实例：在一个物理计算机上可以运行多个虚拟计算机。

（2）隔离性：在多实例的计算机虚拟化中，将一个虚拟机与其他虚拟机完全隔离，以保证良好的可靠性及安全性。

（3）CPU 虚拟化：把物理 CPU 抽象成虚拟 CPU，任何时间，一个物理 CPU 只能运行一个虚拟 CPU 的指令，多个虚拟机同时提供服务将会大大提高物理 CPU 的利用率。

（4）内存虚拟化：统一管理物理内存，将其包装成多个虚拟的物理内存，分别供给若干个虚拟机使用，使得每个虚拟机拥有各自独立的内存空间，互不干扰。

（5）设备与 I/O 虚拟化：统一管理物理机的真实设备，将其包装成多个虚拟设备给若干个虚拟机使用，响应每个虚拟机的设备访问请求和 I/O 请求。

（6）无知觉故障恢复：运用虚拟机之间的快速热迁移技术（Live Migration），可以将故障虚拟机上的用户在没有明显感觉的情况下迅速转移到另一个新开的正常虚拟机上。

（7）负载均衡：利用调度和分配技术，平衡各个虚拟机和物理机之间的利用率。

（8）统一管理：由多个物理计算机支持多个虚拟机的动态，包括实时生成、启动、停止、迁移、调度、负荷、监控等，有一个方便易用的统一管理界面。

（9）快速部署：整个系统需要一套快速部署机制，对多个虚拟机及其不同的操作系统和应用进行高效部署、更新和升级。

服务器是具备高性能和高可靠性的计算机，目前常用的服务器主要有专用服务器和 x86 服务器。对专用服务器而言，IBM、HP、Oracle 各有自己的技术标准，没有统一的虚拟化技术。专用服务器的虚拟化还受具体产品平台的制约，UNIX 服务器虚拟化通常会用到硬件分区技术。x86 服务器的虚拟化标准相对开放。由于计算机虚拟化经常在服务器上进行，所以也称服务器虚拟化。

2.1.2 存储虚拟化

虚拟存储就是把多个存储介质模块（如硬盘、RAID）集中管理起来，所有的存储介质模块在一个存储池中统一管理，从计算机角度，看到的不是多个硬盘，而是一个分区或者卷，就好像是一个超大容量的硬盘。这种可以将多种、多个存储设备统一管理起来，为使用者提供大容量、高数据传输性能的存储系统，称为虚拟存储。如图 2.2 所示，虚拟引擎把多种物理存储虚拟成存储资源池，用户可从存储池中直接得到存储资源，不需要知道物理存储的细节。

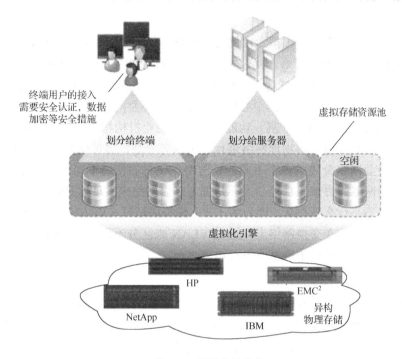

图 2.2　虚拟存储结构

存储虚拟化具有以下功能和特点。

（1）集中存储：存储资源统一整合管理，集中存储，形成数据中心模式。

（2）分布式扩展：存储介质易于扩展，由多个异构存储服务器实现分布式存储，以统一模式访问虚拟化后的用户接口。

（3）绿色环保：服务器和硬盘的耗电量巨大，为提供全时段数据访问，存储服务器及硬盘不可以停机。但为了节能减排、绿色环保，需要利用更合理的协议和存储模式，尽可能减少开启服务器和硬盘的次数。

（4）虚拟本地硬盘：存储虚拟化应当便于用户使用，最方便的形式是将云存储系统虚拟成用户本地硬盘，使用方法与本地硬盘相同。

（5）安全认证：新建用户加入云存储系统前，必须经过安全认证并获得证书。

（6）数据加密：为保证用户数据的私密性，将数据存储到云存储系统时必须加密。加密后的数据除被授权的特殊用户外，其他人一概无法解密。

（7）层级管理：支持层级管理模式，即上级可以监控下级的存储数据，而下级无法查看上级或平级的数据。

虚拟存储设备主要通过大规模的磁盘阵列（RAID）子系统和多个 I/O 通道连接到服务器上，由智能控制器提供逻辑单元（LUN）访问控制、缓存和其他（如数据复制等）的管理功能。存储设备管理员对存储设备拥有完全的控制权。存储与服务器系统分开，存储的管理与多种服务器操作系统隔离，可以很容易地调整硬件参数。

2.1.3 网络虚拟化

网络虚拟化可分为纵向分割和横向整合。

1. 纵向分割

早期的"网络虚拟化"是指虚拟专用网络（VPN）。VPN 对网络连接的概念进行了抽象，允许远程用户访问组织的内部网络，就像物理上连接到该网络一样。网络虚拟化可以帮助保护 IT 环境，防止来自 Internet 的威胁，同时使用户能够快速安全地访问应用程序和数据。

随后，网络虚拟化技术随着数据中心的业务要求发展为：多种应用承载在一张物理网络上，通过网络虚拟化分割（纵向分割）功能使得不同企业机构相互隔离，但可在同一网络上访问其自身应用，从而实现了将物理网络进行逻辑纵向分割，虚拟化为多个网络。

如果把一个企业网络分隔成多个不同的子网络，让它们使用不同的规则和控制，用户就可以充分利用基础网络的虚拟化功能，而不是部署多套网络来实现这种隔离机制。

网络虚拟化并不是什么新概念，因为多年来，虚拟局域网（VLAN）技术作为基本隔离技术已经被广泛应用。当前在交换网络上，通过 VLAN 来区分不同业务网段、配合防火墙等安全产品划分安全区域，是数据中心基本设计内容之一。

2. 横向整合

从另外一个角度看，多个网络节点（包括网络交换路由设备、服务器等）承载上层应用，基于冗余的网络设计带来复杂性，而将多个网络节点进行整合，虚拟化成一台逻辑设备，在提升数据中心网络可用性、节点性能的同时将极大简化网络架构。

使用网络虚拟化技术，用户可以将多台设备连接，"横向整合"起来组成一个"联合设备"，并将这些设备视为单一设备进行管理和使用。虚拟化整合后的设备组成了一个逻辑单元，在网络中表现为一个网元节点，使管理简单化、配置简单化、可跨设备链路聚合，极大简化了网络架构，同时进一步增强了冗余可靠性。

2.1.4 应用虚拟化

应用虚拟化是将应用软件从操作系统中分离出来，应用对底层系统和硬件的依赖抽象出来，从而解除应用与操作系统和硬件的耦合关系。应用程序运行在本地应用虚拟化环境中时，这个环境为应用程序屏蔽了底层可能与其他应用产生冲突的内容，如图 2.3 所示。应用虚拟化是 SaaS 的基础。

应用虚拟化需要具备以下功能和特点。

（1）解耦合：利用屏蔽底层异构性的技术解除虚拟应用与操作系统和硬件的耦合关系。

（2）共享性：应用虚拟化可以使一个真实应用运行在任何共享的计算资源上。

（3）虚拟环境：应用虚拟化为应用程序提供了一个虚拟的运行环境，不仅拥有应用程序的可执行文件，还包括所需的运行环境。

（4）兼容性：虚拟应用应屏蔽底层可能与其他应用产生冲突的内容，从而使其具有良好的兼容性。

（5）快速升级更新：真实应用可以快速升级更新，通过流的方式将相对应的虚拟应用及环境快速发布到客户端。

（6）用户自定义：用户可以选择自己喜欢的虚拟应用的特点以及所支持的虚拟环境。

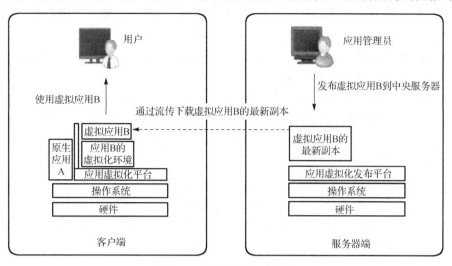

图 2.3　应用虚拟化示意图

2.1.5　桌面虚拟化

桌面虚拟化技术把所有应用客户端系统一次性地部署在数据中心的一台专用服务器上。客户端系统不需要通过网络向每个用户发送实际的数据，只传送虚拟的客户端界面（屏幕图像更新、按键、鼠标移动等）并显示在用户的电脑上。这个过程对最终用户是一目了然的，最终用户的感觉好像是实际的客户端软件正在桌面上运行一样。

桌面虚拟化将用户的桌面环境与其使用的终端设备分开。服务器上存放的是每个用户的完整桌面环境。用户可以使用具有足够处理和显示功能的不同终端设备通过网络访问该桌面环境，如图 2.4 所示。

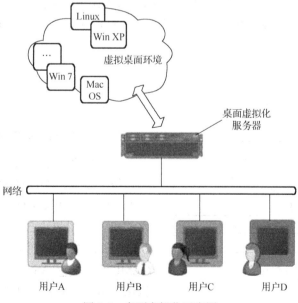

图 2.4　桌面虚拟化示意图

桌面虚拟化具有如下功能和接入标准。

（1）集中管理维护：集中在服务器端管理和配置 PC 环境及其他客户端需要的软件，可以对企业数据、应用和系统进行集中管理、维护和控制，以减少现场支持工作量。

（2）使用连续性：确保终端用户下次在另一个虚拟机上登录时，依然可以继续以前的配置和存储文件内容，让使用具有连续性。

（3）故障恢复：桌面虚拟化是将用户的桌面环境保存为一个个虚拟机，通过对虚拟机进行快照和备份，就可以快速恢复用户的故障桌面，并实时迁移到另一个虚拟机上继续进行工作。

（4）用户自定义：用户可以选择自己喜欢的桌面操作系统、显示风格、默认环境，以及其他各种自定义功能。

本质上讲，云计算带来的是虚拟化服务。从虚拟化到云计算的过程，实现了跨系统的资源动态调度，将大量的资源组成 IT 资源池，用于动态创建高度虚拟化的资源，供用户使用，从而最终实现应用、数据和 IT 资源以服务的方式通过网络提供给用户，以前所未有的速度和更加弹性的模式完成任务。

2.2 服务器虚拟化

2.2.1 服务器虚拟化简介

虚拟化表示计算机资源的抽象方法。通过虚拟化可以对包括基础设施、系统和软件等计算机资源的表现、访问和管理进行简化，并为这些资源提供标准的接口来接收输入和提供输出。服务器虚拟化的目的是通过使用虚拟化管理器（Virtual Machine Monitor，VMM）在一台物理机上虚拟和运行一台或多台虚拟机。虚拟化管理器主要有以下两种工作模式。

（1）Hypervisor 模式：VMM 直接运行在硬件上，提供接近于物理机的性能，并在 I/O 上进行优化，主要用于服务器类的应用。

（2）Hosted（托管）模式：VMM 运行在物理机的操作系统上，其本身性能不如 Hypervisor（因为它和硬件之间隔了一层 OS），但是其安装和使用非常方便，而且功能丰富，如支持三维加速等特性，常用于桌面应用。

2.2.2 服务器虚拟化分类

根据采用技术的不同可以将服务器虚拟化分为如下 5 类。

1．硬件仿真（Emulation）

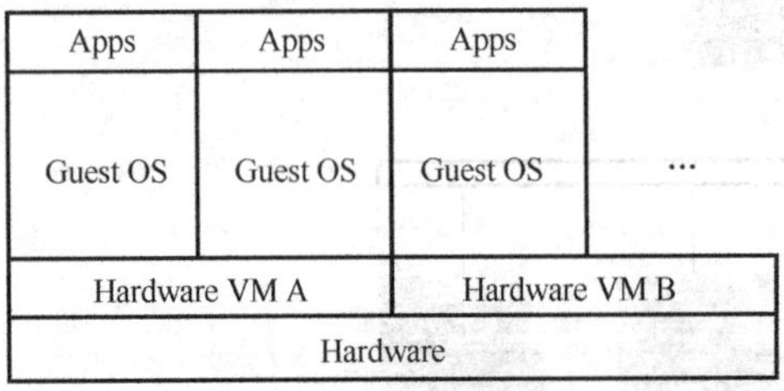

硬件仿真属于 Hosted 模式，在物理机的操作系统上创建一个模拟硬件的程序（Hardware VM）来仿真所想要的硬件，并在此程序上运行虚拟机，虚拟机内部的用户操作系统（Guest OS）无须修改。较为常用的产品有 Bochs、QEMU 和微软的 Virtual PC（使用少量的全虚拟化技术）。硬件仿真架构如图 2.5 所示。

图 2.5 硬件仿真架构

硬件仿真的优点包括：Guest OS 无须修改，适合用于操作系统开发，利于进行固件和硬件的协作开发。固件开发人员可以使用目标硬件 VM，在仿真环境中对自己的实际代码进行验证，不需要等到硬件实际可用的时候。缺点包括：运行速度非常慢，有时速度是物理情况的 1/100。未来，由于运行速度的局限，硬件仿真将不会大力发展，但在某些领域还会沿用。

2．全虚拟化（Full Virtulization）

全虚拟化是在用户操作系统和硬件之间捕捉和处理对虚拟化敏感的特权指令，使用户操作系统无须修改就能运行，速度会根据不同的实现而不同，基本可以满足用户需求。这种方式是业界当下最为成熟和最常见的，包括 Hosted 模式和 Hypervisor 模式。比较常用的产品有 IBM CP/CMS、VirtualBox、KVM、VMware Workstation 和 VMware vSphere。全虚拟化架构如图 2.6 所示。

全虚拟化的优点包括：Guest OS 无须修改，速度和功能都非常好，使用非常简单。缺点包括：基于 Hosted 模式的全虚拟产品性能欠佳，特别是在 I/O 方面。通过引入硬件辅助虚拟化技术可以提高性能，使全虚拟化成为主流。

3．半虚拟化（Paravirtualization）

利用 Hypervisor 实现对底层硬件的共享访问。在 Hypervisor 上运行的 Guest OS 必须在修改后，才可以直接在主机上运行，使得 Guest OS 能够非常好地配合 Hypervisor 来实现虚拟化。通过这种方法，Guest OS 指令无须 Hypervisor 重新编译或捕获特权指令就能直接在硬件上运行，使其性能非常接近物理机。其最经典的产品就是 Xen，微软的 Hyper-V 所采用的技术和 Xen 类似，也属于半虚拟化。半虚拟化架构如图 2.7 所示。

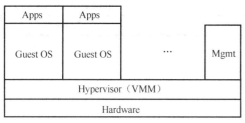
图 2.6　全虚拟化架构

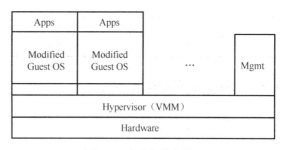
图 2.7　半虚拟化架构

半虚拟化的优点包括：与全虚拟化相比架构更加精简，而且在整体运行速度上有一定的优势。缺点包括：需要对 Guest OS 进行修改，所以在用户体验方面欠佳。未来，在公有云（如 Amazon EC2）平台上或将继续占有一席之地，但很难在其他方面或与类似 VMware vSphere 的全虚拟化产品竞争，VMware vSphere 利用硬件辅助虚拟化技术提高了速度，简化了架构。

4．硬件辅助虚拟化（Hardware Assisted Virtualization）

Intel/AMD 等硬件厂商通过对部分全虚拟化和半虚拟化使用到的软件技术进行硬件化来提高性能。硬件辅助虚拟化技术常用于优化全虚拟化和半虚拟化产品，比如 VMware Workstation 属于全虚拟化，但是它从 6.0 版本开始引入硬件辅助虚拟化技术，如 Intel 的 VT-x 和 AMD 的 AMD-V。现在市面上的主流全虚拟化和半虚拟化产品都支持硬件辅助虚拟化，包括 VirtualBox、KVM、VMware ESXi 和 Xen。

硬件辅助虚拟化的优点包括：通过引入硬件技术，将使虚拟化技术更接近物理机的速度。

缺点包括：现有的硬件实现优化不够，需要进一步提高。未来，因为通过使用硬件技术不仅能提高速度，而且能简化虚拟化技术的架构，所以可以预见硬件辅助虚拟化技术将会被大多数虚拟化产品所采用。

5. 操作系统级虚拟化（Operating System Level Virtualization）

操作系统级虚拟化技术通过对服务器操作系统进行简单隔离来实现虚拟化，主要用于虚拟专用服务器（Virtual Private Server，VPS）。主要的技术有 Parallels Virtuozzo Containers、Unix-like 系统上的 Chroot 和 Solaris 上的 Zone 等。操作系统级架构如图 2.8 所示。

操作系统级虚拟化的优点包括：因为它是对操作系统进行直接的修改，所以实现成本低而且性能不错。缺点包括：在资源隔离方面表现不佳，且对 Guest OS 的型号和版本有所限定。

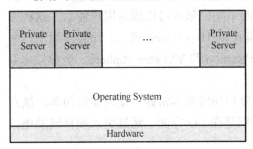

图 2.8　操作系统级架构

在性能、用户体验和使用模式这 3 个方面对以上 5 类技术进行比较，如表 2.1 所示。

表 2.1　虚拟化技术的比较

虚拟化技术	性能（和物理机相比）	用户体验	模式
硬件仿真	30%-	简单	Hosted
全虚拟化	30%~80%	简单	Hosted/Hypervisor
半虚拟化	80%+	困难	Hypervisor
硬件辅助虚拟化	80%+	一般	Hosted/Hypervisor
操作系统级虚拟化	80%	困难	类似于 Hypervisor

2.2.3 服务器虚拟化用途

1. 软件测试

通过使用 VirtualBox 和 VMware Workstation 来配置测试环境，不仅比物理方式快捷很多，而且无须购买很多昂贵的硬件，更重要的是，通过其自带的快照（SnapShot）功能可以非常方便地将错误发生的状态保存起来，这样将有利于测试员和程序员之间的沟通。当前，很多软件通过虚拟机的形式进行测试,最著名的例子就是以 VirtualBox 虚拟机形式发布的 Chrome OS 测试版。

2. 桌面应用

通过诸如 VirtualBox 和 VMware Workstation 等桌面虚拟化软件能让用户使用其他平台的专属软件，如使用 Linux 的用户能够通过 VirtualBox 上虚拟的 Windows 环境来访问使用 ActiveX 技术的网上银行。

3. 服务器整合

通过 VMware ESXi 和 Xen 能够将多台物理机上的工作量整合到一台物理机上。现有普遍的整合率在1∶8左右,也就是使用这些软件能将原本需要八台物理机的工作量整合到一台物理机上。服务器整合不仅能减低硬件、能源和场地等开支,还能极大地简化IT架构的复杂度。

4. 自动化管理

通过使用类似分布式资源调度(Distributed Resource Scheduling,DRS)、动态迁移(Live Migration)、分布式电源管理(Distributed Power Management,DPM)和高可用性(High Availability,HA)等高级虚拟化管理技术,可以极大地提高整个数据中心的自动化管理程度。

5. 加快应用部署

通过引入虚拟化应用发布格式(Open Virtualization Format,OVF),不仅使第三方应用供应商可以更方便地发布应用,而且系统管理员可以非常简单地部署应用。

2.3 x86 虚拟化技术

2.3.1 x86 虚拟化技术的发展

1959年,克里斯托弗发表了一篇学术报告,名为"大型高速计算机中的时间共享(Time Sharing in Large Fast Computers)",其在文中提出了虚拟化的基本概念,这篇文章也被认为是虚拟化技术的最早论述。可以说虚拟化作为一个概念被正式提出就是从此时开始的。

最早在商业系统上实现虚拟化的是IBM公司在1965年发布的IBM 7044。它允许用户在一台主机上运行多个操作系统,让用户尽可能充分地利用昂贵的大型机资源。随后虚拟化技术一直在大型机上应用。随着x86平台处理能力与日俱增,1999年,VMware在x86平台上推出了可以流畅运行的商业虚拟化软件。从此虚拟化技术终于走下大型机的"神坛",来到PC服务器的世界之中。在随后的时间里,虚拟化技术在x86平台上得到了突飞猛进的发展。尤其是当CPU进入多核时代,PC具有了前所未有的强大处理能力,此时到了需要考虑如何有效利用这些资源的时候。

2006年,进入了虚拟化技术的爆发期,诸多厂商如雨后春笋般涌现。纵观虚拟化技术的发展历史,可以发现,其始终如一的目标就是实现对IT资源的充分利用。

2.3.2 x86 虚拟化的特征

1974年,Popek和Goldberg在发表的"Formal Requirements for Virtualizable Third Generation Architectures"中定义了虚拟机可以被认为是物理机的一种高效隔离的复制,并指出虚拟机应具有的三大特征。

1. 一致性

一个运行于虚拟机上的程序,其行为应与直接运行于物理机上的同程序的行为基本一致(只允许有细微的差异,如在系统时间方面)。

2. 可控性

VMM对系统资源有完全的控制能力和管理权限,包括资源的分配、监控和回收。

3. 高效性

绝大多数的客户机指令应该由硬件直接执行而无须 VMM 的参与。

但是要满足以上 3 点，并非易事，因为系统的指令集架构（ISA）需要相应地满足如下 4 个条件。

（1）CPU 能支持多个特权级，并且在 VM 上运行的指令能在低特权级（如 Ring 3）下正确执行。

（2）非特权指令（允许用户直接使用的指令）的执行效果不依赖于 CPU 的特权级。

（3）敏感指令（对系统资源配置有影响的指令）都是特权指令（不允许用户直接使用的指令）。

（4）必须支持一种内存保护机制来保证多个虚拟机之间在内存方面的隔离，如段保护或页保护。

2.3.3 x86 虚拟化技术细节

虽然 x86 架构在 PC 市场占据绝对的垄断地位，但是由于其在初始设计时，并没有考虑到虚拟化需求，所以其对虚拟化的支持不够，特别是没有满足以上 4 个条件里面的第 3 个，原因是 x86 的 ISA 有 17 条敏感指令（如 LGDT 等）不属于特权指令。也就是说，当虚拟机执行到这些敏感指令的时候，很有可能出现错误，这将会影响到整个机器的稳定。上面所提出的问题只是 x86 虚拟化需要面对的问题中的一小部分而已，还有许多问题未涉及。所以说，x86 架构虚拟化难度高。为了解决这些问题，实际应用中使用了很多方法和技术实现了 x86 架构的虚拟化。下面将从 CPU 虚拟化、内存虚拟化和 I/O 虚拟化三部分来介绍 x86 平台上全虚拟化、半虚拟化和硬件辅助虚拟化所采用的相关技术。

1. CPU 虚拟化

CPU 虚拟化的目标是使虚拟机上的指令能被正常地执行，而且效率接近物理机。

（1）全虚拟化

主要采用优先级压缩（Ring Compression）和二进制代码翻译技术（Binary Translation）。优先级压缩能让 VMM 和 Guest 运行在不同的特权级下，对 x86 架构而言，就是 VMM 运行在最高特权级 Ring 0 下，Guest 的内核代码运行在 Ring 1 下，Guest 的应用代码运行在 Ring 3 下。通过这种方式能让 VMM 截获一部分在 Guest 上执行的特权指令，并对其进行虚拟化。但是有一些对虚拟化不友好的指令则需要二进制代码翻译来处理，它通过扫描并修改 Guest 的二进制代码将那些难以虚拟化的指令转化为支持虚拟化的指令。

（2）半虚拟化

通过修改 Guest OS 的代码，使其将那些和特权指令相关的操作都转换为发给 VMM 的 Hypercall（超级调用），且 Hypercall 支持批处理和异步这两种优化方式，使得通过 Hypercall 得到近似于物理机的速度。

（3）硬件辅助虚拟化

主要包含 Intel 的 VT-x 和 AMD 的 AMD-V 两种技术，且这两种技术在核心思想上非常相似，都是通过引入新的指令和运行模式，让 VMM 和 Guest OS 分别运行在其合适的模式下。在实现方面，VT-x 支持两种处理器工作方式：第一种称为 Root 模式，VMM 运行于此模式下，用于处理特殊指令；第二种称为 Non-Root 模式，Guest OS 运行于此模式下，当在 Non-Root 模式 Guest 执行到特殊指令的时候，系统会切换到运行 Root 模式的 VMM 上，让 VMM 来处理这个特殊指令。

2．内存虚拟化

内存虚拟化的目标是做好虚拟机内存空间之间的隔离，使每个虚拟机都认为自己拥有了整个内存地址，并且效率也能接近物理机。

（1）全虚拟化

影子页表（Shadow Page Table）就是为每个 Guest 都维护一个"影子页表"，在这个表中写入虚拟化之后的内存地址映射关系，而 Guest OS 的页表则无须变动，最后，VMM 将影子页表交给 MMU 进行地址转换。

（2）半虚拟化

使用页表写入法，当 Guest OS 创建一个新的页表时，其会向 VMM 注册该页表，之后在 Guest 运行的时候，VMM 将不断地管理和维护这个表，使 Guest 上面的程序能直接访问到合适的地址。

（3）硬件辅助虚拟化

扩展页表（Extended Page Table，EPT）通过使用硬件技术，能在原有页表的基础上增加一个 EPT 页表，通过这个页表能够将 Guest 的物理地址直接翻译为主机的物理地址，降低整了个内存虚拟化所需的 Cost。在 EPT 推出之前，硬件辅助虚拟化技术在内存虚拟化方面有一个 TLB（Translation Lookaside Buffer）Miss 的缺陷。

3．I/O 虚拟化

I/O 虚拟化的目标是不仅让虚拟机访问到其所需要的 I/O 资源，而且要做好它们之间的隔离工作，更重要的是减轻由于虚拟化所带来的开销。

（1）全虚拟化

通过模拟 I/O 设备（磁盘和网卡等）来实现虚拟化。对 Guest OS 而言，所能看到就是一组统一的 I/O 设备，Guest OS 每次进行 I/O 操作时都会陷入 VMM，让 VMM 来执行。这种方式对 Guest 而言，非常透明，无须顾忌底层硬件，如 Guest 操作的是 SCSI 的设备，但实际物理机只有 SATA 的硬盘。

（2）半虚拟化

通过前端（Front-End）/后端（Back-End）架构，将 Guest 的 I/O 请求通过一个环状队列传递到特权域（Privileged Domain，也被称为 Domain 0）。因为这种方式的相关细节较多，所以将在后续章节进行深入分析。

（3）硬件辅助虚拟化

最具代表性的莫过于 Intel 的 VT-d、AMD 的 IOMMU 和 PCI-SIG 的 IOV（I/O Virtualization）这三个技术。VT-d 的核心思想是让虚拟机能够直接使用物理设备，但这会牵涉到 I/O 地址访问和 DMA 问题，而 VT-d 通过采用 DMA 重映射（Remapping）和 I/O 页表来解决这两个问题，从而让虚拟机能够直接访问物理设备。IOMMU 和 VT-d 在技术上有很多相似之处。

4．x86 虚拟化技术小结

首先，通过表 2.2 总结 x86 虚拟化技术。

表 2.2　x86 虚拟化技术

	全 虚 拟 化	半 虚 拟 化	硬件辅助虚拟化
CPU 虚拟化	二进制代码翻译	Hypercall	VT-x
内存虚拟化	影子页表	页表写入法	EPT
I/O 虚拟化	模拟 I/O 设备	前端/后端架构	VT-d

由于这三种虚拟化技术各有千秋，所以经常难以取舍，可遵循如下两点：其一，如果使用最新的芯片，如 45nm 的 Nehalem 和 32nm 的 Westmare，那么硬件辅助虚拟化技术是一个比较好的选择，甚至胜过半虚拟化技术；其二，如果是运行很多 TLB Miss 的应用（如 Java 应用），那么应避免使用硬件辅助虚拟化技术。总体而言，就像 VMware 的白皮书 *Virtual Machine Monitor Execution Modes: in VMware vSphere 4.0* 总结的那样，如果是使用最新的 45nm 以下的 Intel 芯片和较新的操作系统（如 Win 2000 之后的 Windows 版本和 2.6 之后的 Linux），推荐使用硬件辅助虚拟化技术，其他使用全虚拟化技术。如果操作系统内置 VMI（VMware 的半虚拟化技术），也可使用半虚拟化技术。

虽然现在硬件辅助虚拟化有 TLB Miss 这个缺陷，但随着硬件辅助虚拟化技术不断地发展和优化，将使其在速度和架构方面的优势更明显。不过，由于全虚拟化和半虚拟化的一些技术在某些方面还是保持了一定的优势，如半虚拟化的前端和后端架构及全虚拟化的二进制代码翻译技术。所以，今后 x86 虚拟化技术将会以硬件辅助虚拟化技术为主，同时以全虚拟化和半虚拟化技术为辅。

2.3.4　x86 架构服务器虚拟化系统厂商及其产品

随着虚拟化技术的逐渐成熟，不断有新的厂商加入企业虚拟化市场的竞争之中，其中比较有代表性的主要有以下几家。

1. VMware

VMware 将虚拟化技术带到 x86 平台，是虚拟化行业的龙头老大，具有数据中心虚拟化和桌面虚拟化产品，其具体名称和功能如下。

（1）VMware ESXi

VMware ESXi 是 Hypervisor 形式的 VMM，直接在安装硬件上构建和运行虚拟机。VMware ESXi 只能安装在 64 位的 x86 物理机上。

（2）VMware vCenter

VMware vCenter 用于 VMware vSphere 环境的管理程序，其作为管理节点来控制和整合属于其域的 vSphere 主机，既可以安装在物理机的操作系统上，也可以安装在虚拟机的操作系统上。

（3）VMware vCenter Converter

VMware vCenter Converter 用于实现对物理服务器到虚拟服务器的转换过程，可以使用冷迁移和热迁移两种方式。

（4）VMware vCenter Site Recovery Manager

VMware vCenter Site Recovery Manager 主要用于数据灾难恢复，通过实现恢复流程自动化和降低管理及测试恢复计划的复杂性，加速恢复流程并确保成功执行恢复。

（5）VMware View

VMware View 用于简化虚拟桌面管理并提高桌面安全性，将传统的 PC 替换为可从数据中心进行管理的虚拟桌面。

以上产品实际上都是构建在 VMware vCenter Server 和 ESXi Server 基础之上的。

2．Microsoft

Microsoft（微软）提出的虚拟化主要覆盖 4 个方面：服务器虚拟化、桌面虚拟化、表现层虚拟化和应用虚拟化。其中，服务器虚拟化包括 Hyper-V 与 Hyper-V Server 2008；桌面虚拟化则主要包括 Virtual PC；表现层虚拟化其实是终端服务；应用虚拟化是 Application Virtualization。微软为全部的虚拟化产品提供了统一的管理解决方案。通过 System Center 系列产品来实现对企业中 IT 资源的全面管理。

Hyper-V 是微软提出的一种系统管理程序虚拟化技术，采用微内核的架构，兼顾了安全性和其他性能要求。Hyper-V 底层的 Hypervisor 运行在最高的特权级别下，微软将其称为 Ring 1（Intel 将其称为 Root Mode），而虚拟机的 OS 内核和驱动运行在 Ring 0 下，应用程序运行在 Ring 3 下，这种架构不需要采用复杂的二进制特权指令翻译技术，可以进一步提高安全性。从架构上讲，Hyper-V 只有"硬件－Hyper-V－虚拟机"三层，本身非常小巧，代码简单，且不包含任何第三方驱动，所以安全可靠、执行效率高，能充分利用硬件资源，使虚拟机系统性能更接近真实系统性能。

Hyper-V 支持分区层面的隔离。分区是逻辑隔离单位，受虚拟机监控程序支持，并且操作系统在其中执行。Microsoft 虚拟机监控程序必须至少有一个父/根分区，用于运行 64 位版本的 Windows Server 2008 操作系统。虚拟化堆栈在父分区中运行，并且可以直接访问硬件设备。随后，根分区会创建子分区用于承载来宾操作系统。根分区使用虚拟化调用应用程序编程接口来创建子分区，其原理如图 2.9 所示。

分区对物理处理器没有访问权限，也不能处理处理器中断。它们具有处理器的虚拟视图，并运行于每个来宾分区专用的虚拟内存地址区域。虚拟机监控程序负责处理处理器中断，并将其重定向到相应的分区。Hyper-V 还可以通过输入/输出内存管理单元（IOMMU），利用硬件加速来加快各个来宾虚拟地址空间相互之间的地址转换。IOMMU 独立于 CPU 使用的内存管理硬件运行，并用于将物理内存地址重新映射到子分区使用的地址。

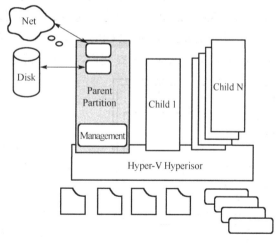

图 2.9 Hyper-V 原理图

3．SWsoft

Parallels Virtuozzo Containers 操作系统虚拟化技术，动态地将单台 Windows 或 Linux 操作系统实例分割为多个高效、稳定的虚拟环境（VE）或"容器"，这些虚拟环境以最大化的效率利用硬件、软件、数据中心及管理资源，在每个虚拟环境中可独立安装和运行各种应用软件，使用起来和物理服务器完全一样。Virtuozzo 目前多用于主机托管服务提供商的应用场景，因为相比全硬件虚拟化技术，它可以提供更高的资源利用率，同时还提供了非常方便的虚拟机部署和管理界面。对于使用大量的 Web 服务器这样的应用场景，Virtuozzo 非常适合。

4. Parallels

Parallels 从产品线甚至产品的图标上都与 VMware 类似，但在 Mac 机的虚拟化方面，Parallels 似乎总是比 VMware 技高一筹。Mac 的忠实拥护者不妨体验一下在 Mac 系统中运行 Windows 和 Linux 的感觉。另外，与 VMware 一样，Parallels 也提供了一系列企业级别的虚拟化产品。相对于 VMware 的解决方案，价格是其最大的优势。

5. Citrix

Citrix 的产品主要是 XenServer，它与 Virtuozzo 一样使用了操作系统虚拟化技术，基于开源的 Xen 虚拟机监视器。

6. Redhat

Redhat 于 2008 年收购 Qumranet 公司，并获得 KVM 技术。KVM 是与 Xen 类似的一个开源项目，全称是 Kernel-based Virtual Machine，即基于内核的虚拟机。KVM 是集成到 Linux 内核的 Hypervisor，是 x86 架构且硬件支持虚拟化技术（Intel VT 或 AMD-V）的 Linux 全虚拟化解决方案。它是 Linux 的一个很小的模块，将利用 Linux 做大量的工作，如任务调度、内存管理与硬件设备交互等。

Linux 内核集成管理程序加载 KVM 内核模块，管理 Linux 的虚拟化功能。在这种模式下，每个虚拟机都是一个常规的 Linux 进程，通过 Linux 程序进行调度。KVM 虚拟化平台架构如图 2.10 所示。

Qemu 是一套由 Fabrice Bellard 编写的模拟处理器的自由软件，具备高速度及跨平台的特性。通过 KQemu 这个开源的加速器，Qemu 能模拟接近真实电脑的速度。Qemu 就是一个模拟器，其向 Guest OS 模拟 CPU 和其他硬件，Guest OS 认为自己和硬件直接打交道，其实是同 Qemu 模拟出来的硬件打交道，Qemu 将这些指令转译给真正的硬件。

KVM 是 Linux Kernel 的一个模块。加载了该模块后，才能进一步通过其他工具创建虚拟机。但仅有 KVM 模块是远远不够的，因为用户无法直接控制内核模块去执行任务，还必须有一个运行在用户空间的工具才行。这个用户空间的工具，KVM 开发者选择了已经成型的开源虚拟化软件 Qemu。Qemu 是一个虚拟化软件，它可以虚拟不同的 CPU。例如，在 x86 的 CPU 上可虚拟出一个 Power 的 CPU，并可利用它编译出可运行在 Power 上的程序。KVM 使用了 Qemu 的一部分，并稍加改造，就变成了可控制 KVM 的用户空间工具。官方提供的 KVM 下载有两大部分（Qemu 和 KVM），包括三个文件（KVM 模块、Qemu 工具及二者的合集）。

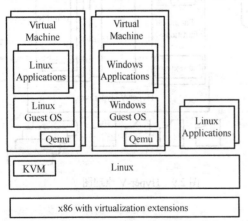

图 2.10　KVM 虚拟化平台架构

Qemu 将 KVM 整合进来，通过 Ioctl 调用/dev/kvm 接口，将有关 CPU 指令的部分交由内核模块来做。KVM 负责 CPU 虚拟化和内存虚拟化，但 KVM 不能模拟其他设备。Qemu 模拟 I/O 设备（网卡、磁盘等），KVM 加上 Qemu 之后就能实现真正意义上的服务器虚拟化，所以称之为 Qemu-KVM。Qemu 模拟其他的硬件，同样会影响这些设备的性能，于是又产生了 pass through 半虚拟化设备 virtio_blk、virtio_net，以提高设备性能。KVM 和 Qemu 的关系如图 2.11 所示。

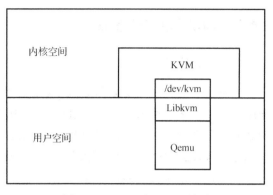

图 2.11　KVM 和 Qemu 关系

　　Libvirt 是一套免费、开源的支持 Linux 下主流虚拟化工具的 C 函数库，其可以为 KVM 提供一套方便、可靠的编程接口。当前主流 Linux 平台上默认的虚拟化管理工具 Virt-manager（图形化）、Virt-install（命令行模式）等均是基于 Libvirt 开发而成的。Libvirt 是目前使用最为广泛的对 KVM 虚拟机进行管理的工具和 API。Libvirtd 是一个 Daemon 进程，可以被本地的 Virsh 调用，也可以被远程的 Virsh 调用，Libvirtd 调用 Qemu-KVM 操作虚拟机。Libvirt 还支持 Xen、VMware 和 Hyper-V 等虚拟化平台。Libvirt 与 KVM、Qemu 的关系如图 2.12 所示。

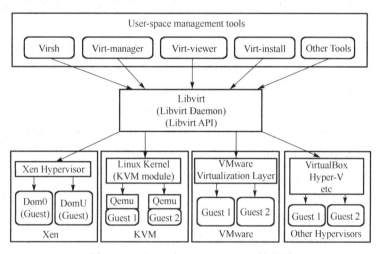

图 2.12　Libvirt 与 KVM、Qemu 的关系

2.4　KVM 虚拟化技术

2.4.1　KVM 简介

　　KVM 是一个开源虚拟机监控器，从 Linux 2.6.20 开始被包含在 Linux 内核中。KVM 基于 x86 硬件辅助虚拟化技术，运行要求 Intel VT-x 或 AMD SVM 的支持。KVM 的实现采用宿主机模型（Host-based），由于 KVM 是集成在 Linux 内核中的，因此可以自然地使用 Linux 内核提供的内存管理、多处理器支持等功能，易于实现，而且还可以随着 Linux 内核的发展而发展。另外，目前 KVM 的所有 I/O 虚拟化工作是借助 Qemu 完成的，也显著地降低了实现的工作量。

2.4.2 KVM 的 CPU 虚拟化

1. VT-x 技术

处理器一般存在应用编程接口和系统编程接口。对于 x86 处理器来说，应用编程接口仅向应用程序暴露了通用寄存器、RFLAGS、RIP 和一组非特权指令，而系统编程接口向操作系统暴露了全部的 ISA（Instruction Set Architecture）。传统的进程/线程模型也是对处理器的一种虚拟化，但只是对处理器的应用编程接口的虚拟化，而系统虚拟化（System Virtualization）是要实现处理器系统编程接口的虚拟化。从这个角度讲，系统虚拟化与进程/线程模型相比并无本质的区别。

处理器虚拟化的本质是分时共享。实现虚拟化需要两个必要条件：第一是能够读取和恢复处理器的当前状态，第二是有某种机制防止虚拟机对系统全局状态进行修改。

第一个必要条件不是一定要由硬件来实现，虽然硬件实现可能比软件实现更为简单。例如，x86 处理器对多任务，也就是应用编程接口虚拟化，提供了硬件的支持，软件通常只需要执行一条指令，就可以实现任务切换，处理器硬件负责保存当前应用编程接口的状态，并为目标任务恢复应用编程接口的状态。但操作系统并不一定要使用处理器提供的这种虚拟化机制，完全可以使用软件来完成应用接口状态的切换。例如，Linux 就没有使用 x86 处理器提供多任务机制，完全依赖软件实现任务切换。

第二个必要条件一定要由硬件来实现。Intel 提出了 VT-x 技术来解决系统虚拟化问题，其主要思路是增加一个新的比 0 还高的特权级，通常称之为特权级–1，并在硬件上支持系统编程接口状态的保存和恢复。

VT-x 提供了一套称为 VMX（Virtual Machine eXtension）的新工作模式，工作在该模式下的处理器又具有两类操作模式：VMX Root Operation 和 VMX Non-root Operation。通常，虚拟机监控器运行在 VMX Root Operation 模式下，即所谓的特权级–1，用户操作系统运行在 VMX Non-root Operation 模式下。VMX Non-root Operation 模式仍保留 4 个特权级，对操作系统来说，VMX Non-root Operation 模式与传统的 x86 处理器兼容，最大的差别在于当虚拟机执行一些访问全局资源的指令时将导致虚拟机退出操作（VM Exit），从而使虚拟机监控器获得控制权，以便对访问全局资源的指令进行模拟。随后，虚拟机监控器可以通过虚拟机进入操作（VM Entry）使虚拟机重新获得控制权。

其次，VT-x 为系统编程接口状态的切换提供硬件支持。VT-x 为每个虚拟机维护至少一个 VMCS（Virtual Machine Control Structure），其中保存了虚拟机和虚拟机监控器的系统编程接口状态。当执行 VM exit 和 VM entry 操作时，VT-x 自动根据 VMCS 中的内容完成虚拟机和虚拟机监控器间的系统编程接口状态切换。为系统编程接口状态的切换提供硬件支持是必要的，因为 x86 处理器的系统编程接口相比应用编程接口要复杂得多，且在不停变化，如较新的处理器可能增加一些 MSR（Model Specific Register），这使得单独依靠软件来实现系统编程接口的保存和恢复工作变得十分复杂。另外，VT-x 还提供了一组指令，使得虚拟机监控器通过一条指令就可以完成虚拟机间的切换。

VT-x 提供了完备的处理器虚拟化机制，利用 VT-x 可以在单个硬件平台上虚拟出任意数量的虚拟处理器 VCPU。VT-x 除了解决了处理器虚拟化的问题之外，还为内存虚拟化和 I/O

虚拟化提供了支撑。在内存虚拟化方面，VT-x 为影子页表的实现提供了支撑，并且在较新的处理器中还提供了 EPT 机制，进一步提高了内存虚拟化的效率；在 I/O 虚拟化方面，通过 I/O 位图机制可以方便地实现对 Programmed I/O 的虚拟化，除此之外，VT-x 还提供了中断事件退出机制和中断事件注入机制，方便对设备中断进行虚拟化。

2. KVM 实现 CPU 虚拟化

作为虚拟机监控器，KVM 分为两部分，分别是运行于 Kernel 模式的 KVM 内核模块和运行于 User 模式的 Qemu 模块。这里的 Kernel 模式和 User 模式，实际上指的是 VMX 根模式下的特权级 0 和特权级 3。另外，KVM 将虚拟机所在的运行模式称为 Guest 模式。所谓 Guest 模式，实际上指的是 VMX 的非根模式。

利用 VT-x 技术的支持，KVM 中的每个虚拟机可具有多个虚拟处理器 VCPU，每个 VCPU 对应一个 Qemu 线程，VCPU 的创建、初始化、运行及退出处理都在 Qemu 线程上下文中进行，需要 Kernel、User 和 Guest 三种模式相互配合，其工作模型如图 2.13 所示。Qemu 线程与 KVM 内核模块间以 Ioctl 的方式进行交互，KVM 内核模块与用户软件之间通过 VM Exit 和 VM Entry 操作进行切换。

Qemu 线程以 Ioctl（Ioctl 是设备驱动程序中对设备的 I/O 通道进行管理的函数）的方式指示 KVM 内核模块进行 VCPU 的创建和初始化等操作，主要指 VMM 创建 VCPU 运行所需的各种数据结构并初始化。其中很重要的一个数据结构就是 VMCS。KVM 的 CPU 虚拟化如图 2.13 所示。

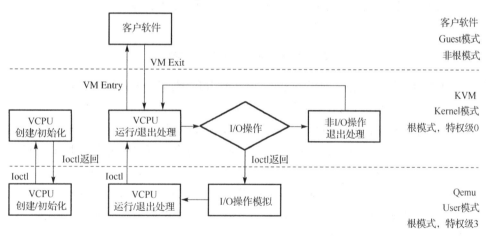

图 2.13　KVM 的 CPU 虚拟化

初始化工作完成后，Qemu 线程以 Ioctl 的方式向 KVM 内核模块发出运行 VCPU 的指示，后者执行 VM Entry 操作，将处理器由 Kernel 模式切换到 Guest 模式，中止宿主机软件，转而运行用户软件。注意，宿主机软件被中止时，正处于 Qemu 线程上下文，且正在执行 Ioctl 系统调用的 Kernel 模式处理程序。用户软件在运行过程中，如发生异常或外部中断等事件，或执行 I/O 操作，可能导致 VM Exit，将处理器状态由 Guest 模式切换回 Kernel 模式。KVM 内核模块检查发生 VM Exit 的原因，如果 VM Exit 是由于 I/O 操作导致，则执行系统调用返回操作，将 I/O 操作交给处于 User 模式的 Qemu 线程来处理，Qemu 线程在处理完 I/O 操作后再次执行 Ioctl，指示 KVM 切换处理器到 Guest 模式，恢复用户软件的运行；如果 VM Exit 是由于其他原因导致，则由 KVM 内核模块负责处理，并在处理后切换处理器到 Guest 模式，恢复客户机的运行。

2.4.3 KVM 用户物理内存管理

每个虚拟机都需要拥有一定数量的物理内存。物理内存是宝贵的资源，为了提高物理内存的利用率，也为了在一台计算机上运行尽可能多的虚拟机，不能将一块物理内存固定划分给某个虚拟机使用，而应该采用按需分配的方式。KVM 用户物理内存管理原理如图 2.14 所示。

PC 的物理内存通常是不连续的，例如地址 0xa0000 至 0xfffff、0xe0000000 至 0xffffffff 等通常留给 BIOS ROM 和 MMIO 而不是物理内存。假设虚拟机包括 n 块物理内存，分别记做 P1, P2, ⋯, Pn，每块物理内存的起始地址分别记做 PB1, PB2, ⋯, PBn，每块物理内存的大小分别为 PS1, PS2, ⋯, PSn。

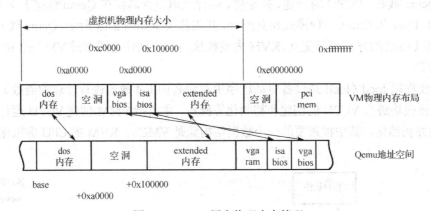

图 2.14 KVM 用户物理内存管理

在虚拟机创建之初，Qemu 使用 malloc 函数从其进程地址空间中申请了一块与虚拟机的物理内存大小相等的区域，设该区域的基地址为 B。

接下来，Qemu 根据虚拟机的物理内存布局，将该区域划分成 n 个子区域，分别记做 V1, V2, ⋯, Vn，第 i 个子区域与第 i 块物理内存对应，每个子区域的起始线性地址记做 VB1, VB2, ⋯, VBn，每个子区域的大小等于对应的物理内存块的大小，仍是 PS1, PS2, ⋯, PSn。

然后，Qemu 向 KVM 内核模块通告虚拟机的物理内存布局。KVM 内核模块中使用 slot 结构数据来记录虚拟机的物理内存布局，每一个物理内存块对应一个 Slot，其中记录着该物理内存块的起始物理地址 PBi、大小 PSi 等信息，还记录了该物理内存块对应在 Qemu 线性地址空间中的子区域的起始地址 VBi。

当发生由于页故障引发的 VM Exit 时，VMM 首先搜索用户页表，如果用户页表中本身就不存在用户线性地址 GVA 到用户物理地址 GPA 的映射，则将该异常事件回注给虚拟机，由用户软件处理该页故障。如果在用户页表中存在 GVA 到 GPA 的映射，则从用户页表中得到该 GPA，然后根据 GPA 得到其所属的 Slot，进而得到该 GPA 对应的 Qemu 地址空间中的主机线性地址 HVA，然后通过 Linux 内核函数 get_user_pages 确定 HVA 所对应的主机物理地址 HPA，如果 HVA 到 HPA 的映射不存在，get_user_pages 会分配物理内存，然后再建立 HVA 到 HPA 的映射。之后，VMM 可以使用该 HPA 来构建影子页表，即建立 GVA 到 HPA 的映射。因此，KVM 系统中的虚拟机所使用的物理内存最终还是由 Linux 内核来分配的。

2.5 云计算与虚拟化

通过提供灵活、自助服务式的 IT 基础架构,云计算促使信息处理方式发生了革命性的转变。在这场变革中,虚拟化技术发挥了决定性作用。它所带来的独立性、高度整合性和移动性,改变了当前的 IT 基础架构、流程及成本。通过消除长期存在于应用层与物理主机之间的障碍,虚拟化使部署更为轻松便捷,工作负载的移动性显著增强。由此可见,没有虚拟化的云计算是无法想象的。

2.5.1 部署与应用

虚拟化产品的应用不仅可以提升用户的使用效率,且已经开始改变用户的应用模式。虚拟化技术从最初在存储领域的应用,到 VMware 商业模式的成功,再到现在服务器、PC 虚拟化应用在全球的快速普及,使得传统的 IT 基础设施的部署和应用观念受到了很大挑战,企业业务部门与 IT 部门的合作方式正因此发生改变。

正是由于虚拟化技术能够节省投资、提高闲置计算资源的利用效率,同时其需要对企业的 IT 基础设施进行重新规划、部署和管理,因此,虚拟化正在最大程度地改变企业 IT 基础设施的部署及运营。企业用户也将随之转变其 IT 管理方式,这其中包括购买什么、如何部署、如何进行计划及如何为此付费等问题。

现在,众多 IT 厂商也开始顺应这种趋势,在实现自身产品对虚拟化支持的同时,举起虚拟化的大旗为培育这个市场出力。此外,在全球已有一些用户在虚拟化技术的应用中体会到了提高效率和节省投资的优势,甚至有中小企业用户依靠虚拟化技术得到了超越其支付能力(相对于购买传统设备的支付能力)的计算资源,因此越来越多的用户对此给予了高度的关注,并且乐于尝试。

当虚拟化技术被用户认可,在软、硬件提供商之间确定应用后,众多的服务器、PC、操作系统、应用系统、存储产品的主流提供商将开始全面加入虚拟化的竞争,虚拟化在基础设施厂商之间制造的新一轮产业结构竞争已经开始,尽管竞争的局面在未来几年将导致市场的混乱和众多的不确定性,但这一趋势已经形成。在操作系统领域,由于虚拟化技术的出现,企业系统的客户端可以越来越多地采用虚拟机来实现应用,从而减少了操作系统的安装及 PC 资源的占用,这种改变正在企业的 IT 基础设施架构中悄然发生。

2.5.2 向服务转型

当虚拟化技术推广到互联网时,就是所说的"云计算"了。"云计算"能够给企业带来两大价值:一是企业可以获得应用所需的足够多的计算能力,而且无须对支持这一计算能力的 IT 基础设施付出相应的原始投资成本;二是在需要时像购买服务一样购买这种计算能力,按照流量付费即可,用户不用担心计算设备与资源的日常维护开销和闲置成本。现在,很多软件开发企业、服务外包企业、科研单位等都需要拥有处理大数据量的计算能力,因此他们对"云计算"存在现实而迫切的需求。可以说,"云计算"改变了企业对计算资源的采购和使用方式,改变了对 IT 应用建设的模式。

当然,虚拟化和"云计算"对操作系统的影响不仅仅源于 IT 技术和商业模式的变革,也是由于操作系统领域自身的市场竞争正在从产品转向服务，服务正成为操作系统市场竞争的焦点。知识产权问题已经让用户对 Linux 的发展产生质疑，并成为了当前 Linux 发展的重大障碍，于是 Linux 提供商开始寻求新的商业模式。Redhat、Novell 等国际厂商销售产品化的服务这一盈利方式开始接受中国用户的考验。同时，几家国内 Linux 提供商也已经开始了销售服务的积极尝试。尽管现阶段国内的 IT 采购及应用环境还并不成熟，但 Linux 厂商迫于商业模式转变的压力，向服务转型已势在必行。事实上，卖产品化的服务与提供租赁式的服务没有本质的区别，因此虚拟化和"云计算"与 Linux 的发展将很快能够找到融合点。

相对于 Linux 的发展，微软推动的 Windows 服务营销就显得更为迫在眉睫。这不仅是由于盗版市场的竞争压力及微软自身盈利模式的优化，当前，Google 带给 Windows 的竞争压力越来越大：一方面，两者的产品形式存在着本质差别，Google 提供内容，微软提供工具；另一方面，Google 的壮大速度明显快于微软所预期的速度。面对这样的竞争形式，微软必须加快向服务销售模式转变的速度。

从本质上讲，用户购买 Windows 产品的目的就是为了通过这一工具获得最终的应用内容，而 Google 的商业模式是通过各种技术手段、工具、产品直接为用户提供内容，这种商业模式本身就领先一步，更何况在技术高速发展和应用环境迅速成熟的双重推动下，Google 正在以超越微软以往所有竞争对手的发展速度壮大，这对微软的压力不言而喻。正因如此，近两年微软已经在服务的销售上频繁进行尝试，如果分别了解一下桌面端与服务器端操作系统的虚拟化技术和应用场景，不难发现这与其竞争对手提供的互联网模式可以部分替代，相信 Windows 向服务转变的经营模式在未来几年将会以更快的速度推进。

2.6 小结

虚拟化是一种资源管理技术，屏蔽了异构资源的差异，展现给用户的是统一的逻辑实体。虚拟化技术用于服务器叫做服务器虚拟化，可以把一台服务器虚拟成多个服务器使用，存储虚拟化屏蔽了异构存储介质的差异，呈现给用户一个海量存储系统，经常可用于云存储的构建。网络虚拟化可以提高网络性能和可靠性，应用虚拟化方便了应用的发布和使用，桌面虚拟化节省了硬件资源，方便了管理和扩展，是目前流行的教学和办公平台。

服务器虚拟化在私有云平台和公有云平台得到了普遍的应用，共包含 5 种虚拟化技术：① 硬件仿真是在操作系统上运行硬件模拟程序，并在此程序上运行虚拟机；② 全虚拟化在用户操作系统和硬件之间捕捉和处理那些对虚拟化敏感的特权指令；③ 半虚拟化上的用户机操作系统修改后可以直接在硬件上运行；④ 硬件辅助虚拟化是硬件厂商通过对部分全虚拟化和半虚拟化使用到的软件技术进行硬件化；⑤ 操作系统级虚拟化是通过对操作系统的简单隔离来实现虚拟化。这些虚拟化技术各有特色。

目前 x86 平台上硬件辅助虚拟化和全虚拟化技术较为流行，在 CPU、内存、I/O 虚拟化方面都有特别的处理方式。VMware、Microsoft 等公司在 x86 平台上都拥有比较出色的产品。开源虚拟化软件 KVM 得到 Linux 的采用，各个版本的 Linux 核心都集成了 KVM 模块。虚拟化是云计算的一部分，也是云计算的基础。

深入思考

1. 云计算与虚拟化的关系是什么？

2. 全虚拟化、半虚拟化和操作系统虚拟化哪个速度更快、效率更高？为什么？

3. 网络虚拟化中的横向整合是指什么？有什么作用？SDN 技术是网络虚拟化吗？SDN 有什么好处？

4. 服务器虚拟化的用途是什么？思考在 IDC 中服务器虚拟化技术对应用服务器的维护有什么好处？

5. 硬件辅助虚拟化是目前计算机虚拟化技术的主流，请问 x86 硬件辅助虚拟化的难点在哪里？

6. 全虚拟化、半虚拟化和硬件辅助虚拟化在内存虚拟化技术上有什么不同？

7. KVM 虚拟化技术属于哪一种虚拟化，为什么？

8. KVM 与 Qemu 有什么关系？Libvirt 有什么作用？

9. 实现处理器虚拟化的必要条件是什么，哪些必须由硬件实现？

10. KVM 是如何实现处理器虚拟化的？虚拟机的内存地址空间与物理机的内存地址空间是如何对应的？

第 3 章

VMware vSphere 概述

3.1 VMware 公司简介

3.1.1 x86 系统虚拟化技术的提出

虚拟化技术在 20 世纪 60 年代首次提出，当时是为了对大型机硬件进行分区以提高硬件利用率。IBM 率先实施虚拟化，作为对大型机进行逻辑分区以形成若干独立虚拟机的一种方式。这些分区允许大型机进行"多任务处理"，即同时运行多个应用程序和进程。由于当时大型机是十分昂贵的资源，因此设计了虚拟化技术来进行分区，作为一种充分利用投资的方式。

在 20 世纪 80 年代和 90 年代，由于客户端-服务器应用程序，以及价格低廉的 x86 服务器和台式机的发展成就了分布式计算技术，虚拟化实际上已被人们弃用。20 世纪 90 年代，随着 Windows 的广泛使用，以及 Linux 作为服务器操作系统的出现，奠定了 x86 服务器的行业标准地位。x86 服务器和桌面部署的增长带来了新的 IT 基础架构和如下难题。

（1）基础架构利用率低。根据 IDC 的报告，典型的 x86 服务器部署，平均达到的利用率仅为总容量的 10%～15%。组织通常在每台服务器上运行一个应用程序，以避免出现一个应用程序中的漏洞影响同一服务器上其他应用程序的风险。

（2）物理基础架构成本日益攀升。为支持不断增长的物理基础架构，使得需要花费的运营成本增加。大多数计算基础架构都必须时刻保持运行，因此耗电量、制冷和设施成本随之增加。

（3）IT 管理成本不断攀升。随着计算环境日益复杂，基础架构管理人员所需的专业教育水平和经验及此类人员的相关成本也随之增加。组织在与服务器维护相关的手动任务方面花费了过多的时间和资源，因此也需要更多的人员来完成这些任务。

（4）故障切换和灾难保护不足。关键服务器应用程序停机和关键最终用户桌面不可访问对组织造成的影响越来越大。安全攻击、自然灾害、流行疾病及恐怖主义的威胁使得桌面和服务器的业务连续性规划更为重要。

（5）最终用户桌面的维护成本高昂。企业桌面的管理和保护带来了许多难题，在不影响用户有效工作的情况下控制分布式桌面环境并强制实施管理、访问和安全策略，实现复杂且成本高昂，必须不断地对桌面环境应用修补程序和升级以消除安全漏洞。

1999 年，VMware 推出了针对 x86 系统的虚拟化技术，旨在解决上述难题，并将 x86 系统转变成通用的共享硬件基础架构，使应用程序环境在完全隔离、移动性和操作系统方面有选择的空间。

3.1.2 VMware 公司发展历史

VMware（Virtual Machine ware，中文名"威睿"）公司成立于 1998 年，是总部设在美国加利福尼亚州的帕洛阿尔托市的一家专门研究虚拟化软件的公司，主要控股股东是存储界的巨头 EMC 公司，其 Logo 如图 3.1 所示。VMware Workstation 虚拟化软件可以运行在 Windows、Linux 和 Mac OS X 上，VMware 公司的企业软件 VMware ESXi Server 可以直接运行在服务器裸机上，不需要任何操作系统的支撑。VMware 由 Diane Greene（1988 年获得美国加利福尼亚大学伯克利分校计算机科学硕士学位）、Mendel Rosenblum（1991 年获得美国加利福尼亚大学伯克利分校博士学位）、Scott Devine（获斯坦福大学硕士学位）、Edward Wang（1994 年在美国加利福尼亚大学伯克利分校获博士学位）和 Edouard Bugnion（获斯坦福大学硕士学位）创办。Mendel Rosenblum 与 Diane Greene 在加利福尼亚大学伯克利分校相识，后成为夫妻。直到 2005 年，Edouard Bugnion 一直是 VMware 的首席架构师和 CTO。

VMware 公司总部设在美国加利福尼亚州的帕洛阿尔托市，如图 3.2 所示。2005 年在剑桥和麻省理工学院建立了 R&D 中心。VMware 软件可以运行在 Windows 和 Linux 上，2006 年 12 月首次发布了运行在 Mac OS X 上的版本。VMware 公司迄今已经有 18 年的历史，当前市值 400 亿美元，为世界第四大系统软件公司。全球排名前五的虚拟化软件公司为：VMware、微软、思杰、红帽（Red Hat）、甲骨文（Oracle）。VMware 现在占据全球 80%的 x86 服务器虚拟化市场份额，已成为 x86 虚拟化领域的全球领军企业。2009 年收入 19 亿美元，2015 年全年总收入为 65.7 亿美元。员工达 6500 人，用户包括财富 100 强中的全部企业。

图 3.1 VMware Logo   图 3.2 VMware 总部

1999 年 VMware 公司发布了第一款产品 VMware Workstation，2001 年通过发布 VMware GSX Server(托管)和 VMware ESX Server(不托管)，宣布进入服务器市场。VMware ESX Server 不需要操作系统的支持，其本身就是一个"操作系统"，可以用来管理硬件资源，所有的系统都安装在它的上面；VMware GSX Server 需要安装在操作系统下，这个操作系统叫 HOST OS，HOST OS 可以是 Windows 2000 Server 或是 Linux，VMware WorkStation 也需要安装在操作系统下。

2003 年 VMware 推出了 VMware Virtual Center，包括 VMotion（虚拟机动态实时迁移功能，将正在运行的虚拟机从一台物理服务器移动至另一台物理服务器，而不影响最终用户）和 Virtual SMP（允许一个虚拟机同时使用最多四个物理处理器）技术，使 VMware 的软件在高可用和诸多性能方面优势明显，得以进入关键应用领域。2004 年推出了 64 位支持版本，同一年，VMware 被 EMC 收购。2008 年 9 月 16 日，VMware 宣布和思科合作，为其提供数据中心连接解决方案，合作的第一个成果就是思科 Nexus 1000V，Nexus 1000V 是一款分布式虚拟交换机，是 VMware 基础架构的一个集成选项。

3.2 VMware 公司产品概述

3.2.1 核心产品设计理念

  x86 计算机与大型机不同，它在设计上不支持全面虚拟化，因此 VMware 必须克服诸多难题才能在 x86 计算机上开发出虚拟化技术。在大型机和 PC 中，大多数 CPU 的基本功能都是执行一系列存储的指令（即软件程序）。x86 处理器中有 17 条特定指令在虚拟化时会产生问题，从而导致操作系统警告、终止应用程序或直接崩溃。因此，这 17 条指令是在 x86 计算机上首次实现虚拟化时的严重障碍。

  为应对 x86 体系结构中可能产生问题的这些指令，VMware 开发了一种自适应虚拟化技术。在生成这些指令时此技术会将它们"困住"，然后将它们转换成可以虚拟化的安全指令，同时允许所有其他指令不受干扰地执行。采用该技术就可以创建与主机硬件匹配并保持软件完全兼容性的高性能虚拟机。

  VMware 提供了一套完整的虚拟化硬件来安装客户机操作系统，VMware 软件虚拟化了显卡、网卡和硬盘，宿主机为客户机的 USB、串行和并行设备提供驱动，因此 VMware 虚拟机就可以在不同计算机之间进行快速迁移，因为每个主机看到的几乎是一样的客户机。实际上，系统管理员可以暂停在虚拟机客户机上的操作，移动或复制客户机到另一个物理计算机上，而且正好在暂停点恢复执行。Vmotion 技术允许迁移正在运行的虚拟客户机到独立的主机上，转移过程对于所有用户而言都是透明的，该技术的前提是具备共享存储。

  VMware 的产品使用 CPU 直接运行代码（如在 x86 上运行用户模式和虚拟的 8086 模式），当直接执行不起作用时，VMware 产品动态重写代码，VMware 称这个过程为"二进制转换"或 BT，转换的代码存储在多余的内存中，通常在地址空间的末尾，它的分段机制可以保护和隐藏代码。正是由于这些原因，VMware 要比那些模拟器的运行速度更快，在相同的硬件上，虚拟客户机的运行速度大约提升 80%，在计算密集型应用程序上系统开销要少 3%～6%。VMware 的方法巧妙地避开了基于 x86 平台上虚拟化的困难，虚拟机可以通过替换处理干扰指令，或在用户模式下运行内核代码。目前，Intel 和 AMD 都推出了支持虚拟机软件的扩展指令集，如 INTEL-VT 和 INTEL-VTx，称为 CPU 辅助虚拟化技术。VMware 目前的产品已经支持这一技术，对比以前的全虚拟化技术，虚拟机速度更快且更稳定。

3.2.2 产品简介

1. VMware Workstation

  VMware Workstation 允许多个 x86 虚拟机同时创建和运行，每个虚拟机实例可以运行其自己的客户机操作系统。VMware Fusion 是 Mac OS 平台的 VMware Workstation。VMware Player 可以运行创建好的虚拟机（但不能创建虚拟机）。

2. VMware ESXi

VMware ESXi 就是 ESX（早期服务器虚拟化产品）移除了服务控制台，其安装在裸机上，直接在服务器硬件上运行，其本身就是操作系统，是服务器级的虚拟化产品。VMware ESXi 需要的磁盘空间小（150MB），内存占用少，可以运行在 U 盘上，也可以运行在普通硬盘上。VMware ESXi 主机不能直接从控制台进行管理，需要通过 VMware vSphere Client 进行管理。VMware ESXi Server 是为关键业务环境中分区、合并和管理服务器的虚拟基础架构软件，非常适合企业数据中心使用，VMware ESXi Server 通过提高资源利用率，使计算基础架构的总体拥有成本降到最低，同时与硬件无关的虚拟机封装文件管理大大增加了管理的灵活性。

3. VMware vCenter

VMware vCenter 用于管理 ESXi 服务器，为虚拟服务器的部署提供更强的可靠性和可管理性，VMware vCenter 包含多种技术：VMotion 将正在运行的虚拟机从一个 ESXi 主机移动到另一个 ESXi 主机上；Storage VMotion 将正在运行的虚拟机从一个存储设备移动到另一个存储设备；DRS（Dynamic Resource Scheduler）使用 VMotion 自动平衡 ESXi 集群负载；HA（High Availability）在集群中某主机发生故障时，主机上的虚拟机自动在集群中另一个主机上重新启动；FT（Fault Tolernace），热备功能，虚拟机故障后，热备份的虚拟机启用，服务不会中断。

4. VMware Tools

VMware Tools 为不同客户机操作系统提供驱动和实用程序以提升图形应用性能，让主机和客户机之间共享文件夹、即插即用设备、时钟同步和跨环境剪切/粘贴。

5. VMware Converter

VMware Converter 将物理机转换成虚拟机，也称为 P2V。将虚拟机从一个类型转换到另一个类型，在 VMware ESXi 服务器上运行自动配置任务。

6. VMware Capacity Planner

VMware Capacity Planner 是一款 IT 容量规划工具，在异构计算环境中收集可利用的数据，和行业标准参考数据进行比较，最后提供分析报表和决策支持模型。

7. VMware ACE

VMware ACE 提供了一种分布式安全的虚拟桌面给网络客户端计算机。

8. VMware ThinApp

VMware ThinApp 是一款创建可移动软件的虚拟化套件，这些软件可以在光盘、U 盘、闪存卡、软盘中进行启动运行。

9. VMware Infrastructure

VMware Infrastructure 是一个管理 VMware ESX/ESXi 服务器环境的虚拟化产品集合。

10. VMware vStorage

VMware vStorage 是一套广泛的存储平台，管理虚拟环境中存储基础架构，具有高度的灵活性，兼具自我管理和自我修复功能。通过该平台，用户能够通过进一步简化、优化和自动化其计算基础架构。

11. VMware vSphere

VMware vSphere 是以上系统相关软件的集合，它可以管理大型基础架构池，包括内部和外部网络上的软件和硬件。VMware 公司喜欢把不同产品打包成集合，形成一个新的产品。

12. VMware View

VMware View 是 VMware 桌面虚拟化产品，通过 VMware View 能够在一台普通的物理服务器上虚拟出很多台（桌面整合率普遍为服务器整合率的两倍左右，一般为 1∶16）虚拟桌面（Virtual Desktop）供远端的用户使用，这样做的优点是简化 IT 的管理，并节省了开支。

3.3 VMware vSphere 组成与功能

VMware vSphere 是 VMware 公司推出的一套企业级服务器虚拟化解决方案（一系列软件产品的组合），包括虚拟化基础架构、高可用性、集中管理、监控等一整套解决方案。VMware vSphere 组件包括 VMware ESXi、VMware vCenter，以及在 vSphere 环境中实现许多不同功能的其他软件组件，核心组件 VMware ESXi 可以独立安装和运行在裸机上。通过 VMware vSphere Client 远程连接控制 VMware ESXi 服务器，在服务器上创建多个 VM（虚拟机）后安装 Linux 或 Windows Server 操作系统，提供各种网络应用服务。VMware ESXi 从内核级支持硬件虚拟化，运行于其中的虚拟服务器，在性能与稳定性上不亚于普通的硬件服务器，而且更易于管理和维护。VMware vCenter 服务器可以管理集群中的所有 VMware ESXi 主机，便于协调调度各种资源。

用户使用 VMware vSphere Client 登录 VMware vCenter 服务器，在管理界面可以看到受管的所有 VMware ESXi 服务器，选择一个服务器，创建虚拟机，系统就会创建一组文件，包括该虚拟机的硬件配置文件和虚拟机磁盘文件。系统按照硬件配置文件分配硬件资源给该虚拟机。接下来可以给虚拟机安装操作系统。操作系统安装的内容写入虚拟机的磁盘文件。由于 VMware ESXi 服务器的模拟与控制，安装在虚拟机磁盘上的操作系统会以为正运行在物理机上，虚拟机磁盘文件就是这台机器的磁盘。

如果把虚拟机文件保存在存储上，将为 VMware vSphere 的高级特性提供可能。如虚拟机动态迁移、资源均衡、高可用性和热备。

3.3.1 VMware vSphere 主要组件

VMware vSphere 主要组成部分包括 VMware ESXi 和 VMware vCenter，其中 VMware ESXi 是 VMM（虚拟化管理器），VMware vCenter 用于管理 ESXi 主机集群。VMware vSphere 的简要架构如图 3.3 所示。

1. VMware ESXi

VMware ESXi 是 Hypervisor 形式的 VMM，直接安装在裸机上，其只支持 64 位运行模式，只能安装在 64 位的 x86 物理机上，主要有如下三方面功能。

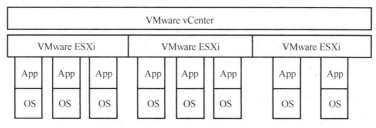

图 3.3　VMware vSphere 架构图

（1）Infrastructure Service：就是 VMM 的功能，也是整个产品的基础。它通过一个在物理机之上的虚拟层抽象处理器、内存和 I/O 等资源来运行多个虚拟机。虚拟机能支持 32 个 vCPU 和 1TB 内存，这样的资源配置能满足高性能应用程序。其还支持热添加功能，向虚拟机热添加虚拟 CPU、内存和网络设备，使应用程序无缝扩展。

（2）增强型的 Infrastructure Service：VMware ESXi 还提供了一些增强型的功能，如 VMDirectPath 能增强网络和存储 I/O 性能，vStorage 的 Thin Provisioning 和 Linked Clone 这两个技术可减少存储空间达 50%左右。

（3）Application Service：提供一个 VMware vCenter Agent 将本机的管理和性能信息上传给 VMware vCenter，同时还能根据 VMware vCenter 发来的指示协助执行诸如 vMotion 和 HA 这类高级功能。

2．VMware vCenter

VMware vCenter 用于 VMware vSphere 环境的管理程序，作为管理节点控制和整合属于其域的 vSphere 主机，其既可以安装在物理机的操作系统上，也可以安装在虚拟机的操作系统上。它是基于 Java 技术实现的，后台连接自带的微软 SQL Server Express，也可以使用 Oracle 的数据库，并可以使用"链接模式"集群多个 vCenter 来支持大量用户的访问。在通信方面，它通过 vSphere 主机内部自带 vCenter Server Agent 与 ESXi 进行联系，并提供 API 供外部程序和 vCenter 客户端调用。在扩展上支持诸多第三方插件。

3.3.2　VMware vSphere 基本功能

VMware vSphere 主要包括如下六项基本功能。

1．资源和虚拟机的清单管理

通过资源和虚拟机的清单管理功能能够列出和管理 VMware vCenter 管理域内所有的资源（如存储、网络、CPU 和内存等）和虚拟机。

2．任务调度

能够更好地支持那些定时或者立即执行的任务（如 vMotion），使各个任务之间不出现抢占资源或者冲突的情况。

3．日志管理

通过记录任务和事件等日志，进行方便和安全的管理。

4．警告和事件管理

通过警告和事件管理功能，能让用户及时获知系统出现的新情况。

5. 虚拟机部署

通过 Wizard，上传 vApp 和虚拟磁盘等方式部署虚拟机。

6. 主机和虚拟机的设置

通过主机和虚拟机的设置功能，不仅能让用户对一些主机和虚拟机的主要配置进行修改，还能对底层的特性进行设置，例如，是否开启硬件辅助虚拟化。

3.3.3 VMware vSphere 高级功能

VMware vSphere 主要包括如下高级功能。

1. 动态迁移

VMware vSphere 提供了 vMotion 技术，能在不关机的情况下快速地将一台虚拟机从一台主机上迁移到另一台主机。虚拟机的虚拟磁盘的不会被移动，仍然存放在同一个存储上，但是访问和使用这个虚拟磁盘的主机已经做了相应的改变。为了也让虚拟磁盘做相应迁移，VMware 在 VMware Infrastructure 3.5 版中推出 Storage vMotion，通过这个技术能够在移动虚拟机的同时，移动虚拟磁盘从一个存储到另一个存储。

2. 资源优化

VMware vSphere 提供了分布式资源调度（Distributed Resource Scheduler，DRS）功能，这个功能可在多个 VMware vSphere 主机中进行资源的优化，让每个虚拟机找到其最合适的运行主机。例如，将一台虚拟机从一台资源紧张的主机迁移到另一台有剩余资源的主机。VMware vSphere 在 VMware Infrastructure 3.5 版中推出了 DPM（Distributed Power Management），可以在 DRS 的基础上通过整合虚拟机来减少和关闭多余的主机，以达到节省资源的目的。

3. 安全性

VMware vSphere 推出了两大技术来确保虚拟机的安全，其一是 VMsafe API，通过使用这个 API 能够实现像 X 射线那样检测虚拟机的运行状况，并能及时发现和拦截之前无法检测到的病毒、Rootkit 和恶意软件等，以防止其感染系统。Checkpoint、IBM、McAfee、Symantec 和 TrendMicro 等安全巨头已经推出了基于 VMsafe API 的产品，通过这些产品能为虚拟机提供比物理机或其他虚拟化解决方案更优的保护。其二是 VMware Shield Zones，其主要起到防火墙的作用，可监视、记录和阻止 vSphere 主机内部或集群中主机之间和虚拟机之间的流量，从而保证网络安全。

4. 容错性

VMware Fault Tolerance 是为虚拟机"量身定做"的容灾技术，通过 VMware 的 vLockstep 技术给运行中的虚拟机创建一台 Shadow 虚拟机，并在这两台虚拟机之间保持同步，以保证所有应用程序的零宕机和零数据丢失，避免硬件故障，节省了硬件或软件等容灾解决方案的成本和复杂性。

5. 高可用性

VMware High Availability 通过 Heartbeat（心跳信号）检测虚拟机的运行状况，如果

一台虚拟机不响应 Heartbeat 或者宕机，程序就让这台虚拟机在另一台有空余资源的主机上重启。

6．备份

VMware vSphere 推出了 VMCB（VMware Consolidated Backup）技术，通过这种技术能够在没有安装 Agent 的情况下集中多个虚拟机的备份，这不仅能简化备份的工作，而且能减少由于备份导致的性能损失。

7．应用部署

vApp 是 VMware vSphere 最新推出的技术，它可以将新的或现有的应用程序转化为自描述和自管理型实体，并容纳一个完整的多层应用的所有组件，以及与之相关的运行策略和服务级别。这项功能是基于开放式的 OVF（Open Virtualization Format）协议。通过生成和部署 vApp 包能够非常方便地部署应用，并降低相关的管理开支。

3.3.4　VMware vSphere 插件

1．vCenter ConfigControl

vCenter ConfigControl 可以为整个虚拟数据中心的各个方面提供基于策略的更改和配置管理，并辅以自动化的实施。

2．vCenter CapacityIQ

vCenter CapacityIQ 可以持续分析和规划容量，确保对虚拟机、资源池和整个数据中心提供最优的调配。

3．vCenter Chargeback

vCenter Chargeback 支持对企业成本和支出的自动化跟踪，使 IT 部门能够实时了解运营成本，并作为实体来运行。

4．vCenter Orchestrator

vCenter Orchestrator 可以让用户通过简单的拖拉界面（无须编写脚本）实现运营任务自动化的定制流程开发。

5．vCenter AppSpeed

vCenter AppSpeed 可以自动保证应用程序的性能级别。它能够监控最终用户对应用程序的响应时间，将这些响应时间与基础架构中不同的元素进行关联，并触发修补措施来解决遇到的瓶颈问题。

6．vCenter

vCenter 插件主要以模块的形式装置到 vCenter 进程中或者是以一台虚拟机的形式运行。

除了以上常见插件，VMware 还提供一些基于 vCenter 技术的管理程序，如用于自动精简配置的 VMware Lifecycle Manager、用于应用程序开发的 Lab Manager、用于应用程序部署的 Stage Manager 和用于容灾的 Site Recovery Manager 等。

3.4 VMware vSphere 逻辑分层结构和物理拓扑

根据组件的功能不同可以把 VMware vSphere 划分成虚拟化层、管理层和接口层，如图 3.4 所示。

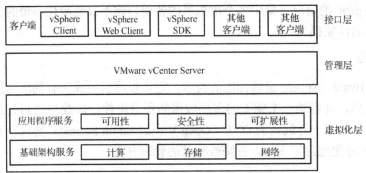

图 3.4 VMware vSphere 逻辑分层结构图

虚拟化层的 VMware ESXi 是 Hypervisor 形式的虚拟化管理器（Virtual Machine Monitor，VMM），提供虚拟机运行平台，虚拟化层包括基础架构服务（Infrastructure Service）和应用程序服务（Application Service）。管理层的 VMware vCenter Server 是配置和管理 vSphere 虚拟化架构的核心管理操作平台。接口层提供人机界面和 API。

3.4.1 VMware vSphere 虚拟化层

VMware vSphere 虚拟化层的功能包括基础架构服务和应用程序服务。

1. 基础架构服务

基础架构服务可以虚拟化、聚合和分配硬件或基础架构资源。硬件资源基础架构服务包括计算服务（Compute Service）、存储服务（Storage Service）、网络服务（Network Service）。

（1）计算服务

计算服务从许多离散的服务器中聚合硬件资源，虚拟化成 VMware 资源，并将其分配给应用程序。技术集合包括 ESXi、DRS（分布式资源调配）和 Memory（内存）。ESXi 在物理服务器上安装虚拟化管理程序，用于管理底层硬件资源。安装 ESXi 的物理服务器称为 ESXi 主机，是 vSphere 虚拟化架构的基础。ESXi 是用于创建和运行虚拟机的虚拟化平台，它将处理器、内存、存储器和资源虚拟化为多个虚拟机。通过 ESXi 可以运行虚拟机、安装操作系统、运行应用程序以及配置虚拟机。配置包括识别虚拟机的资源，如存储设备。

内存就是物理服务器以及虚拟机内存的管理。

（2）存储服务

存储服务是在虚拟环境中高效利用和管理存储器的技术集合，主要包括 VMFS（虚拟机文件系统）、Thin Provisioning（精简盘）、Storage I/O Control（存储读/写控制）。VMFS 是跨越多个物理服务器实现文件系统虚拟化的基础。Thin Provisioning 是对虚拟机硬盘文件 VMDK 动态调配的技术。Storage I/O Control 是 vSphere 高级特性之一，利用对存储读/写的控制使存储达到更好的性能。

（3）网络服务

网络服务是在虚拟环境中简化并增强网络的技术集合，包括 Distributed Switch（分布式交换机）、Network I/O Control（网络读/写控制）。Distributed Switch 是 vSphere 虚拟化架构网络核心之一，是跨越多台 ESXi 主机的虚拟交换机。Network I/O Control 是 vSphere 高级特性之一，通过对网络读/写的控制使网络达到更好的性能。

2．应用程序服务

应用程序服务是用于确保应用程序可用性、安全性和可扩展性的服务集，包括可用性（Availability）、安全性（Security）、扩展性（Scalability），由 vCenter Server 提供。

（1）Availability

Availability 包括 vMotion、Storage vMotion、High Availability、Fault Tolerance、Data Recovery。

① vMotion（实时迁移）是让运行在 ESXi 主机上的虚拟机可以在开机或关机状态下迁移到另外 ESXi 主机上，可以将打开电源的虚拟机从一台物理服务器迁移到另一台物理服务器，同时保持零停机时间、连续的服务可用性和事务处理完整性，但不能将虚拟机从一个数据中心移至另一个数据中心，如图 3.5 所示。

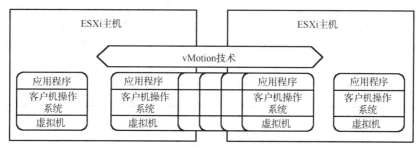

图 3.5 vMotion 示意图

② Storage vMotion（存储实时迁移）是让虚拟机所使用的存储文件在开机或关机状态下迁移到另外的存储设备上，可以在数据存储之间迁移虚拟机文件而无须中断服务，并将虚拟机及其所有磁盘放置在同一位置，或为虚拟机配置文件和每个虚拟磁盘选择单独的位置。虚拟机在 Storage vMotion 期间保留在同一主机上，通过 Storage vMotion 迁移的功能，能够实现在虚拟机运行时将虚拟机的虚拟磁盘或配置文件移动到新数据存储，还可以在不中断虚拟机可用性的情况下，移动虚拟机的存储器，如图 3.6 所示。

③ High Availability（高可用性）是在 ESXi 主机出现故障的情况下，受到影响的虚拟机会在其他拥有多余容量的可用服务器上重新启动，尽量避免由于 ESXi 主机出现故障而导致服务中断。可为虚拟机提供高可用性的功能，如图 3.7 所示。

④ Fault Tolerance（容错）为虚拟机启用此功能后，即会创建原始或主虚拟机的辅助副本。就是让虚拟机同时在两台 ESXi 主机上以主虚拟机/辅助虚拟机方式同时运行，也就是所谓的虚拟机双机热备。在主虚拟机上完成的所有操作也会应用于辅助虚拟机。如果主虚拟机不可用，则辅助虚拟机将立即成为活动虚拟机。用户将感觉不到后台已经发生了故障切换，可以提供连续可用性。

⑤ Data Recovery（数据恢复）是通过合理的备份机制对虚拟机进行备份，以便故障发生时能够快速恢复。它还可以为虚拟机提供简单、经济高效、无代理的备份和恢复。

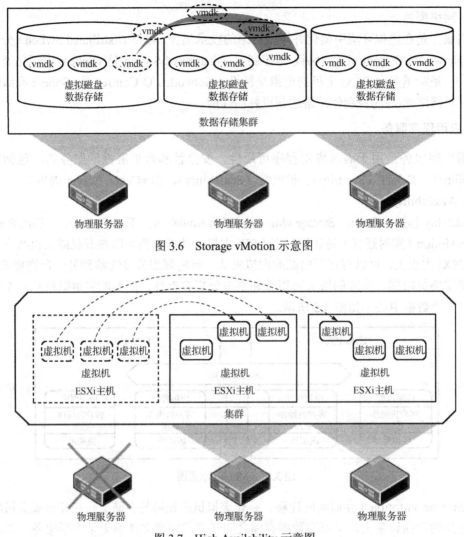

图 3.6　Storage vMotion 示意图

图 3.7　High Availability 示意图

（2）Security

Security 包括 vShieldZone 和 VMsafe。vShieldZones 是一种安全性虚拟工具，可用于显示和实施网络活动，在共享环境中的应用程序级别执行企业安全策略，同时仍然维持用户及敏感数据的信任和网络分段，从而简化应用程序安全性管理。VMsafe 安全 API 使第三方安全厂商可以在管理程序内部保护虚拟机，支持使用与虚拟化层协同工作的安全产品，从而为虚拟机提供甚至优于物理服务器的更高级别的安全性。

（3）Scalability

Scalability 包括 DRS（分布式资源调配）和 HotAdd（热拔插）。

DRS 是 vSphere 高级特性之一，动态调配虚拟机运行的 ESXi 主机，充分利用物理服务器资源。其将物理主机的集群作为一个计算资源进行管理。将虚拟机分配到集群，DRS 会找到运行该虚拟机的相应主机。DRS 放置虚拟机以平衡集群中的负载，并强制执行集群范围内的资源分配策略（如预留、优先级和限制）。打开虚拟机电源时，DRS 在主机上执行虚拟机的初始放置。当集群条件更改（如负载和可用资源）时，DRS 可根据需要使用 vMotion 将虚拟机迁移到其他主机。向集群添加新的物理服务器时，借助 DRS，虚拟机能够立即利用新资源，因为它负责分发正在运行的虚拟机。DRS 示意图如图 3.8 所示。

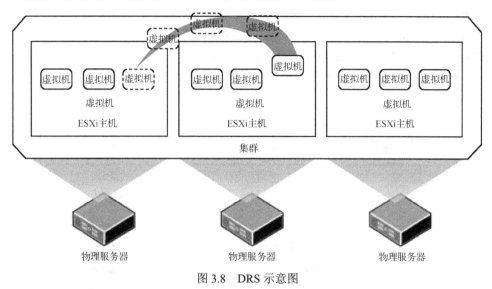

图 3.8 DRS 示意图

HotAdd 使虚拟机能够在不关机的情况下增加 CPU、内存、硬盘等硬件资源。

3.4.2 VMware vSphere 管理层

VMware vCenter Server 是配置和管理 vSphere 虚拟化架构的核心管理操作平台。vSphere 虚拟化架构所有的高级特性都必须依靠 VMware vCenter Server 实现。VMware vCenter Server 是一种安装后自动运行的 Windows 服务，将多个 ESXi 主机的资源加入资源池中并管理这些资源，监控和管理物理和虚拟基础架构，还可以管理虚拟机的资源、置备虚拟机、调度任务、收集统计信息日志、创建模板等。

VMware vCenter Server 还提供了 vSphere vMotion、vSphere Storage vMotion、vSphere Distributed Resource Scheduler、vSphere High Availability 和 vSphere Fault Tolerance。这些服务可以实现虚拟机的高效自动化资源管理及高可用性。

3.4.3 VMware vSphere 接口层

用户可以通过 GUI 客户端（如 VMware vSphere Client 或 VMware vSphere Web Client）访问 VMware vSphere 数据中心。此外，用户可以通过使用命令行界面和 SDK 进行自动管理的客户机访问数据中心。VMware vSphere Client 是一个允许用户从任何 Windows PC 远程连接到 vCenter Server 或 ESXi 的界面。VMware vSphere Web Client 是一个允许用户从各种 Web 浏览器和操作系统远程连接到 vCenter Server 的 Web 界面。VMware vSphere Web Client 和 VMware vSphere Client 是 vCenter Server、ESXi 主机和虚拟机的界面。通过 VMware vSphere Web Client 和 VMware vSphere Client，可以远程连接到 vCenter Server。也可以通过 VMware vSphere Client 从任何 Windows 系统直接连接到 ESXi。VMware vSphere Web Client 和 VMware vSphere Client 是用于管理 vSphere 环境所有方面的主界面。另外，它们还提供对虚拟机的控制台访问。

3.4.4　VMware vSphere 数据中心的物理拓扑

典型的 VMware vSphere 数据中心由基本物理构建块（如 x86 虚拟化服务器、存储器网络和阵列、IP 网络、管理服务器和桌面客户端）组成。

VMware vSphere 数据中心的物理拓扑如图 3.9 所示。

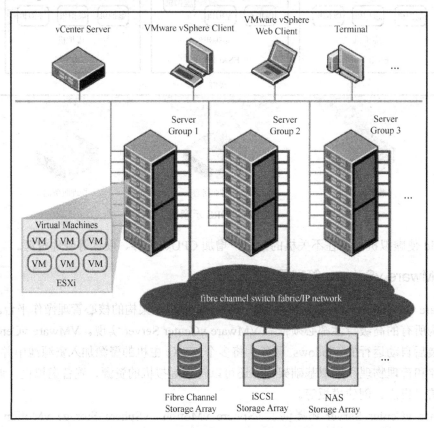

图 3.9　VMware vSphere 数据中心的物理拓扑

1．计算服务器集群

在裸机上运行 ESXi 的服务器。ESXi 软件为虚拟机提供资源，并运行虚拟机。每台计算服务器在虚拟环境中均称为独立主机。

2．存储网络和阵列

光纤通道 SAN 阵列、iSCSI SAN 阵列和 NAS 阵列是广泛应用的存储技术，VMware vSphere 支持这些技术以满足不同数据中心的存储需求。存储阵列通过存储区域网络连接到服务器组并在服务器组之间共享。此安排可实现存储资源的聚合，并在将这些资源置备给虚拟机时使资源存储更具灵活性。

3．IP 网络

每台计算服务器都可以有多个物理网络适配器，为整个 VMware vSphere 数据中心提供高带宽和可靠的网络连接。

4. vCenter Server

vCenter Server 为数据中心提供一个单一控制点。它提供基本的数据中心服务,如访问控制、性能监控和配置功能。它将各台计算服务器中的资源统一在一起,使这些资源在整个数据中心中的虚拟机之间共享。其原理是:根据系统管理员设置的策略,管理虚拟机到计算服务器的分配,以及资源到给定计算服务器内虚拟机的分配。

在 vCenter Server 无法访问(如网络断开)的情况下(这种情况极少出现),ESXi 主机仍能继续工作。ESXi 主机服务器可单独管理,并根据上次设置的资源分配继续运行分配给它们的虚拟机。在 vCenter Server 的连接恢复后就能重新管理整个数据中心。

5. 管理客户端

VMware vSphere 为数据中心管理和虚拟机访问提供多种界面。这些界面包括 VMware vSphere Client、VMware vSphere Web Client(用于通过 Web 浏览器访问)或 VMware vSphere 命令行界面。

3.5 VMware ESXi 架构

ESXi 主要分为两部分:一是用于提供管理服务的 Service Console,二是 ESXi 的核心,也是主要提供虚拟化能力的 VMkernel。ESXi 架构如图 3.10 所示。

3.5.1 Service Console

Service Console 是一个简化版的 Redhat Enterprise OS。虽然其不能实现任何虚拟化功能,但是对这个 ESXi 架构而言,它却是不可分割的一部分。主要有如下 5 个方面的功能。

(1)启动 VMkernel,当 ESXi 主机启动的时候,首先会启动 Service Console,接着在 Linux runlevel 3 上启动 VMkernel,之后将全部硬件资源的管理权移交给 VMkernel。当 VMkernel 启动成功之后 Service Console 就成为运行 VMkernel 上面的第一个虚拟机。

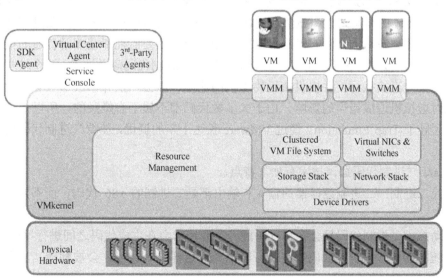

图 3.10 ESXi 架构

（2）提供各种服务接口，如命令行、Web 接口、SDK 接口等，并安装 Virtual Center Agent 以支持需要和 Virtual Center 配合的高级服务，如 vMotion 和 DRS 等。

（3）性能检测。因为所有 VMkernel 的性能数据都会记录在 Service Console 的 proc 目录下，所以不仅能够通过脚本来处理这些性能数据，而且还能使用 Service Console 自带的 ESXTOP 命令来观测。

（4）认证。Service Console 提供多种认证机制。

（5）负责主机部分硬件的管理，如鼠标、键盘、显示屏和 CD-ROM 等。

虽然 Service Console 提供了许多功能，但因为其本身资源所限（整个 Service Console 大约只能占有 280MB 内存和少量的 I/O），所以不适合在 Service Console 中执行一些重量级的任务，如上传或者复制虚拟磁盘。

3.5.2 VMkernel

VMkernel 是由 VMware 开发的基于 POSIX 协议的操作系统，它提供了很多在其他操作系统中也能找到的功能，如创建和管理进程、信号、文件系统和多线程等，但这些功能是为运行多个虚拟机"量身定做"的。VMkernel 核心功能是资源的虚拟化。下面将通过 CPU、内存和 I/O 这三个方面讲解 VMkernel 是如何实现虚拟化的。

1. CPU

在 CPU 方面，ESXi 使用了两个全虚拟化技术：优先级压缩（Ring Compression）和二进制代码翻译（Binary Translation）。

优先级压缩：指的是让 VMkernel 获得所有物理资源的控制权（如 CPU）。VMkernel 运行在 Ring 0，其上面的虚拟机内核代码运行在 Ring 1，虚拟机的用户代码只能运行在 Ring 3 上。这种做法不仅能让 VMkernel 安全地控制所有的物理资源，而且能让 VMkernel 截获部分在虚拟机上执行的特权指令，并对其进行虚拟化。

二进制代码翻译：虽然优先级压缩这个技术已经处理了很多特权指令引发的异常情况，但是由于 x86 架构在初始设计方面并没有考虑到虚拟化这个需求，所以有很多 x86 特权指令变成了优先级压缩的漏网之鱼。虽然通过传统的 Trap-Emulation 技术也能处理这些指令，但是由于其不仅需要花时间观测有潜在影响的指令，而且还要监视那些非常普通的指令，导致 Trap-Emulation 的效率非常低。所以 VMware 引进了二进制代码翻译技术，这个技术能让那些非常普通的指令直接执行，并提供接近物理机的速度，但会扫描并修改那些有嫌疑的代码，使其无法对虚拟机造成错误的影响。由于大多数代码都不属于有嫌疑的，所以二进制代码翻译的效率远胜于 Trap-Emulation。经过 VMware 长达十年的调优，使得二进制代码翻译技术愈发成熟。

VMware 二进制代码翻译技术有如下特点。

（1）纯二进制：二进制翻译器的输入和输出都是二进制的 x86 代码，而不是文本形式的源代码。

（2）动态：二进制代码只会在运行时翻译，翻译器会在生成代码之间进行串联。

（3）随需应变：只有在代码即将执行时翻译，这样只有代码才会被翻译，从而避免对数据进行翻译。

（4）基于底层：翻译器只会根据 x86 指令集进行翻译，而不是上层的二进制接口。

（5）子集：翻译器的输入可能是完整的 x86 指令集，但是生成的代码是 x86 的安全子集，同时意味着生成的代码能在低权限的用户模式运行。

（6）灵活：翻译的代码会根据虚拟机的运行状态进行调整，从而提升效率。

对于 CPU 虚拟化而言，只有上面这两种技术是远远不够的，还需要调度技术，也就是需要 CPU 调度器（Scheduler）。但是 CPU 的调度器和常见操作系统的调度器并不相同，因为 CPU 调度器的责任是将执行上下文分配给一个处理器，而普通操作系统的调度器则是执行上下文分配给一个进程。同样，CPU 调度器并没有采用传统的优先级机制，而是采用平衡共享的机制，将处理器资源更好地分配给虚拟机，同时也能设定每个虚拟机的份额、预留和极限等值。VMware 最常用的 CPU 调度器算法是 Co-Scheduling 算法，其也常被称为 Gang-Scheduling 算法，它的核心概念是让相关的多个进程尽可能在多个处理器上同时执行，因为当多个相关进程同时执行时，它们互相之间会进行同步，假设它们不再一起执行，将会增加很多由同步导致的延迟。在 vSphere 中，VMware 推出了 Co-Scheduling 的更新版本 Relaxed Co-Scheduling，它能更好地与虚拟机进行协作。同时，为了更好地利用最新推出的多核系统，VMware 也给调度器添加了很多新的特性，主要集中在两方面：一是对现有多核环境的探知，如对 NUMA（Non-Uniform Memory Access）、Hyper-Threading、VM-Affinity 的支持；二是在多核之间进行有效的负载均衡。

2．内存

VMkernel 在内存虚拟化方面所采用的核心机制是"影子页表（Shadow Page Table）"。在探讨影子页表的机制之前，先看一下传统页表的运行机制：页表将 VPN（Virtual Page Number，虚拟内存页号）翻译成 MPN（Machine Page Number，机器内存页号），之后将这个 MPN 发送给上层，让其调用。但是这种做法在虚拟的环境中是不适用的，因为虚拟机从页表得到的翻译之后的页号不是 MPN 而是 PPN（物理内存页号），之后还需要从 PPN 再转换成 MPN，由于这样经历了两层转换，会产生较高的成本，所以 VMware 引入影子页表这个机制，它为每个 Guest 都维护一个"影子页表"，在这个表中能直接维护 VPN 和 MPN 之间的映射关系，并加载在 TLB 中。所以通过"影子页表"这个机制能够让 Guest 在大多数情况下通过 TLB 直接访问内存，保证了效率。内存虚拟化如图 3.11 所示。

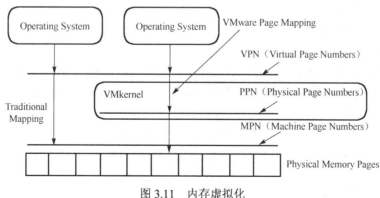

图 3.11　内存虚拟化

由于虚拟机对内存的消耗胜于对 CPU 的消耗，同时介于内存的内容，同质化和浪费这两个现象在虚拟环境中非常普遍，所以 VMware 在影子页表的基础上引入了三个技术来减少内存的消耗,以支撑更多的虚拟机:① Memory Overcommit 机制,通过让虚拟机占用的内存总量超越物理机的实际容量,使一台物理机能支持更多的虚拟机;② 用于减少虚拟机之间相似内存页的 Page Sharing,主要通过对多个虚拟机的内存页面进行 Hash,来获知哪些内存页面是重复的,接着将多个重复的内存页面整合为一个 Replica,之后通过 COW(Copy On Write)的机制来应对内存页面的修改;③ 能在各个虚拟机之间动态调整内存的 Balloon Driver,其实现机制就是通过给每个虚拟机安装 VMware Tools(可以把 VMware Tools 视为 VMware 的驱动)来装入 Balloon Agent,在运行的时候 Balloon Agent 会和主机的 Balloon Driver 进行沟通,调整每台虚拟机的内存空间,将那些在某些虚拟机上不处于工作状态的内存通过 Swapping 等方式闲置出来,以分配给那些急需内存的虚拟机。

3. I/O

VMkernel 通过模拟 I/O 设备(磁盘和网卡等)来实现虚拟化,主要选取大众化的硬件来模拟,如 440BX 的主板、LSI Logic 的 SCSI 卡和 AMD Lance 的网卡,从而提高这些模拟 I/O 设备的兼容性。虚拟机操作系统所能看到就是一组统一的 I/O 设备,其每次 I/O 操作都会陷入到 VMM,让 VMM 来执行。这种方式对虚拟机而言是一种非常透明的方式,因为无须顾忌其是否和底层硬件兼容,如虚拟机操作的是 SCSI 的设备,但实际物理机可以是 SATA 的硬盘。虽然这种模拟 I/O 设备的做法有一定开支,但在经过了 VMware 的长时间优化,使得其在处理小规模的 I/O 时游刃有余,但这个模型的方法在处理大规模 I/O 时,可能会力不从心,所以 VMware 在 I/O 层推出了一些半虚拟机技术,如 vmxnet 半虚拟化网卡。

为了更好地为用户服务,VMkernel 还支持一些高级 I/O 技术。

(1) VMFS:VMFS 是 VMware 为虚拟化设计的分布式文件系统,它不仅能给虚拟机提供高速的 I/O,而且基于它自带的锁机制,允许多个主机同时访问同一个文件系统。因为放置在其上面的多为大于 1GB 的 Virtual Disk,为了减少存取文件系统数据结构的元数据的大小,VMFS 的存储块大小被设计为 1~256MB,默认是 1MB,使得其元数据得到了精简,而且所有的元数据都被放置在内存中作为缓存,以提高速度。

(2) Virtual Switch:Virtual Switch 也是 VMkernel 的一个组件,主要给 ESXi 主机上所有虚拟机提供网络支持。在功能方面,除了不支持 STP(Spanning Tree Protocol,生成树协议)和无须通过检测网络流量来获得之外,其他功能基本与物理交换机类似。在 vSphere 中,VMware 也推出了 Virtual Switch 的升级版本 Distributed Virtual Switch,它将解决一些 Virtual Switch 存在的缺陷。

(3) 支持新的物理层技术:VMDirectPath 能增强网络和存储方面的 I/O 性能,PCI-SIG 的 SR-IOV 硬件虚拟化技术能更好地对 PCIE 设备进行虚拟化,vStorage 的 Thin Provisioning 和 Linked Clone 这两个技术可减少存储空间达 50%左右。

(4) 网络和存储调度:除了能通过预设定的一些网络和存储参数提升性能,用户还可以通过 GUI(如 vSphere Client)对网络和存储这两方面进行调优。

3.5.3 ESXi 小结

VMware 已经越来越少地公开其技术资料,特别是最核心的 ESXi 技术。其已经引入了代号为 VMI 的半虚拟技术和支持 Intel/AMD 的最新的硬件辅助虚拟化技术。虽然在速度上半虚拟化技术和硬件辅助虚拟化技术各有千秋，但也都有缺陷，半虚拟化技术是需要对 Guest OS 进行修改，而硬件辅助虚拟化技术还不够成熟。ESXi 的全虚拟化技术是经过 VMware 高级工程师们长达 10 多年优化的结果，所以在运行某些任务的时候，EXSi 的虚拟化速度更优。

3.6　VMware vSphere 5.5 特点

VMware vSphere 5.5 是一个功能和结构都相对完备的版本，包括如下特点。

（1）更大的虚拟机。其大小比以前最先进的版本还增加了两倍。现在可以支持到 64 个虚拟 CPU 和 1TB 的虚拟内存。

（2）新的虚拟机格式。在 VMware vSphere 5.5 中，新的虚拟机格式的功能包括支持更大的虚拟机、CPU 性能计数器，以及为增强性能而设计的虚拟共享图形加速。

（3）灵活的、紧凑的存储虚拟桌面基础设施。新的磁盘格式能更好地均衡虚拟桌面的空间利用率和 I/O 吞吐量。

（4）VMware vSphere 分布式交换机。有了增强功能（如网络健康检查、配置备份和恢复、回滚和恢复及链路聚合控制协议）的支持，并提供更多的企业级网络功能和更强大的云计算基础功能。

（5）单根 I/O 虚拟化（SR-IOV）支持。支持 SR-IOV 对于复杂应用程序的性能优化。

（6）VMware vSphere vMotion。增强的 vMotion（零宕机迁移）无须共享存储配置的优势，可以将这个新的 vMotion 功能应用于整个网络。

（7）零停机的 VMware Tools 升级。升级 5.5 的新版 VMware Tools 无须重新启动即可进行后续 VMware Tools 版本的升级。

（8）VMware vSphere Web Client。其作为 vSphere 管理界面的核心，这种新的、灵活的、强大的接口将简化 vSphere 的控制，支持快捷导航、自定义标记、增强的可扩展性，并且有可以从任何地方使用 Internet Explorer 或 Firefox 的登录管理。

（9）vCenter 单点登录。极大地简化了 vSphere 的管理，管理平台允许用户登录一次即可访问所有的 vCenter 实例或层，而不需要进一步的验证。

（10）vCenter Orchestrator。vCenter Orchestrator 的出现简化了强大的工作流引擎在 vCenter Server 上的安装和配置。全新设计的工作流程，除了可以提高易用性，也可以直接启动新的 vSphere Web 客户端。

3.7　VMware vSphere 存储

存储就是通过网络提供硬盘空间的高可靠性服务器，VMware vSphere 的高级特性（如动态迁移、资源均衡、高可靠性和热备）都要求由共享存储来提供硬件支持。在存储上一般安装了多块硬盘，例如：IBM v7000 存储，可以安装 20 块 SAS 硬盘，一块硬盘 1T，总共可以提供 20T 的空间。该存储还可以通过连接硬盘扩展柜实现硬盘扩展。

3.7.1　硬盘分类

按照接口技术的不同，硬盘可分为 SATA、SCSI、SAS 三种。

SATA（Serial Advanced Technology Attachment）是串行 ATA 的缩写，目前能够见到的有 SATA-1 和 SATA-2 两种标准，对应的传输速率分别是 150MB/s 和 300MB/s。SATA-1 目前已经得到广泛应用，其信号线最长 1 米。SATA 一般采用点对点的连接方式，即一头连接主板上的 SATA 接口，另一头直接连接硬盘，没有其他设备可以共享这条数据线。SATA 具备热插拔的功能，利用这一功能可以更加方便地组建磁盘阵列。串口的数据线由于只采用了四针结构，因此相比较起并口安装更加便捷，更有利于缩减机箱内的线缆及散热。图 3.12 是 SATA 接口的硬盘和主板。

图 3.12　SATA 接口

SCSI（Small Computer System Interface）是一种专门为小型计算机系统设计的存储单元接口模式，可以对计算机中的多个设备进行动态分工操作，对于系统同时要求的多个任务可以灵活机动的分配，动态完成。SCSI 规范发展到今天，已经是第六代技术了，从刚创建时的 SCSI（8bit）、Wide SCSI（8bit）、Ultra Wide SCSI（8bit/16bit）、Ultra Wide SCSI 2（16bit）、Ultra 160 SCSI（16bit）到今天的 Ultra 320 SCSI，速度也从 1.2MB/s 发展到现在的 320MB/s。目前主流的 SCSI 硬盘都采用了 Ultra 320 SCSI 接口，能提供 320MB/s 的接口传输速度。SCSI 硬盘也有专门支持热插拔技术的 SCA2 接口，与 SCSI 背板配合使用，就可以轻松实现硬盘的热插拔。目前在工作组和部门级服务器中，热插拔功能几乎是必备的。图 3.13 是 SCSI 接口的硬盘。

图 3.13　SCSI 接口

SAS（Serial Attached SCSI），即串行连接 SCSI。2001 年 11 月 26 日，Compaq、IBM、LSI 逻辑、Maxtor 和 Seagate 联合宣布成立 SAS 工作组，其目标是定义一个新的串行点对点的企业级存储设备接口。SAS 技术引入了 SAS 扩展器，使 SAS 系统可以连接更多的设备，其中每个扩展器允许连接多个端口，每个端口可以连接 SAS 设备、主机或其他 SAS 扩展器。为保护用户投资，SAS 规范也兼容了 SATA，这使得 SAS 的背板可以兼容 SAS 和 SATA 两类硬盘。对用户来说，使用不同类型的硬盘时不需要再重新投资。目前，SAS 接口速率为 300MB/s，其 SAS 扩展器多为 12 端口。不久，将会有 600MB/s 的高速接口出现，并且会出现 28 或 36 端口的 SAS 扩展器以适应不同的应用需求。

由于 SCSI 具有 CPU 占用率低、多任务并发操作效率高、连接设备多、连接距离长等优点，对于大多数的服务器应用，建议采用 SCSI 硬盘，并采用最新的 Ultra 320 SCSI 控制器，但其价格相对较高。SATA 硬盘价格最低，也具备热插拔能力，并且可以在接口上具备很好的可伸缩性，如可在机架式服务器中使用 SCSI-SATA、FC-SATA 转换接口及 SATA 端口位增器（Port Multiplier），使其具有比 SCSI 更好的灵活性。对于低端的小型服务器应用，可以采用最新的 SATA 硬盘和控制器。SAS 硬盘是前两者的折中，价格和性能都排第二，目前得到了广泛应用。

3.7.2 磁盘阵列

磁盘阵列（Redundant Arrays of Independent Disks，RAID）是独立磁盘构成的具有冗余能力的阵列。存储中的硬盘一般以磁盘阵列的形式组织起来。磁盘阵列是由很多价格较便宜的磁盘组合而成的一个容量巨大的磁盘组，利用个别磁盘提供数据所产生加成效果，提升整个磁盘系统效能。利用这项技术，将数据切割成许多区段，分别存放在各个硬盘上。磁盘阵列还能利用同位检查（Parity Check）的观念，在数组中任意一个硬盘故障时，仍可读出数据，在数据重构时，将数据经计算后重新置入新硬盘中。

RAID 0 就是把多个（最少 2 个）硬盘合并成 1 个逻辑盘使用，读/写数据时对各硬盘同时操作，不同硬盘写入不同数据，且速度快。

RAID 1 就是同时对 2 个硬盘读/写（同样的数据），强调数据的安全性，较浪费。

RAID 5 也是把多个（最少 3 个）硬盘合并成 1 个逻辑盘使用，读/写数据时会建立奇偶校验信息，并且奇偶校验信息和相对应的数据分别存储于不同的磁盘上。当RAID 5 的一个磁盘数据发生损坏后，利用剩下的数据和相应的奇偶校验信息去恢复被损坏的数据。相当于 RAID 0 和 RAID 1 的综合。

RAID 10 就是 RAID 1+ RAID 0，比较适合速度要求高，要求完全容错，预算多的情况。最少需要 4 块硬盘（注意：做 RAID 10时要先做 RAID1，再把数个 RAID 1 做成 RAID 0，这样比先做 RAID 0，再做 RAID 1 有更高的可靠性）。

3.7.3 存储分类

1. 光纤存储

存储局域网络（Storage Area Network，SAN）使存储空间得到更加充分的利，并使安装和管理更加有效。SAN 是一种将存储设备、连接设备和接口集成在一个高速网络中的技术。SAN 本身就是一个存储网络，承担了数据存储任务，SAN 网络与 LAN 业务网络相隔离，存储数据流不会占用业务网络带宽。

在 SAN 网络中，所有的数据传输在高速、高带宽的网络中进行，SAN 存储实现的是直接对物理硬件的块级存储访问，提高了存储的性能和升级能力。

早期的 SAN 采用的是光纤通道（Fibre Channel，FC）技术，所以，以前的 SAN 多指采用光纤通道的存储局域网络。直到 iSCSI 协议出现以后，为了区分，业界就把 SAN 分为 FC-SAN 和 IP-SAN。

FC光纤通道的协议层如下。

（1）FC-0：连接物理介质的界面、电缆等；定义编码和解码的标准。

（2）FC-1：传输协议层或数据链接层，编码或解码信号。

（3）FC-2：网络层，光纤通道的核心，定义了帧、流控制和服务质量等。

（4）FC-3：定义了常用服务，如数据加密和压缩。

（5）FC-4：协议映射层，定义了光纤通道和上层应用之间的接口，上层应用包括串行 SCSI 协议，HBA 的驱动提供了 FC-4 的接口函数。FC-4 支持多协议，如 FCP-SCSI、FC-IP、FC-VI。

光纤通道的主要部分实际上是 FC-2。其中，从 FC-0 到 FC-2 被称为 FC-PH，也就是"物理层"。光纤通道主要通过 FC-2 来进行传输，因此，光纤通道也常被称为"二层协议"或者"类以太网协议"。

按照连接和寻址方式的不同，光纤通道支持拓扑方式如下。

（1）PTP（点对点）：一般用于 DAS（直连式存储）设置。

（2）FC-AL（光纤通道仲裁环路）：采用 FC-AL 仲裁环机制，使用 Token（令牌）的方式进行仲裁。光纤环路端口或交换机上的 FL 端口和 HBA 上的 NL 端口（节点环）连接，支持环路运行。采用 FC-AL 架构，当一个设备加入 FC-AL 时，或出现任何错误和需要重新设置的时候，环路就必须重新初始化。在这个过程中，所有的通信都必须暂时中止。由于其寻址机制，FC-AL 理论上被限制在了 127 个节点。

（3）FC-SW（FC Switched 交换式光纤通道）：在交换式 SAN 上运行的方式。FC-SW 可以按照任意方式进行连接，规避了仲裁环的诸多弊端，但需要购买支持交换架构的交换模块或 FC 交换机。

2. iSCSI

SAN（Storage Area Network）进行数据通信的主要目的是：① 数据存储系统的合并；② 数据备份；③ 服务器集群；④ 复制；⑤ 紧急情况下的数据恢复。另外，SAN 可能分布在不同地理位置的多个 LANs 和 WANs 中。必须确保所有 SAN 操作安全进行并符合服务质量要求，而 iSCSI 则被设计在 TCP/IP 网络上实现以上要求。

iSCSI 是 2003 年 IETF（Internet Engineering Task Force，互联网工程任务组）制定的一项标准，用于将 SCSI 数据块映射成以太网数据包。SCSI 是块数据传输协议，在存储行业广泛应用，是存储设备最基本的标准协议。iSCSI 协议是一种利用 IP 网络来传输 SCSI 数据的方法，iSCSI 使用以太网协议传送 SCSI 命令、响应和数据。iSCSI 用以太网来构建 IP 存储局域网，克服了直接连接存储的局限性，使用户可以跨不同服务器共享存储资源，并可以在不停机状态下扩充存储容量。

当 iSCSI 主机应用程序发出数据读/写请求后，操作系统会生成一个相应的 SCSI 命令，该 SCSI 命令在 iSCSI Initiator 层被封装成 iSCSI 消息包并通过 TCP/IP 传送到设备侧，设备侧的 iSCSI Target 层会解开 iSCSI 消息包，得到 SCSI 命令的内容，然后传送给 SCSI 设备执行；设备执行 SCSI 命令后的响应数据，在经过设备侧 iSCSI Target 层时被封装成 iSCSI 响应 PDU，通过 TCP/IP 网络传送给主机的 iSCSI Initiator 层，iSCSI Initiator 会从 iSCSI 响应 PDU 里解析出 SCSI 响应并传送给操作系统，操作系统再传递给应用程序。

这几年来，iSCSI 存储技术得到了快速发展。iSCSI 的最大好处是能提供快速的网络环境，虽然其性能和带宽跟光纤网络还有一些差距，但能节省企业约 30%～40% 的成本。ICSI 技术优点和成本优势的主要体现包括以下几个方面。

（1）构建 iSCSI 存储网络，除了存储设备外，交换机、线缆、接口卡都是标准的以太网配件，价格相对来说比较低廉。同时，iSCSI 还可以在现有的网络上直接安装，并不需要更改企业的网络体系，这样可以最大程度地节约投入。

（2）操作简单，维护方便。对 iSCSI 存储网络的管理，实际上就是对以太网设备的管理，只需花费少量的资金去培训 iSCSI 存储网络管理员。当 iSCSI 存储网络出现故障时，问题定位及解决也会因为以太网的普及而变得容易。

（3）扩充性强。对于已经构建的 iSCSI 存储网络来说，增加 iSCSI 存储设备和服务器都将变得简单且无须改变网络的体系结构。

（4）带宽和性能。iSCSI 存储网络的访问带宽依赖以太网带宽。随着千兆以太网的普及和万兆以太网的应用，iSCSI 存储网络会达到甚至超过光纤通道存储网络的带宽和性能。

（5）突破距离限制。iSCSI 存储网络使用的是以太网，因此在服务器和存储设备空间布局上的限制就少了很多，甚至可以跨越地区和国家。

在过去的几年，存储界最热门的技术就是 iSCSI 技术，各存储设备厂商都纷纷推出 iSCSI 设备（企业级别或家用级别），iSCSI 存储设备的销量也在快速增长。后续章节讲解的 Openfiler 服务器就是使用计算机模拟 iSCSI 存储。

3．NFS

NFS（Network File System）即网络文件系统，是 FreeBSD 支持的文件系统中的一种，它允许网络中的计算机之间通过 TCP/IP 网络共享资源。在 NFS 的应用中，本地 NFS 的客户端应用可以透明地读/写位于远端 NFS 服务器上的文件，就像访问本地文件一样。

3.8 小结

虚拟化技术最初由 IBM 公司实现，通过对大型机分区形成独立虚拟机以提高硬件利用率。在 x86 服务器的部署中出现了许多难题，包括利用率低、成本提高、可靠性差等，VMware 公司通过开发自适应虚拟化技术，解决了 x86 体系结构实现虚拟化的障碍，推出了 x86 服务器的虚拟化软件，解决了以上问题。

VMware 公司产品种类丰富，包括 VMware Workstation、VMware ESXi、VMware vCenter、VMware Tools、VMware Converter 等。VMware vSphere 是企业级服务器虚拟化解决方案，主要组件是 VMware ESXi 和 VMware vCenter，VMware ESXi 是直接安装在裸机上的虚拟化软件，VMware vCenter 作为管理节点来管理和控制集群内的 ESXi 主机。VMware vSphere 的基本功能是针对虚拟机的，包括：虚拟机的创建、修改和删除等。高级功能是针对整个平台的，包括：以动态迁移为基础的资源均衡、高可靠性和热备等。根据组件功能的不同可以把 VMware vSphere 划分为虚拟层、管理层和接口层。虚拟层是虚拟化管理软件，管理层是主机集群和平台，接口层提供人机界面。VMware vSphere 数据中心的物理构建块有 x86 虚拟化服务器、存储器网络和阵列、IP 网络、管理服务器和桌面用户端。VMware ESXi 虚拟机管理软件由 Service Console 和 VMKernel 组成，VMKernel 是实现 CPU、内存和 I/O 虚拟化的操作系统，直接管理硬件资源。

存储是 VMware vSphere 实现高级功能的硬件基础，从硬盘接口来看，硬盘分为 SATA、

SCSI、SAS 三种。SAS 硬盘是存储使用的主流硬盘，其价格不高，速度比 SATA 快，性价比高。存储中的硬盘一般以磁盘阵列的形式组织起来，主要方式包括 RAID 0、RAID 1、RAID 5 和 RAID10。目前常用存储有 SAN、iSCSI、NFS。SAN 的速度快，可靠性高，在大型数据中心中得到了广泛使用。

深入思考

1. VMware ESXi 虚拟化技术是全虚拟化、半虚拟化还是硬件辅助虚拟化？为什么？VMware Workstation 是哪种虚拟化？为什么？
2. x86 虚拟化有什么难点？
3. VMware vSphere 包括哪几个组件，各组件的功能是什么？
4. VMware vSphere 的基本功能是什么？高级功能是什么？DRS、HA 和 FT 是由哪个组件实现的？
5. VMware vSphere 逻辑分层结构中，虚拟化层、管理层和接口层各自的功能是什么？VMware vCenter Server 属于哪一层？为什么？
6. VMware vSphere 应用服务有哪些，请思考应用服务对 IDC 的服务器运维有什么好处？
7. VMware vSphere 数据中心里存储网络与 IP 网络分开有什么好处？
8. VMware ESXi 是一个操作系统吗？为什么？其内存虚拟化机制是怎样实现的？
9. 硬盘分类有哪几种，数据传输速率最大和最小的是哪个？目前使用最多的硬盘接口是什么？
10. 试比较 RAID 10 和 RAID 5 的特点。
11. SAN、iSCSI 和 NFS 哪个速度更快，费用最低？

第 4 章
VMware vSphere 平台的搭建和使用

本章使用虚拟机软件创建了一个最简的 VMware vSphere 平台。使用两台连网的计算机，在计算机上安装 VMware Workstation 10 虚拟机软件，在每台计算机上创建两台虚拟服务器，分别安装 ESXi 系统软件、Openfiler 存储服务器软件、Windows Server 2003 和 VMware vCenter 系统软件，并在其中一台计算机上安装 VMware vSphere Client 软件，模拟出最简单的 VMware vSphere 平台，如图 4.1 所示。该平台与真实的工作平台有较大不同，但是可以运行 VMware vSphere 系统，展示其所有功能。实际工作环境下平台的构成将在后续章节进行讲解。

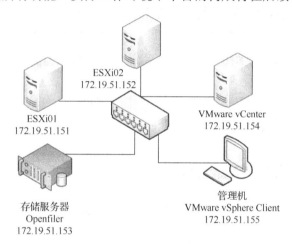

图 4.1　网络拓扑

平台使用的 IP 地址是 172.19.51.0 网段地址，这个网段地址是保留地址。两台计算机代号为 A 和 B，在 A、B 两台计算机上完成平台搭建的大致步骤如下。

（1）设置 A、B 两台计算机的 IP 地址分别为 172.19.51.155 和 172.19.51.156。在两台计算机上安装 VMware Workstation 软件，各创建一台虚拟机，安装并配置 ESXi 服务器软件（5.1 版本）。EXSi 的服务器的 IP 地址为 172.19.51.151 和 172.19.51.152。

（2）在 A 机上创建一台虚拟机安装并配置 Openfiler 软件作为 iSCSI 存储服务器，IP 地址为 172.19.51.153。

（3）在 B 机上创建一台虚拟机安装 Windows Server 2003，IP 地址为 172.19.51.154，再安装并配置 VMware vCenter 服务器软件。

（4）在 A 机上安装并运行 VMware vSphere Client，登录 VMware vCenter 服务器并挂载两台 ESXi 服务器。

（5）将两台 ESXi 服务器连接 Openfiler 存储服务器。

（6）创建一台虚拟机，虚拟机文件存储在 Openfiler 存储上，安装操作系统。

A、B 两台计算机的硬件配置越高越好，最低的硬件要求为：CPU 为 Intel core i5、内存 4G、硬盘剩余空间为 100G。两台计算机安装 Windows 7 操作系统，32 位即可。如果计算机配置够高，在一台计算机上就可以创建四台虚拟机。或者直接使用四台计算机分别安装相应 ESXi、VMware vCenter 和 Openfiler 软件。

具体安装配置的步骤下面进行具体介绍。

4.1 ESXi 服务器的安装和配置

4.1.1 安装 ESXi 服务器

（1）运行 VMware Workstation 创建虚拟机，在新建向导中选择"自定义（高级）"安装方式，如图 4.2 所示，单击"下一步"按钮。

（2）在弹出的"新建虚拟机向导"页面的"安装客户机操作系统"子页面中选择"稍后安装操作系统"单选按钮，如图 4.3 所示，再单击"下一步"按钮。

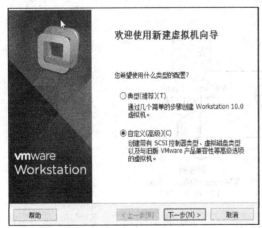
图 4.2 选择安装方式

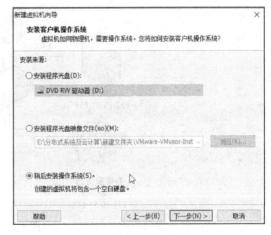
图 4.3 确定安装时间

（3）在"选择客户机操作系统"子页面中选择"VMware ESX"单选按钮，在"版本"下拉列表中选择"VMware ESXi 5"，如图 4.4 所示，单击"下一步"按钮。

（4）在弹出的"命名虚拟机"子页面的"虚拟机名称"文本框中输入虚拟机名称，在"位置"文本框输入虚拟机文件的存放位置，如图 4.5 所示，单击"下一步"按钮。

（5）在"处理器配置"子页面中设置处理器数量为 2 个，每个处理器的核心数量为 1 个，如图 4.6 所示，单击"下一步"按钮。

（6）在"此虚拟机的内存"子页面中设置此虚拟机的内存为 2048MB，如图 4.7 所示，单击"下一步"按钮。（这里根据物理机硬件配置，可以为虚拟机多分配一些 CPU 和内存资源。）

（7）虚拟机的网络类型有"桥接网络"模式、"网络地址转换（NAT）"模式、"仅主机（Host-only）"模式和"不使用网络连接"。安装好 VMware Workstation 后，会在宿主机的网络连接中增加两块网卡：VMware Network Adapter VMnet1 和 VMware Network Adapter VMnet8。

也会在网络环境中增加三个虚拟设备：VMnet0 是用于桥接模式下的虚拟交换机；VMnet1 是用于 Host-only 模式下的虚拟交换机；VMnet8 是用于 NAT 模式下的虚拟交换机。

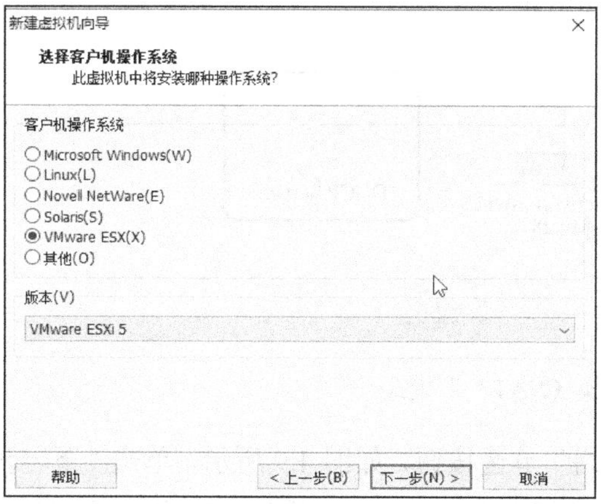

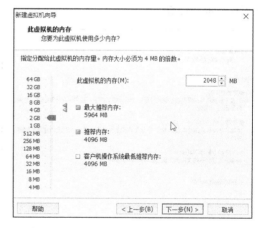

图 4.4　选择用户操作系统 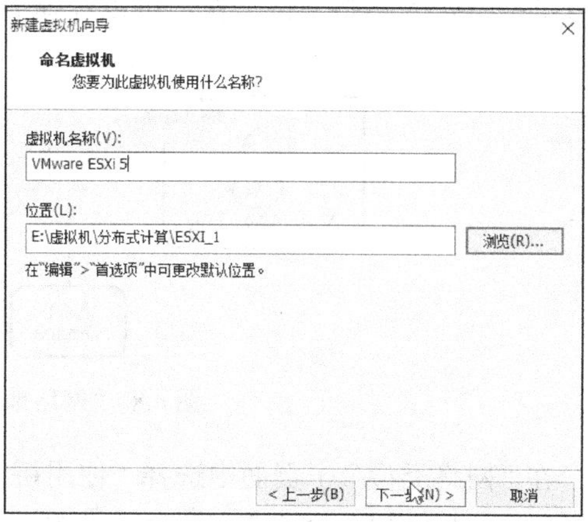　　　　　　图 4.5　为虚拟机命名

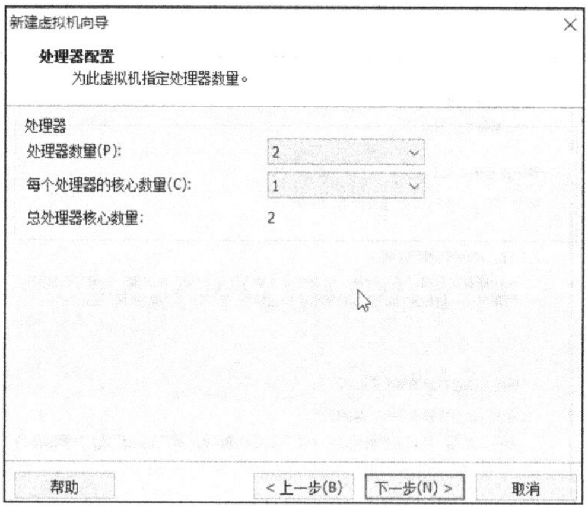

图 4.6　设置 CPU 配置　　　　　　　图 4.7　设置虚拟机内存容量

在"桥接网络"模式下，虚拟机的虚拟网卡连接在虚拟交换机 VMnet0 上，虚拟交换机 VMnet0 直接接外网，虚拟机就像是宿主机所在网络中的一台独立主机。为虚拟机操作系统设置同一网段的 IP 地址、子网掩码和了网网关后就可以与外网计算机直接进行通信。这时宿主机的物理网卡也连在 VMnet0 虚拟交换机上，实际上虚拟机与外界通信时，数据是通过宿主机的物理网卡进行的。

在"网络地址转换（NAT）"模式下，虚拟机的虚拟网卡连接在 VMnet8 虚拟交换机上，宿主机的 VMware Network Adapter VMnet8 也连在该虚拟交换机上。VMware Workstation 软件又生成一个虚拟 DHCP 设备和一个虚拟 NAT 设备也连在 VMnet8 虚拟交换机上。虚拟机的虚拟网卡通过虚拟 DHCP 设备获得一个内网 IP 地址，通过虚拟 NAT 设备访问外网，通过 VMware Network Adapter VMnet8 与宿主机通信。这时，虚拟机可以访问外网，外网是访问不到虚拟机的。如图 4.8 所示。

在"仅主机（Host-only）"模式下，虚拟机的虚拟网卡连接在 VMnet1 虚拟交换机上，宿主机的 VMware Network Adapter VMnet1 也连在该虚拟交换机上。VMware Workstation 软件又生成一个虚拟 DHCP 设备连在 Vmnet1 虚拟交换机上，虚拟机的虚拟网卡通过虚拟 DHCP 设备获得一个内网 IP 地址，但不能和外网通信。如果创建一个与其他计算机隔离的虚拟网络，进行某些特殊的网络调试工作，可以选择 Host-only 模式。

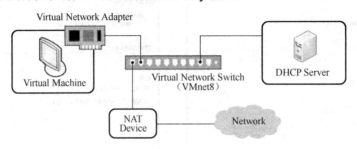

图 4.8 "网络地址转换（NAT）"模式

在"网络类型"子页面中选择"使用桥接网络"单选按钮，如图 4.9 所示，单击"下一步"按钮。在"指定磁盘容量"子页面中设置"最大磁盘大小"大小为 40GB，不勾选"立即分配所有磁盘空间"复选框，选择"将虚拟磁盘拆分成多个文件"单选按钮，如图 4.10 所示，单击"下一步"按钮。

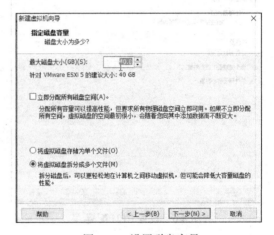

图 4.9 设置网络类型　　　　　　　　图 4.10 设置磁盘容量

在"指定磁盘容量"子页面中，不勾选"立即分配所有磁盘空间"，虚拟机的磁盘文件最初很小，随着虚拟机磁盘文件内容的增长文件将逐渐变大，这样做可以大大节省磁盘空间。"将虚拟磁盘拆分成多个文件"可以提高虚拟机磁盘读写的速度。

（8）一个虚拟机对应一组文件，这些文件包含了虚拟机的所有信息。在"指定磁盘文件"子页面中指定虚拟机磁盘文件名称，如图 4.11 所示，单击"下一步"按钮。

（9）弹出的"已准备好创建虚拟机"子页面如图 4.12 所示，列出了新建虚拟机的配置情况。单击"自定义硬件"按钮进行下一步设置。

（10）在弹出的"硬件"页面左侧列表中单击"处理器"，右侧勾选"虚拟化 Intel VT-x/EPT 或 AMD-V/RVI"复选框，如图 4.13 所示。单击左侧列表中"新 CD/DVD"，勾选右侧"启动时连接"复选框（一定要勾选，否则安装软件无法启动），选择"使用 ISO 映像文件"单选按钮（映像文件即 ESXi 安装光盘映像文件），单击"浏览"按钮，在本地磁盘上选择 VMware-VMvisor-Installer-5.1.0-799733.x86_64.ISO 文件，如图 4.14 所示。映像文件可以在本书配套资源文件夹中下载,也可直接在网上下载。设置完毕,单击"关闭"按钮,完成虚拟机配置。

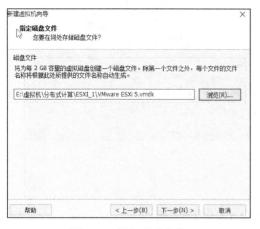

图 4.11 指定磁盘文件

图 4.12 新建虚拟机配置列表

图 4.13 设置虚拟机 CPU

图 4.14 设置虚拟机安装映像文件

(11)在 VMware Workstation 主窗口上启动虚拟机,控制台显示界面如图 4.15 所示,选择 ESXi-5.1.0-799733-standard Installer,按回车键,控制台显示加载 ESXi 安装软件,如图 4.16 所示。

图 4.15 ESXi 安装界面

图 4.16 加载 ESXi 安装软件

(12)VMware ESXi 5.1.0 安装软件加载成功,如图 4.17 所示。

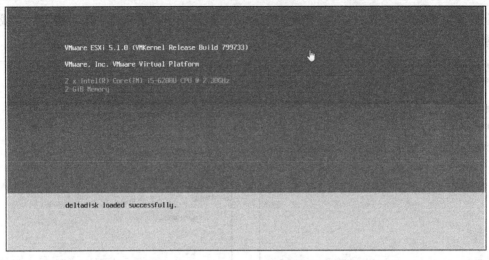

图 4.17　VMware ESXi 5.1.0 安装软件界面

（13）弹出欢迎安装界面，如图 4.18 所示，按回车键或单击"Continue"，弹出最终用户许可协议界面，如图 4.19 所示，按 F11 键或单击"Accept and Continue"表示接受该协议。

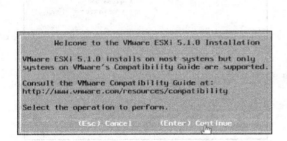
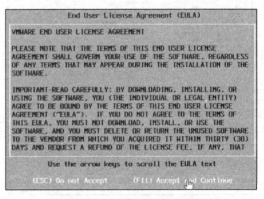

图 4.18　欢迎安装界面　　　　　　　　图 4.19　接受最终用户协议

（14）随后显示安装软件扫描设备界面，如图 4.20 所示。如果检测到存储设备，弹出界面如图 4.21 所示，按回车键将继续操作。

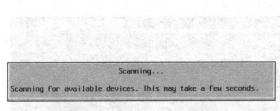
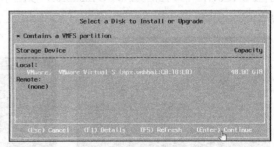

图 4.20　安装软件扫描设备　　　　　　　图 4.21　检测到存储设备

（15）在选择键盘布局界面选择"US Default"选项，如图 4.22 所示。单击"Continue"或直接按回车键，随后在弹出的界面设置 Root 用户密码，如图 4.23 所示，按回车键继续。

第 4 章　VMware vSphere 平台的搭建和使用

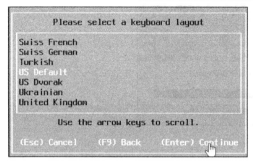

图 4.22　选择键盘布局

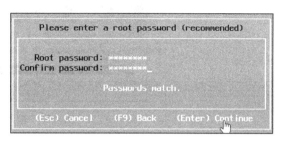

图 4.23　输入 Root 用户密码

（16）安装完毕后弹出界面如图 4.24 所示，按回车键或单击 "Reboot" 按钮，重启虚拟机。

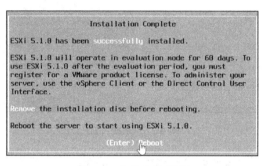

图 4.24　安装完毕界面

（17）启动后的虚拟机控制台界面如图 4.25 所示，按 F2 键是登录系统，按 F12 键是关闭或重新启动系统。

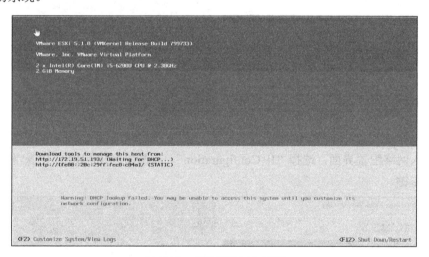

图 4.25　虚拟机控制台界面

4.1.2　配置 ESXi 服务器网络

安装 ESXi 服务器软件完毕后，需要设置 IP 地址等网络信息，使该服务器连接上网络。

（1）在虚拟机控制台界面按下 F2 键，弹出界面如图 4.26 所示，输入 Root 密码后按回车键。

（2）Root 用户登录成功，系统界面如图 4.27 所示。

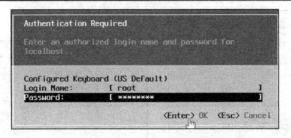

图 4.26 输入 Root 密码

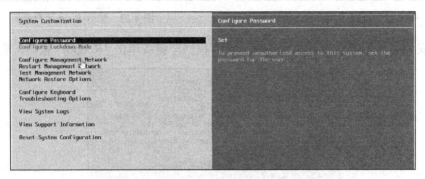

图 4.27 系统界面

(3) 选择"Configure Management Network"网络配置,右侧列出了系统初始配置,如图 4.28 所示,按回车键。

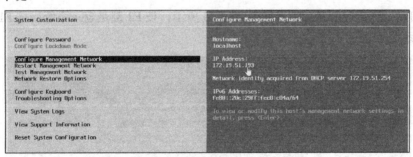

图 4.28 选择网络配置

(4) 进入网络配置界面,选择"IP Configuration",右侧将列出初始的 IP 配置,如图 4.29 所示,按回车键。

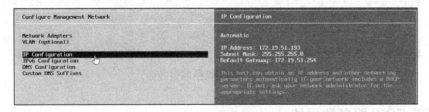

图 4.29 配置网络参数

(5) 在弹出的 IP 地址配置界面输入本机的 IP 地址:172.19.51.151,掩码:255.255.255.0,默认网关:172.19.51.254,如图 4.30 所示,确认无误后按回车键。返回如图 4.29 所示的配置网络界面。

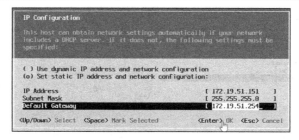

图 4.30　设置 IP 参数

（6）在网络配置界面选择"DNS Configuration"，右侧将列出 DNS 的初始配置，如图 4.31 所示，按回车键。

图 4.31　配置 DNS 参数

（7）在弹出的 DNS 设置界面输入本机的主机名和 DNS 的 IP 地址，如图 4.32 所示，按回车键完成设置。返回如图 4.29 所示的配置网络界面。图 4.32 中 Primary DNS Server 是某园区网的私有 DNS 的 IP 地址，可以设置为常用公有 DNS 的 IP 地址，如 114.114.114.114 或 101.226.4.6。

图 4.32　设置 DNS 地址

（8）在图 4.29 所示界面配置网络参数，按下 ESC 键退出网络配置，弹出确认界面如图 4.33 所示，按下 Y 键确认并保存配置。

（9）在系统主界面上选择"Test Management Network"，如图 4.34 所示，按回车键。

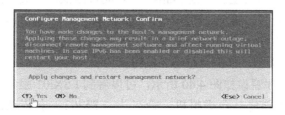

图 4.33　确认界面

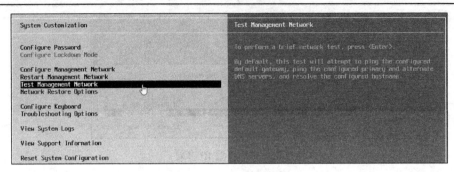

图 4.34 执行网络测试

(10) 在网络测试窗口输入测试用的 IP 地址,如图 4.35 所示,单击"OK"按钮或直接按回车键开始测试。

(11) 测试结果显示 Ping 通了前三个 IP 地址,显然网络已经连通。但解析主机名失败,这不会产生太大影响,如图 4.36 所示。单击"OK"按钮,返回图 4.27 所示系统主界面。

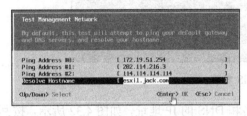
图 4.35 输入需要 Ping 的 IP 地址

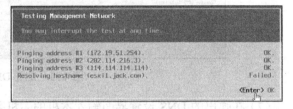
图 4.36 测试结果

(12) 在系统主界面按 ESC 键,回到虚拟机控制台界面,可以看到配置好的网络信息已经列在主界面下方,如图 4.37 所示。

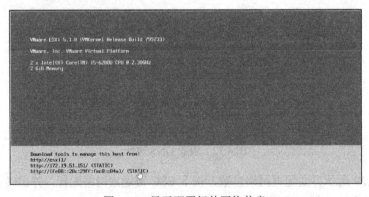

图 4.37 显示配置好的网络信息

(13) 在 A 机上运行 VMware-viclient-all-5.1.0-786111.exe,安装 VMware vSphere Client,安装过程不需要特别设置,一直单击"下一步"按钮即可。安装完成后运行 VMware vSphere Client,输入 ESXi01 的 IP 地址、用户名和密码,单击"登录"按钮,如图 4.38 所示,弹出安全警告窗口,如图 4.39 所示,单击"忽略"按钮。

(14) 登录成功后程序窗口如图 4.40 所示,可以看到 ESXi01 服务器的相关信息。在另一台计算机上按同样方式创建一台虚拟机,命名为 ESXi02,安装 ESXi 软件,IP 地址为 172.19.51.152,安装过程与 ESXi01 主机相同。

第 4 章 VMware vSphere 平台的搭建和使用

图 4.38 登录界面

图 4.39 安全警告窗口

图 4.40 登录 ESXi01 服务器

4.2 安装配置 Openfiler 服务器

Openfiler 是一个开源的 iSCSI 服务器软件，本节将介绍如何在一台虚拟机上安装配置 Openfiler 软件，使这台虚拟机成为一台 iSCSI 公共存储服务器。VMware vSphere 平台中的 ESXi 服务器都可以使用该公共存储服务器，在 VMware vSphere 平台中创建虚拟机，虚拟机文件可以存在本地硬盘或公共存储上，但只有文件保存在公共存储上时 VMware vSphere 平台的高级功能如动态迁移、高可靠性和热备才能实现。

4.2.1 安装 Openfiler 虚拟机

（1）创建新的虚拟机，选择"自定义"安装模式，"稍后安装操作系统"选项。

（2）在"新建虚拟机向导"页面的"选择客户机操作系统"子页面中选择"Linux"单选按钮，"版本"选择"CentOS 64 位"，如图 4.41 所示，单击"下一步"按钮。

（3）在弹出的"命名虚拟机"子面页的"虚拟机名称"文本框中输入虚拟机名称，在"位置"文本框输入虚拟机文件存放位置，如图 4.42 所示，单击"下一步"按钮。

图 4.41　选择客户机操作系统　　　　　图 4.42　为虚拟机命名

（4）在"处理器配置"子页面设置处理器数量为 2 个，每个处理器的核心数量为 1 个，如图 4.43 所示，单击"下一步"按钮。

（5）在"此虚拟机的内存"子页面中设置此虚拟机的内存为 1024MB，如图 4.44 所示，单击"下一步"按钮。（这里根据物理机硬件配置，可以为虚拟机多分配一些 CPU 和内存资源。）

图 4.43　设置 CPU 配置　　　　　图 4.44　设置虚拟机内存容量

（6）在"网络类型"子页面中选择"使用桥接网络"单选按钮，如图 4.45 所示，单击"下一步"按钮。

（7）在"指定磁盘容量"子页面中设置"最大磁盘大小"为 50GB，勾选"立即分配所有磁盘空间"复选框（必须选择），选择"将虚拟磁盘拆分成多个文件"单选按钮，如图 4.46 所示，单击"下一步"按钮。

（8）在"指定磁盘文件"子页面中指定虚拟机磁盘文件名称，如图 4.47 所示，单击"下一步"按钮。

第 4 章　VMware vSphere 平台的搭建和使用

图 4.45　设置网络类型

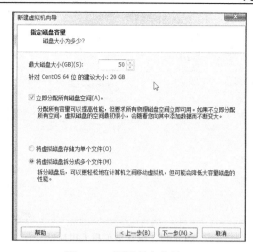

图 4.46　设置磁盘容量

（9）弹出向导页面如图 4.48 所示，将显示新建虚拟机的配置情况。单击"自定义硬件"按钮进行下一步设置。

图 4.47　指定磁盘文件

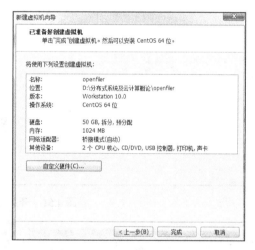

图 4.48　新建虚拟机配置列表

（10）在弹出的页面左侧列表中单击"处理器"，勾选右侧"虚拟化 Intel VT-x/EPT 或 AMD-V/RVI"复选框，如图 4.49 所示；随后，单击左侧列表中"新 CD/DVD"，勾选右侧"启动时连接"复选框（一定要勾选此选项，否则安装软件无法启动），选择"使用 ISO 映像文件"单选按钮（映像文件即 Openfiler 安装光盘映像文件），单击"浏览"按钮，在本地磁盘上选择 Openfiler-2.3-x86_64-disc1.iso 文件，如图 4.50 所示。映像文件可以在本书配套教学资源文件夹中下载，也可直接在网上下载。设置完毕，单击"关闭"按钮，完成虚拟机配置。

（11）创建完成，在 VMware Workstation 中单击开启虚拟机，如图 4.51 所示。

（12）虚拟机控制台显示 Openfiler 安装引导，如图 4.52 所示，直接按回车键使用图形化安装。图 4.53 显示安装程序正在执行中。随后，进入安装界面如图 4.54 所示，提示是否进行安装介质检查。

（13）在图 4.54 所示的提示界面中单击"Skip"按钮，跳过媒体检测，图 4.55 显示正在加载系统安装程序。

图 4.49　设置虚拟机 CPU　　　　　图 4.50　设置虚拟机安装映像文件

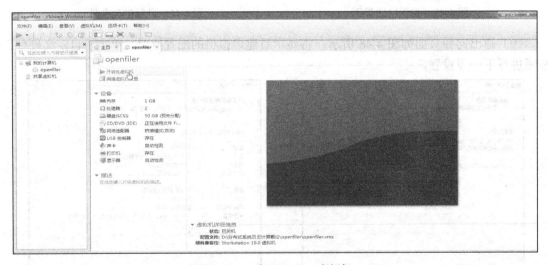

图 4.51　开启 Openfiler 虚拟机

图 4.52　安装引导　　　　　　　　图 4.53　安装程序正在执行

（14）加载系统安装程序完毕后弹出欢迎安装界面，如图 4.56 所示，单击"Next"按钮进入选择键盘布局界面，如图 4.57 所示，选择使用默认的键盘布局，单击"Next"按钮。

（15）弹出磁盘分区界面，如图 4.58 所示，选择"Manually partition with Disk Druid"单选按钮，进行磁盘手动分区，单击"Next"按钮。

（16）随后，弹出警告页面如图 4.59 所示，警告将失去所有硬盘数据，单击"Yes"按钮。

第 4 章 VMware vSphere 平台的搭建和使用

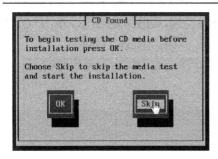

图 4.54 媒体检测窗口

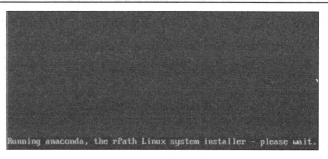

图 4.55 正在加载系统安装程序

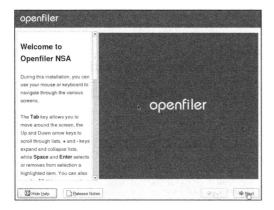

图 4.56 欢迎安装界面

图 4.57 选择键盘布局

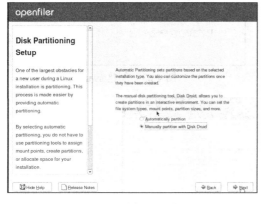

图 4.58 磁盘分区选择

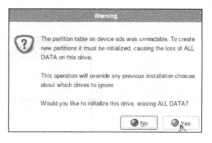

图 4.59 警告

（17）弹出如图 4.60 所示磁盘分区界面，此时显示当前磁盘没有分区，单击"New"按钮，弹出创建磁盘分区界面，如图 4.61 所示。在"Mount Point"下拉列表中选择创建"/boot"分区，在"File System Type"列表中选择"ext3"，勾选"Force to be a primary partition"复选框，在"Size"编辑栏输入 100，给分区分配 100MB 磁盘空间，单击"OK"按钮，返回磁盘分区界面，可以在列表中看到已创建/boot 分区。

（18）在图 4.60 所示的磁盘分区界面中，再次单击"New"按钮，弹出创建磁盘分区界面。在"Mount Point"下拉列表中选择创建"/"分区，在"File System Type"列表中选择"ext3"，勾选"Force to be a primary partition"，分配 1024MB 磁盘空间，如图 4.62 所示，单击"OK"按钮，返回磁盘分区界面后，再单击"New"按钮，创建 swap 分区，在"File System Type"列表中选择

"swap",勾选"Force to be a primary partition",分配 300MB 磁盘空间,如图 4.63 所示,单击"OK"按钮,返回磁盘分区界面,可见当前分区信息,如图 4.64 所示,单击"Next"按钮。

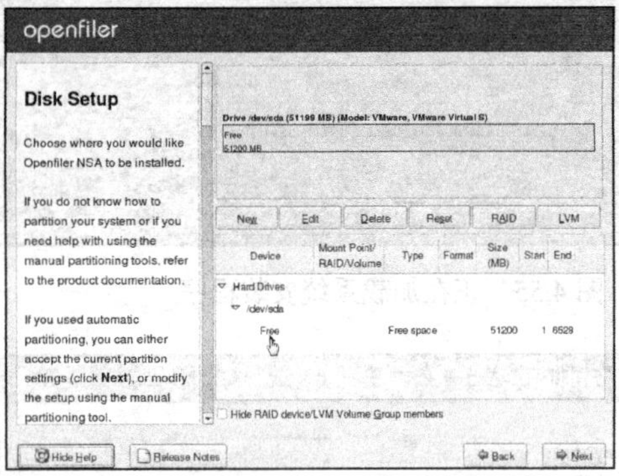

图 4.60 磁盘分区界面

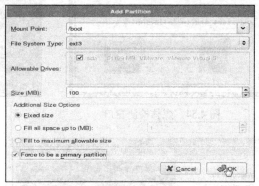
图 4.61 创建/boot 分区

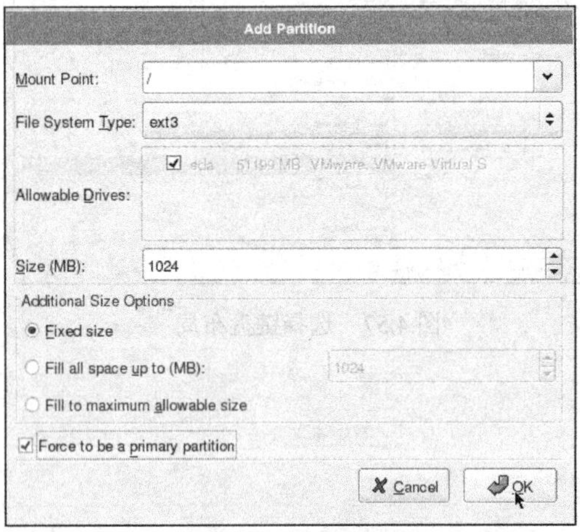

图 4.62 创建/分区

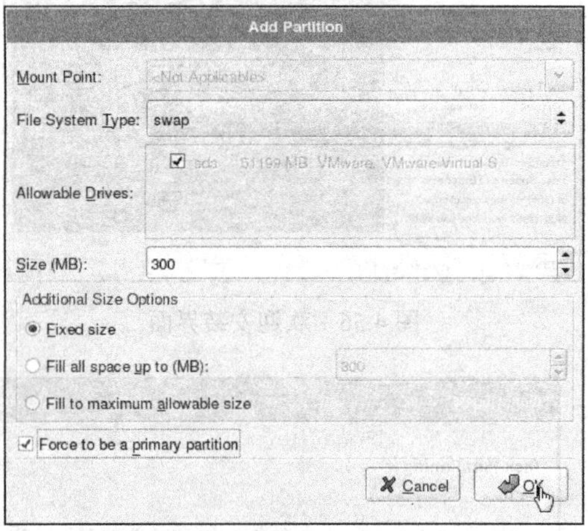

图 4.63 创建 swap 分区

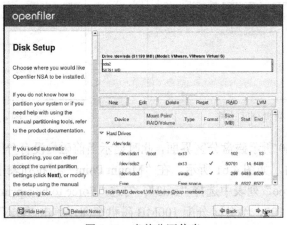
图 4.64 当前分区信息

(19)将弹出如图 4.65 所示的网络设置界面,取消勾选"eth0"复选框,再单击"Edit"按钮,弹出如图 4.66 所示的 IP 地址编辑界面,输入 IP 地址"172.19.51.153",掩码"255.255.255.0",单击"OK"按钮返回网络设置界面。选择"manual"单选按钮,勾选"eth0"后输入 Gateway "172.19.51.254",Primary DNS "114.114.114.114",如图 4.65 所示,再单击"Next"按钮。

第 4 章 VMware vSphere 平台的搭建和使用

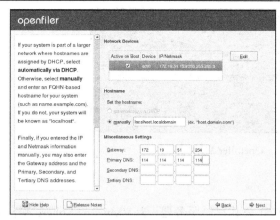

图 4.65 网络设置

图 4.66 IP 地址编辑

（20）将弹出时区设置界面如图 4.67 所示，选择时区"Asia/Shanghai"，单击"Next"按钮。输入符合要求的密码，如图 4.68 所示，单击"Next"按钮。

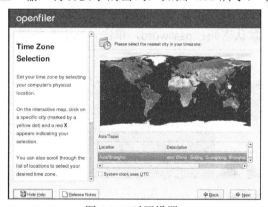

图 4.67 时区设置

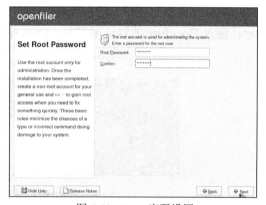

图 4.68 Root 密码设置

（21）在弹出的如图 4.69 所示的设置界面中单击"Next"按钮继续操作，Openfiler 软件将开始安装。安装完成后将显示如图 4.70 所示完成界面，单击"Reboot"按钮重启系统。

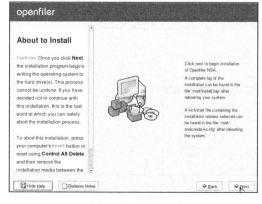

图 4.69 设置完成

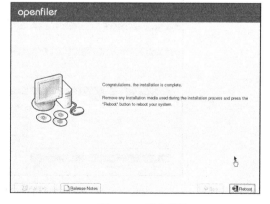

图 4.70 重启系统

（22）控制台出现启动界面后直接按回车键，Openfiler 系统启动完成后的界面如图 4.71 所示。

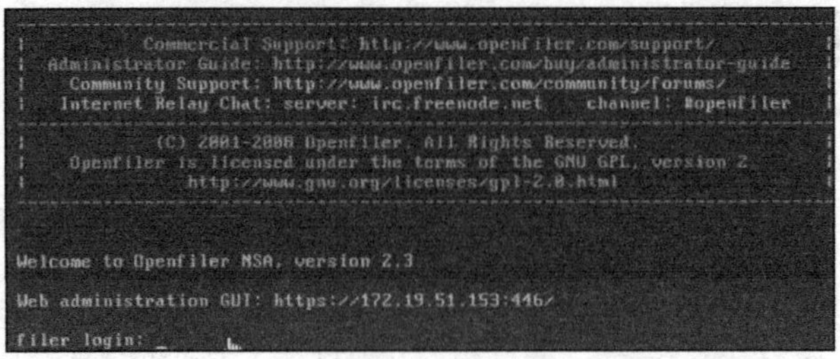

图 4.71 Openfiler 启动界面

4.2.2 配置 Openfiler 虚拟机

配置 Openfiler 虚拟机，使其成为 iSCSI 公共存储服务器，为 VMware vSphere 平台提供公共存储服务。配置过程：设置服务器的服务子网；创建服务磁盘分区；在服务磁盘分区中创建卷组 Volume Group；在 Volume Group 中创建卷 Volume；创建 iSCSI target server 并进行映射；设置 Network ACL。具体设置过程如下。

（1）在浏览器地址栏中输入https://172.19.51.153:446，显示 Openfiler 登录界面，如图 4.72 所示，输入 Openfiler 的默认用户名：Openfiler，默认密码：password，单击"login"按钮。

图 4.72 Openfiler 登录界面

（2）登录成功后浏览器显示 Openfiler 服务器的网络、硬件等信息，如图 4.73 所示，页面下方将显示一些关于 Openfiler 存储服务器内存和磁盘分区的信息，如图 4.74 所示。

图 4.73 Openfiler 服务器基本信息

（3）单击"System"选项卡，可以看到为它配置的主机名和 DNS 等相关信息，如图 4.75 所示。

（4）为 Openfiler 服务器添加可以服务的网段，输入 Name、子网地址和掩码，Type 选择"Share"，如图 4.76 所示，单击"Update"按钮。

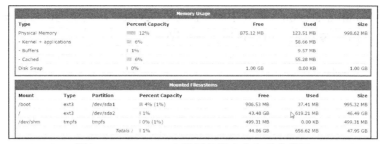

图 4.74　Openfiler 存储服务器内存和磁盘分区

图 4.75　主机名和 DNS

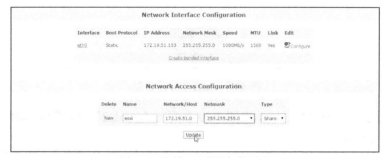

图 4.76　添加可以服务的网段

（5）添加可以服务的网段，成功后显示内容如图 4.77 所示。

图 4.77　添加网段成功

（6）单击"Volumes"选项卡，系统提示目前没有 Volume 信息，如图 4.78 所示。

图 4.78　没有 Volume 信息

（7）选择"Volumes section"列表中的"Block Devices"，系统列出目前该服务器管理的块设备的信息，如图 4.79 所示，就是该服务器的硬盘。

图 4.79　服务器块设备的信息

（8）在如图 4.79 所示的服务器块设备的信息中单击 Edit Disk 列的"/dev/sda"项目，系统将显示安装过程中设置好的各个分区，如图 4.80 所示。

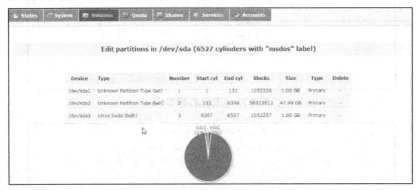

图 4.80　服务器分区信息

（9）在空闲空间里创建分区，单击图 4.80 中的"/dev/sda2"行，输入如图 4.81 所示的各项参数，单击"Create"按钮。

图 4.81　创建分区

（10）分区创建成功后，服务器中就再没有剩余的空间了，显示提示界面如图 4.82 所示。

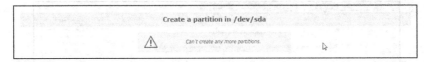

图 4.82　磁盘空间已用完

（11）分区创建成功后，系统会显示创建好的物理分区已经在分区列表中了，如图 4.83 所示。

（12）单击如图 4.78 所示界面右侧的"Volume Groups"选项，在打开的界面中输入 Volume Group 的名字，并勾选使用上述分配创建的物理分区，如图 4.84 所示，单击"Add volume group"按钮。

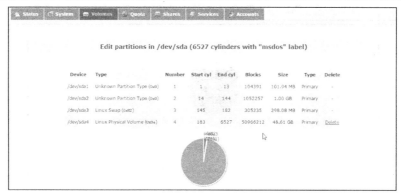

图 4.83　分区列表

图 4.84　创建卷组

（13）系统将显示添加 Volume Group 成功，如图 4.85 所示。

图 4.85　创建卷组成功

（14）单击右侧"Add Volume"选项，如图 4.86 所示，在弹出的页面的下拉列表中选择刚添加的 volume_group，如图 4.87 所示。

 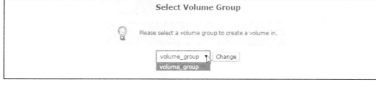

图 4.86　创建卷　　　　　　　　图 4.87　选择 volume_group

（15）输入要添加的 Volume 的名称和描述，Volume type 选择"iSCSI"，分配"15360MB"空间，如图 4.88 所示，单击"Create"按钮。

（16）Volume 创建成功后系统显示界面如图 4.89 所示。表中列出了卷的信息，饼图显示当前卷组空间使用情况。

（17）再次单击"Add volume"选项，输入相关 Volume 配置，Volume 名称是"for_esc_2"，如图 4.90 所示，单击"Create"按钮，创建第二个卷。

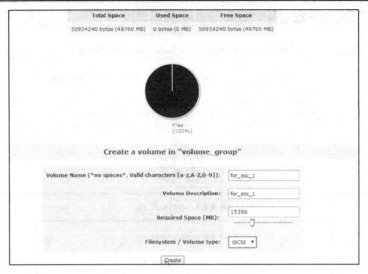

图 4.88 输入 Volume 信息

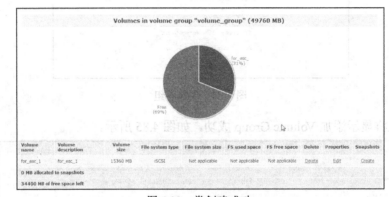

图 4.89 卷创建成功

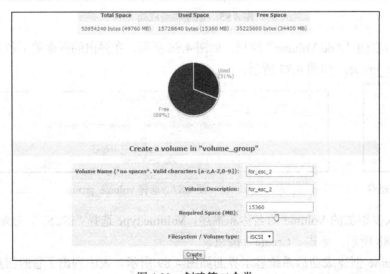

图 4.90 创建第二个卷

（18）系统显示创建成功了两个卷，列表里是两个卷的配置，饼图是 Volume Group 的空间使用情况，如图 4.91 所示。

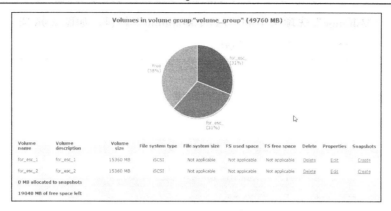

图 4.91 卷创建成功

（19）单击"Services"选项卡，单击"iSCSI target server"行"Modification"列中的"Enable"按钮，将其设置为"Enable"，如图 4.92 所示。

图 4.92 设置 iSCSI 服务

（20）单击右侧"iSCSI Targets"选项，如图 4.93 所示。在打开的界面中，单击"Add"按钮，添加 iSCSI Target，如图 4.94 所示。

图 4.93 iSCSI 目标

图 4.94 添加 iSCSI Target

（21）随后在"Select iSCSI Target"界面的下拉列表中选择上述添加的 iSCSI Target，如图 4.95 所示，单击"Change"按钮。

图 4.95 选择 iSCSI Target

（22）选择"Volumes"选项卡下的"LUN Mapping"栏目，如图4.96所示，可以看到两个等待映射的分区，分别单击"Map"按钮。

图 4.96　映射卷

（23）两个分区映射成功后的窗口显示如图4.97所示。

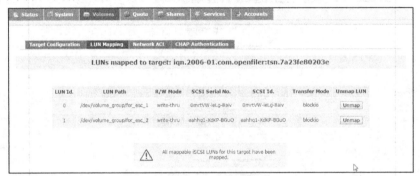

图 4.97　Map 成功列表

（24）选择"Volumes"选项卡下的"Network ACL"栏目，在"Access"列选择"Allow"选项后，单击"Update"按钮，如图4.98所示。至此，Openfiler 的配置就完成了，iSCSI 服务器可以投入使用。

图 4.98　允许访问服务器

4.3　安装并配置 VMware vCenter

VMware vCenter要求安装在操作系统上，因此必须先安装 Windows Server 2003 操作系统。之所以选择 Windows Server 2003 操作系统是因为硬件资源有限。如果硬件资源满足，也可以使用 Windows Server 2008、Windows Server 2010 等操作系统，注意需要是 64 位的。

4.3.1 安装 Windows Server 2003

（1）创建新的虚拟机，各项硬件配置如图 4.99 所示。单击"自定义硬件"按钮，在弹出的硬件配置对话框左侧列表中单击"处理器"，勾选右侧"虚拟化 Intel VT-x/ETP 或 AMD-V/RVI"复选框，如图 4.100 所示。

图 4.99　新建虚拟机配置

图 4.100　修改 CPU 配置

（2）在图 4.100 对话框左侧列表中单击"新 CD/DVD（IDE）"选项，在右侧选择"使用 ISO 映像文件"单选按钮，选择映像文件：cn_win_srv_2003_r2_enterprise_x64_with_sp2_vl_cd1_sata_dtwys.iso（可在本书配套教学资源文件夹中下载），勾选"启动时连接"复选框，如图 4.101 所示。该映像文件是 64 位 Windows Server 2003 服务器操作系统。VMware vCenter 可以安装在该操作系统上。

（3）单击开启虚拟机，虚拟机开始安装 Windows Server 2003。安装完成后单击开启虚拟机，控制台显示欢迎界面如图 4.102 所示。Windows Server 2003 启动后，需要按 Ctrl+Alt+Delete 组合键进入系统（不能直接按 Ctrl+Alt+Delete，否则宿主 PC 将显示重启界面），此时在 VMware Workstation 窗口左侧虚拟机列表的 Windows Server 2003 虚拟机上单击右键，弹出快捷菜单，选择"发送 Ctrl+Alt+Del"，如图 4.103 所示。

图 4.101　修改光驱设置

图 4.102　欢迎界面

图 4.103　发送 Ctrl+Alt+Del

（4）在登录界面输入用户名和密码，如图 4.104 所示。进入 Windows Server 2003 桌面，如图 4.105 所示。设置 IP 地址为 172.19.51.154。其他网络参数对照以上虚拟机。

图 4.104　登录界面　　　　　　　　图 4.105　Windows Server 2003 桌面

（5）安装 VMware Tools。在虚拟机上单击右键，在弹出的菜单中选择"安装 VMware Tools"命令，如图 4.106 所示。安装过程中选择"完整安装"，然后一直单击"下一步"按钮，直至安装完成。然后重启虚拟机。VMware Tools 安装完成后，计算机就可以通过拖动文件实现与虚拟机之间的文件复制了。否则，只能使用 FTP 的方式传递文件。

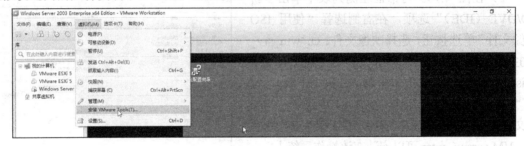

图 4.106　安装 VMware Tools

4.3.2　安装虚拟光驱

（1）在 Windows Server 2003 桌面上新建一个文件夹，将虚拟光驱安装软件 DTLite4491-0356.1394761051.exe 和 VMware vCenter 安装映像光盘软件 VMware-VIMSetup-all-5.1.0-799735.iso 从本地拖动到这个文件夹里，如图 4.107 所示。安装软件可在本书配套教学资源文件夹中下载。

图 4.107　复制两个安装文件

第 4 章　VMware vSphere 平台的搭建和使用

（2）单击安装虚拟光驱软件。安装过程没有复杂的设置。一直单击"下一步"按钮直至安装完成，运行该虚拟光驱软件 DAEMON Tools Lite，在虚拟光驱软件首页，单击左下角的"添加映像"按钮，如图 4.108 所示。

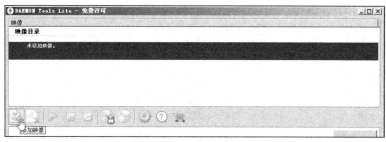

图 4.108　添加光盘映像

（3）选中映像文件 VMware-VIMSetup-all-5.1.0-799735.iso，单击右键，在弹出的快捷菜单中选择"载入"，如图 4.109 所示。

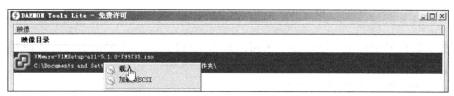

图 4.109　载入光盘映像

（4）使用虚拟光驱执行安装，显示 VMware vCenter 软件安装界面，如图 4.110 所示。

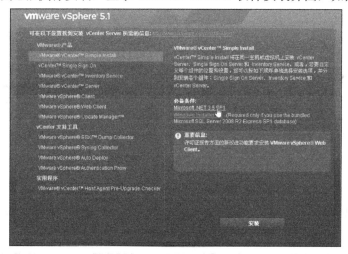

图 4.110　VMware vCenter 安装界面

（5）安装 VMware vCenter 的必备条件是先要安装"Microsoft.NET"和"Windows Installer"，单击窗口右侧的"Microsoft.NET 3.5 SP1"进行安装，直至安装完成，然后单击右侧"Windows Installer 4.5"，开始安装，直至安装完成。

4.3.3　安装 vCenter Single Sign On

（1）选择左侧"vCenter Single Sign On"选择，然后单击"安装"按钮，如图 4.111 所示。

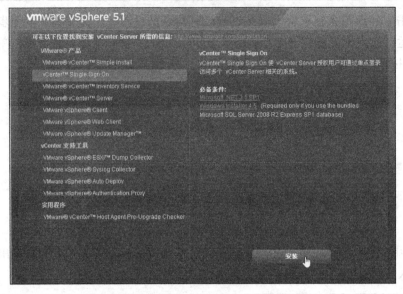

图 4.111　安装 vCenter Single Sign On

（2）在安装向导中单击"下一步"按钮，如图 4.112 所示，在弹出的语言选择对话框中选择安装语言，如图 4.113 所示。

图 4.112　安装向导

图 4.113　选择安装语言

（3）弹出"警告"对话框，单击"确定"按钮，如图 4.114 所示。

图 4.114　警告

（4）选择单节点类型，如图 4.115 所示，单击"下一步"按钮。

（5）设置管理员账户密码（该密码在以后的安装过程中要多次输入），如图 4.116 所示，单击"下一步"按钮。

（6）选择 vCenter Single Sign On 的数据库类型，如图 4.117 所示，单击"下一步"按钮，输入"完全限定域名或 IP 地址"，这里就使用虚拟机的 IP 地址，也就是 Windows Server 2003 的 IP 地址，如图 4.118 所示，单击"下一步"按钮。

第4章 VMware vSphere 平台的搭建和使用

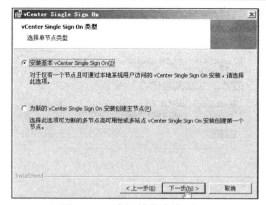

图 4.115　选择单节点类型

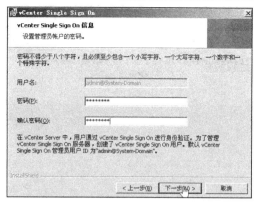

图 4.116　设置管理员账户密码

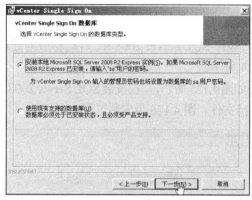

图 4.117　选择数据库类型

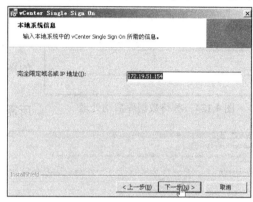

图 4.118　输入 IP 地址

（7）系统会弹出警告对话框，直接单击"确定"按钮，如图 4.119 所示。

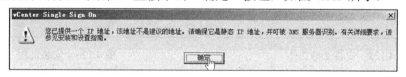

图 4.119　警告对话框

（8）选择安装位置如图 4.120 所示，单击"下一步"按钮。然后在弹出的对话框中设置 vCenter Single Sign On 的"HTTPS 端口"为 7444，如图 4.121 所示，单击"下一步"按钮。

图 4.120　选择安装位置

图 4.121　设置端口

（9）单击"安装"按钮，如图 4.122 所示，随后显示正在解压安装文件，如图 4.123 所示。

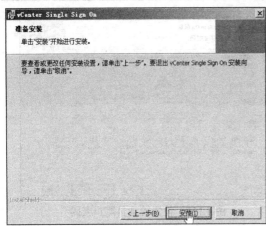

图 4.122 开始安装

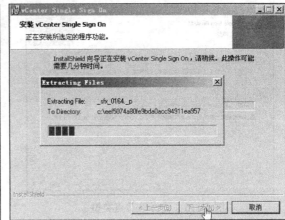

图 4.123 解压安装文件

图 4.124 等待数据库启动处理

（10）等待 SQL Server 2008 R2 启动相应的处理，如图 4.124 所示。

（11）如图 4.125 所示，正在安装 SQL Server 2008 R2 所需的支持文件。图 4.126 为安装过程。

图 4.125 安装支持文件

图 4.126 安装过程

（12）SQL Server 2008 安装完毕后将自动进入 vCenter Single Sign On 安装，如图 4.127 所示。安装完成后会显示如图 4.128 所示对话框，单击"完成"按钮，完成安装。

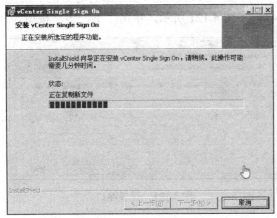

图 4.127 vCenter Single Sign On 安装

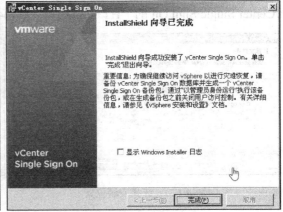

图 4.128 安装完成

4.3.4 安装 VMware vCenter Inventory Service

（1）选择左侧"VMware vCenter Inventory Service"，单击右侧"安装"按钮，如图 4.129 所示。

（2）在如图 4.130 所示的安装向导中单击"下一步"按钮，在弹出对话框选择安装语言为"中文（简体）"，如图 4.131 所示。

图 4.129　安装主界面

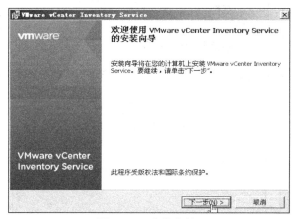

图 4.130　安装向导　　　　　　　　　图 4.131　选择安装语言

（3）输入"完全限定域名"，与安装 vCenter Single Sign On 时输入的完全限定域名保持一致，避免在 VMware vCenter Inventory Service 安装时无法向 vCenter Singe Sign On 注册，如图 4.132 所示。

（4）弹出警告对话框如图 4.133 所示，单击"确定"按钮。

（5）输入 Inventory Service 的相关端口号，如图 4.134 所示，使用默认值即可，单击"下一步"按钮。在弹出的对话框中选择"清单大小"，如图 4.135 所示，单击"下一步"按钮。

（6）按照之前安装 vCenter Single Sign On 时填写的信息填写管理员密码，如图 4.136 所示，单击"下一步"按钮。弹出对话框如图 4.137 所示，单击"安装证书"按钮，以保证可以进行安全连接。

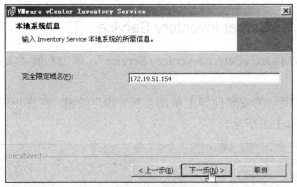

图 4.132　输入完全限定域名

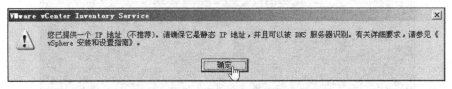

图 4.133　警告对话框

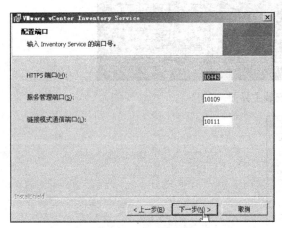

图 4.134　输入端口号

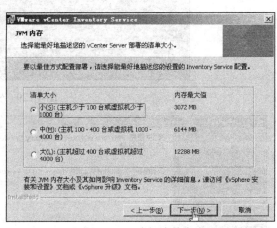

图 4.135　选择清单大小

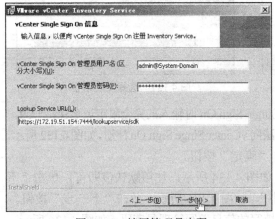

图 4.136　填写管理员密码

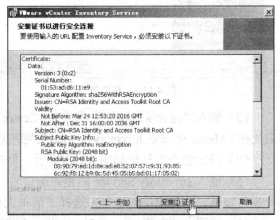

图 4.137　安装证书

（7）证书安装完毕后将弹出"准备安装"对话框，如图 4.138 所示，单击"安装"按钮开始安装软件。图 4.139 显示 VMware vCenter Inventory Service 正在安装中。

（8）系统显示"正在向 vCenter Single Sign On 注册"，如图 4.140 所示。安装完成后将显示如图 4.141 所示对话框，单击"完成"按钮，完成安装。

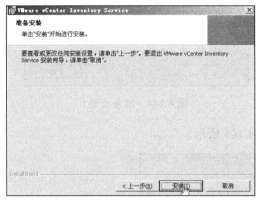

图 4.138　开始安装　　　　　　　　　图 4.139　安装过程

图 4.140　向 vCenter Single Sign On 注册　　　　图 4.141　安装完毕

4.3.5　安装 VMware vCenter Server

（1）选择左侧"VMware vCenter Server"选择，单击右侧"安装"按钮，如图 4.142 所示。

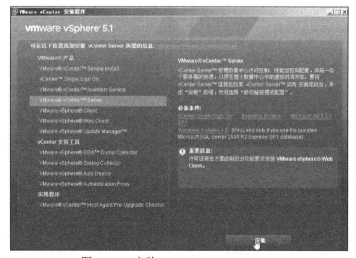

图 4.142　安装 VMware vCenter Server

（2）选择安装语言为"中文（简体）"，如图 4.143 所示，单击"确定"按钮。弹出"正在准备安装"对话框，如图 4.144 所示。

 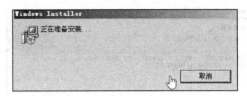

图 4.143　选择语言　　　　　　　　　图 4.144　准备安装

（3）自动安装 Microsoft Visual C++环境如图 4.145 所示。

图 4.145　自动安装 Microsoft Visual C++

（4）在如图 4.146 所示的安装向导中单击"下一步"按钮，弹出"许可证密钥"对话框，如图 4.147 所示，可以在此输入许可证密钥。如果不填写，则直接单击"下一步"按钮，那么安装的就会是试用版，VMware vCenter Server 系统可以免费试用 60 天，如果在试用期间输入许可证号，系统可以更新为正式版本。

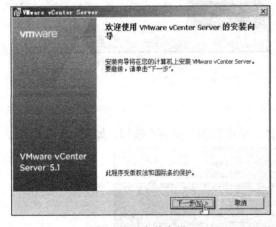 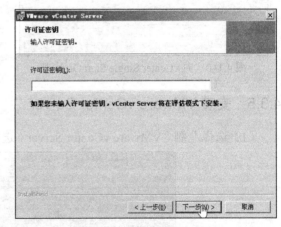

图 4.146　安装向导　　　　　　　　　图 4.147　输入许可证密钥

（5）为 vCenter Server 选择 ODBC 数据源，如图 4.148 所示，单击"下一步"按钮，在图 4.149 中输入 vCenter Server 服务账户信息，保持完全限定域名与安装 vCenter Singe Sign On 和安装 vCenter Inventory Service 时填写的一样，单击"下一步"按钮。

（6）系统弹出警告对话框如图 4.150 所示，单击"确定"按钮。

（7）选择 vCenter Server 链接模式如图 4.151 所示，单击"下一步"按钮，在图 4.152 所示对话框中输入 vCenter Server 的连接信息，根据自己的需要，改变其中各端口的设置，建议使用默认值，然后单击"下一步"按钮。

第 4 章 VMware vSphere 平台的搭建和使用

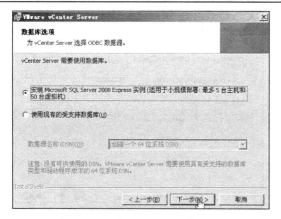

图 4.148 选择 ODBC 数据源

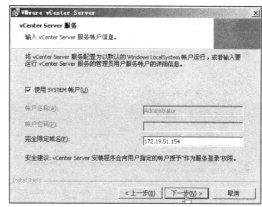

图 4.149 输入服务账户信息

图 4.150 警告对话框

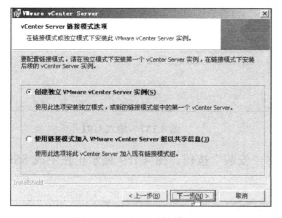

图 4.151 选择链接模式

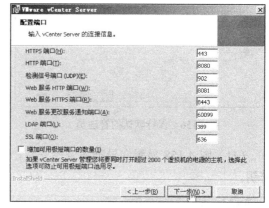

图 4.152 输入连接信息

（8）系统弹出警告对话框如图 4.153 所示，直接单击"确定"按钮。

图 4.153 警告对话框

（9）设置清单大小如图 4.154 所示，单击"下一步"按钮，在弹出的对话框中输入 vCenter Single Sign On 信息，以向其注册 vCenter Server，如图 4.155 所示。注意管理员密码与前面设置的保持一致。

（10）保持默认的管理员，如图 4.156 所示，单击"下一步"按钮。保持默认的 vCenter Inventory Service URL 配置，如图 4.157 所示，单击"下一步"按钮。

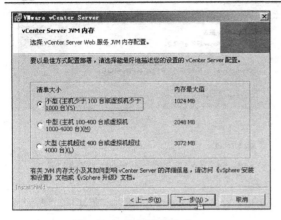

图 4.154 设置清单大小

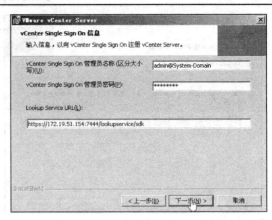

图 4.155 输入 vCenter Single Sign On 信息

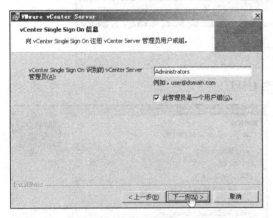

图 4.156 保持默认的管理员

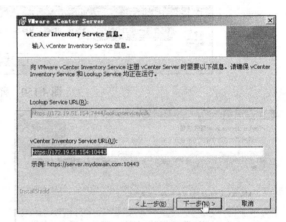

图 4.157 输入 URL

(11) 图 4.158 显示向导准备开始安装,单击"安装"按钮。图 4.159 显示正在生成 SSL 密钥。

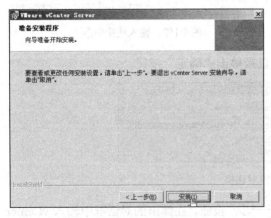

图 4.158 安装向导

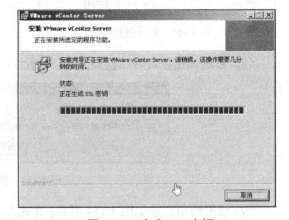

图 4.159 生成 SSL 密钥

(12) 图 4.160 显示正在创建 vCenter Server 数据库,图 4.161 显示正在存储许可证密钥。

(13) 图 4.162 显示正在向 vCenter Single Sign On 注册,图 4.163 显示正在向 vCenter Inventory Service 注册。

图 4.160　正在创建数据库

图 4.161　正在存储许可证密钥

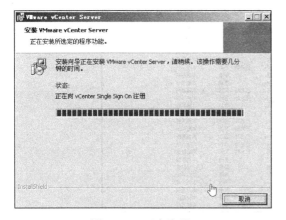
图 4.162　正在注册

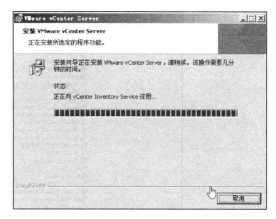
图 4.163　正在注册

（14）图 4.164 显示正在安装 Orchestrator，图 4.165 显示正在配置存储。

图 4.164　正在安装 Orchestrator

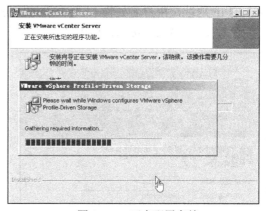
图 4.165　正在配置存储

（15）图 4.166 显示 VMware vCenter Server 安装完成，单击"完成"按钮结束安装。

（16）在 Windows Server 2003 桌面单击"开始"按钮，在开始菜单中选择"管理工具"→"服务"，如图 4.167 所示，查看服务状态。

（17）要保证 vCenter Single Sign On、VMware vCenter Inventory Service 和 VMware vCenter Server 这三个服务均已启动，VMware vCenter 才能正常工作，如图 4.168 所示。

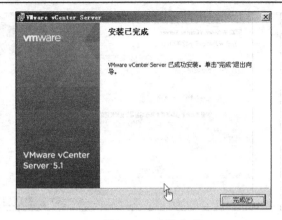

图 4.166　安装完成

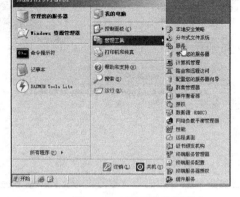

图 4.167　打开服务管理

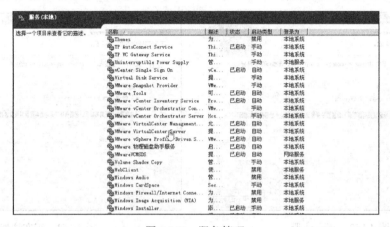

图 4.168　服务管理

（18）运行 VMware vSphere Client，在图 4.169 所示的登录对话框中输入 Windows Server 2003 的 IP 地址，用户名处输入"administrator"，密码为安装 VMware vCenter 时设置的管理员密码，单击"登录"按钮，弹出"安全警告"对话框，如图 4.170 所示，单击"忽略"按钮。

图 4.169　登录

图 4.170　安全警告

（19）登录成功后显示的管理窗口如图 4.171 所示，此时没有被管理的 ESXi 主机，必须通过设置连接集群中需要管理的 ESXi 主机后，才能统一管理 VMware vSphere 集群。

第 4 章　VMware vSphere 平台的搭建和使用

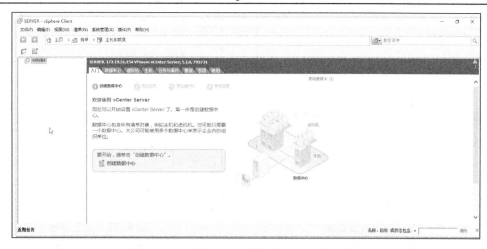

图 4.171　管理窗口

4.4　登录 vCenter 并挂载 ESXi 主机

（1）使用 vSphere Client 登录 vCenter 服务器，在管理界面单击"创建数据中心"，如图 4.172 所示，按提示创建数据中心，命名为"data_center"。

（2）图 4.173 左侧显示的是创建的数据中心 data_center，单击图中的"添加主机"。

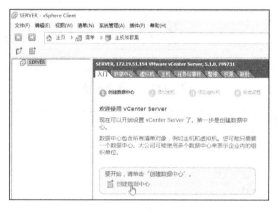

图 4.172　创建数据中心

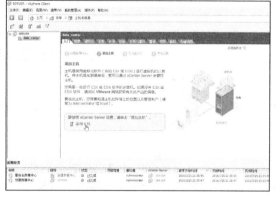

图 4.173　添加主机

（3）在弹出的"添加主机向导"页面的"指定连接设置"子页面中输入第一台 ESXi 主机的 IP 地址，Root 的用户名和密码，如图 4.174 所示，单击"下一步"按钮。弹出"安全警示"对话框如图 4.175 所示，单击"是"按钮。

（4）图 4.176 显示的是要向 vCenter 添加的 ESXi 主机的信息，单击"下一步"按钮，弹出"分配许可证"子页面，如图 4.177 所示，需要输入许可证密钥，单击"下一步"按钮。弹出"配置锁定模式"子页面，如图 4.178 所示。不输入许可证密钥，系统默认为试用版。

（5）在图 4.178 中，如果不允许其他用户登录管理该 ESXi 服务器，则勾选"启用锁定模式"，为了方便管理，此处建议不勾选。单击"下一步"按钮，弹出"虚拟机位置"子页面，为该主机的虚拟机选择一个位置，这里选择数据中心 data_center，如图 4.179 所示，单击"下一步"按钮。

图 4.174 指定连接设置

图 4.175 安全警示

图 4.176 主机信息

图 4.177 分配许可证

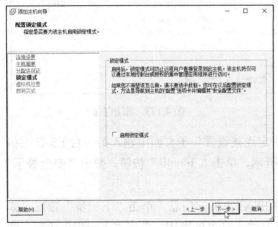

图 4.178 配置锁定模式

图 4.179 虚拟机位置

（6）将弹出"即将完成"子页面，如果都没有问题，在如图 4.180 所示的页面中单击"完成"按钮完成设置，随后将返回到管理界面。

（7）主机添加成功，在 data_center 下可以看到添加的 ESXi 主机 172.19.51.151，单击选中主机，右边则显示该 ESXi 主机的相关信息，如图 4.181 所示。

第 4 章 VMware vSphere 平台的搭建和使用

图 4.180 设置完成

图 4.181 ESXi 主机添加成功

（8）按同样方式向 vCenter 添加第二台 ESXi 服务器，添加成功后，显示页面如图 4.182 所示，可以看到数据中心 data_center 里有两台主机。

图 4.182 添加两台 ESXi 主机

4.5 连接 Openfiler 存储

（1）下面为第一台 ESXi 服务器连接 Openfiler 存储服务器。选中主机 172.19.51.151，单击"配置"选项卡，在图 4.183 中选择左侧列表中的"存储适配器"选项，然后单击右上角的"添加"按钮。

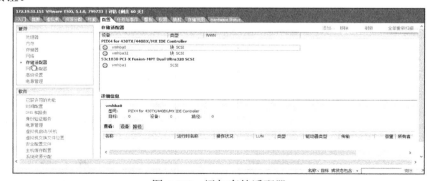

图 4.183 添加存储适配器

(2) 弹出 "Add Storage Adapter" 对话框,如图 4.184 所示,单击 "确定" 按钮。在弹出的 "软件 iSCSI 适配器" 提示对话框中单击 "确定" 按钮,如图 4.185 所示。

(3) 添加适配器成功后,存储适配器列表将显示如图 4.186 所示。

图 4.184 "Add Storage Adapter" 对话框   图 4.185 提示对话框

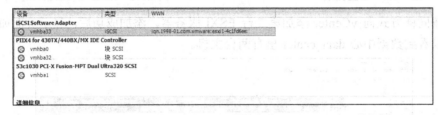

图 4.186 适配器添加成功

(4) 单击 "详细信息" 页面右上角的 "属性" 按钮,如图 4.187 所示。

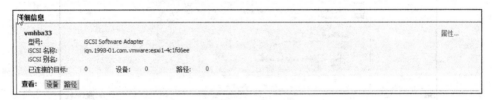

图 4.187 配置适配器

(5) 在弹出的 "iSCSI 启动器属性" 页面,单击 "添加" 按钮,如图 4.188 所示。随后,在弹出的 "添加发送目标服务器" 对话框中输入目标 iSCSI 服务器的 IP 地址,也就是 Openfiler 服务器的 IP 地址,单击 "确定" 按钮,如图 4.189 所示。

图 4.188 iSCSI 启动器属性   图 4.189 "添加发送目标服务器" 对话框

（6）系统发现了 Openfiler 存储服务器，如图 4.190 所示，单击"关闭"按钮，弹出"重新扫描"对话框，将提示是否重新扫描适配器，如图 4.191 所示，单击"是"按钮。

图 4.190　发现服务器　　　　　　　　图 4.191　"重新扫描"对话框

（7）如图 4.192 所示，为已经扫描出的两个存储卷。

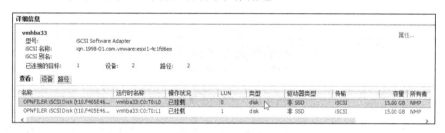

图 4.192　扫描结果

（8）单击左侧列表中的"存储器"，再单击右上角的"刷新"按钮，如图 4.193 所示。

图 4.193　刷新数据存储

（9）随后单击右上角的"添加存储器"按钮，添加存储器，如图 4.194 所示。

图 4.194　添加存储器

（10）选择存储器类型，如图 4.195 所示，单击"下一步"按钮。

（11）选中扫描出的 Openfiler 的第一个卷，如图 4.196 所示，单击"下一步"按钮。

图 4.195　选择存储器类型　　　　　　　图 4.196　选择扫描出的存储

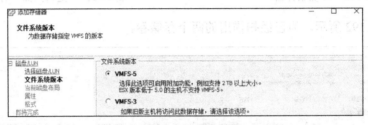

图 4.197　文件系统版本

（12）显示文件系统版本如图 4.197 所示，选择默认的"VMFS-5"单选按钮，单击"下一步"按钮。

（13）检查当前磁盘布局，如图 4.198 所示，单击"下一步"按钮。

（14）为使用的数据存储命名，如图 4.199 所示。

图 4.198　检查当前磁盘布局　　　　　　　图 4.199　为数据存储命名

（15）设置存储空间大小，这里使用全部空间，如图 4.200 所示，单击"下一步"按钮。

（16）在弹出的页面中单击"完成"按钮，完成连接操作，如图 4.201 所示。

（17）已经成功连接了 Openfiler 存储服务器，连接了 iSCSI 服务器的第一个 Volume，并命名为 center_1，如图 4.202 所示。

第 4 章　VMware vSphere 平台的搭建和使用

图 4.200　设置存储空间大小

图 4.201　即将完成

图 4.202　连接成功

（18）单击"摘要"选项卡，可以看到系统已经为 ESXi 主机以添加了一个存储器，如图 4.203 所示。

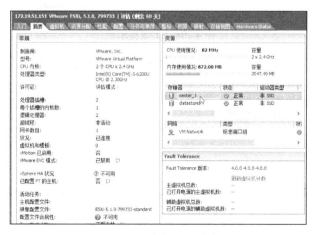

图 4.203　主机摘要信息

（19）在添加的 center_1 存储器名称上单击右键，在弹出的快捷菜中选择"浏览数据存储"，如图 4.204 所示。随后将弹出"数据存储浏览器"窗口，如图 4.205 所示。

图 4.204　浏览数据存储

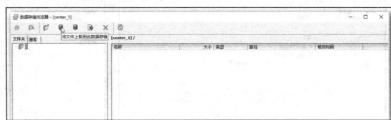

图 4.205　数据存储浏览器

（20）单击数据存储浏览器的上传文件图标，弹出快捷菜单如图 4.206 所示，单击"上载文件"。在弹出的对话框中选择要上传的文件，并单击"确定"按钮。随后弹出"上载/下载操作警告"对话框，如图 4.207 所示，单击"是"按钮。

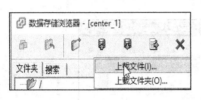

图 4.206　上载文件

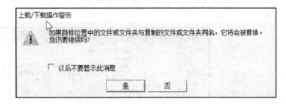

图 4.207　警告

（21）显示文件"正在上载"提示页面，此处上传的是一个 CentOS minimal 版的映像文件，如图 4.208 所示。

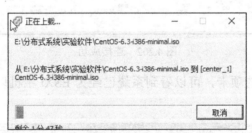

图 4.208　上载提示框

（22）映像文件上传成功后，数据存储浏览器显示如图 4.209 所示。

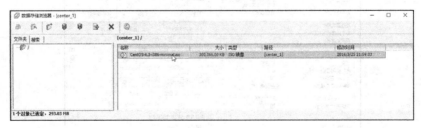

图 4.209　映像文件上传成功

（23）按照以上方式添加第二个卷，完成后将显示第二个卷也连接到了第一台 ESXi 服务器主机上，如图 4.210 所示。

（24）选中第二台主机，按同样方式连接两个存储服务器后，单击"摘要"选项卡，可以看到存储器列表框里已经有了两个数据存储，如图 4.211 所示。

第 4 章　VMware vSphere 平台的搭建和使用

图 4.210　连接第二个卷

图 4.211　为 ESXi 主机连接数据存储

4.6　创建虚拟机

（1）在第一台 ESXi 主机上创建虚拟机。选中第一台主机，单击右键，在弹出的菜单中选择"新建虚拟机"，如图 4.212 所示。弹出创建新的虚拟机向导，如图 4.213 所示，单击"自定义"单选按钮，单击"下一步"按钮。

图 4.212　新建虚拟机

图 4.213　创建新的虚拟机向导

（2）设置虚拟机的名称为"virtual_machine_1"，清单位置为"data_center"，如图 4.214 所示。
（3）为虚拟机选择一个目标存储，这里选择 Openfiler 服务器的 center_1 卷，单击"下一步"按钮，如图 4.215 所示（选择本地存储时，速度快但无法实现高级功能）。

图 4.214　设置虚拟机的名称　　　　　图 4.215　选择目标存储

（4）选择虚拟机版本和操作系统版本，如图 4.216 和图 4.217 所示。

（5）设置虚拟机的 CPU，虚拟插槽数为 1，每个虚拟插槽的内核数为 2，如图 4.218 所示。设置虚拟机内存大小为 1GB，如图 4.219 所示。

图 4.216　选择虚拟机版本　　　　　图 4.217　选择操作系统版本

图 4.218　设置虚拟 CPU　　　　　图 4.219　设置虚拟机内存

（6）"网络"和"SCSI 控制器"的设置都采用默认方式，如图 4.220 和图 4.221 所示，然后一直单击"下一步"按钮，如图 4.222 所示。

图 4.220 "网络"设置

图 4.221 "SCSI 控制器"设置

（7）在弹出的"创建磁盘"页面中设置"容量"为 10GB，分别选择"厚置备延迟置零"和"指定数据存储或数据存储群集"单选按钮，如图 4.223 所示，再单击"浏览"按钮。

图 4.222 创建新虚拟磁盘

图 4.223 设置磁盘参数

（8）在弹出的页面中选中为主机一分配的 center_1，最后单击"确定"按钮，如图 4.224 所示。

（9）创建磁盘设置完成，如图 4.225 所示，单击"下一步"按钮。

磁盘置备有 3 个选项：厚置备延迟置零、厚置备置零和 Thin Provision。厚置备的意思就是在创建虚拟机时，虚拟机硬盘空间完全占用，如设置容量为 100GB，那么虚拟机所在存储的空间就被占用 100GB。置零就是把所占据的磁盘空间都写上 0，延迟置零是所占用磁盘空间中的内容保持原样，在使用前才置零。Thin Provision 的意思是在创建虚拟机时，虚拟机硬盘空间不占用，如设置容量为 100GB，最初虚拟机不占用空间，直到要使用该虚拟机时，如安装操作系统时才占用空间。且使用多少，占用多少逐步增加，只是不能突破规定的容量。

这 3 种方式各有利弊，厚置备方式在创建虚拟机时使用的时间长一些，但在虚拟机使用过程中速度要快。Thin Provision 则相反。选择何种方式由使用者综合考虑。另外需要注意的是，磁盘空间容量一旦确定，虚拟机配置修改时，空间容量就只能扩大，不能再缩小了。

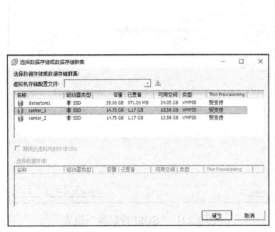

图 4.224　选择数据存储或数据存储集

图 4.225　创建磁盘设置完成

（10）"虚拟设备节点"选项设置为默认值，如图 4.226 所示，单击"下一步"按钮。图 4.227 列出了虚拟机的配置信息，单击"完成"按钮，开始创建虚拟机。

图 4.226　高级选项

图 4.227　虚拟机配置

（11）图 4.228 显示正在创建虚拟机。

图 4.228　正在创建虚拟机

（12）图 4.229 显示虚拟机创建成功。

（13）选中上步创建的虚拟机，单击"编辑虚拟机设置"按钮，如图 4.230 所示。在弹出的页面中选中"CD/DVD 驱动器"，设备状态勾选"打开电源时连接"，如图 4.231 所示。设备类型选择"数据存储 ISO 文件",单击右侧的"浏览"按钮,选择操作系统 ISO 文件。在 center_1 中找到上述步骤中已经上传的映像文件,如图 4.232 所示,单击"确定"按钮。

图 4.229 创建成功

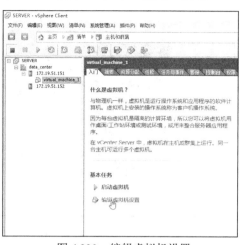

图 4.230 编辑虚拟机设置

图 4.231 设置 CD/DVD 驱动器 1

图 4.232 选中映像文件

(14)映像文件添加成功,如图 4.233 所示,单击"确定"按钮。

(15)在主界面单击"启动虚拟机",如图 4.234 所示。

图 4.233 完成 CD/DVD 驱动器 1 设置

图 4.234 启动虚拟机

（16）控制台界面显示虚拟机安装 CentOS 6.3 操作系统，如图 4.235 所示。

图 4.235　虚拟机安装操作系统

（17）安装完成，重启后，使用 Root 用户登录，如图 4.236 所示。

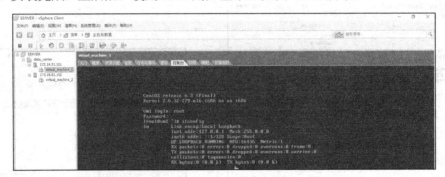

图 4.236　操作系统安装完成

4.7　小结

　　VMware vSphere 经常用于企事业单位搭建私有云平台，本章搭建并配置了一个最简单的 VMware vSphere 平台。搭建 VMware vSphere 平台首先应该规划整个平台的规模、主机数量、管理网络、IP 地址、存储网络等。本章搭建的平台包含两台 VMware ESXi 主机、一台 iSCSI 存储、一台 VMware vCenter 服务器和一台客户机。管理网络和存储网络合二为一，在实际工作环境中这两个网络必须分开，以提高平台的工作效率。

　　搭建平台首先要安装 VMware ESXi 主机。VMware ESXi 直接安装在裸机上，是一种使用了硬件辅助虚拟化技术的全虚拟化软件，安装过程并不复杂。安装结束后配置网络参数，包括 IP 地址、掩码、网关、DNS 等，再测试网络是否连通，然后用 VMware vSphere Client 软件登录该主机，判断是否安装配置成功。测试成功后再安装另一台 VMware ESXi 主机。

　　接下来安装 Openfiler 服务器，它是平台的 iSCSI 公共存储。Openfiler 软件是在 CentOS 操作系统上开发的，安装过程是先分区，再配置网络地址。安装完成，通过浏览器登录管理界面进行具体配置。配置过程为：设置服务器的服务子网；创建服务磁盘分区；在服务磁盘分区中创建卷组 Volume Group；在 Volume Group 中创建卷 Volume；创建 iSCSI Target Server 并映射；设置 Network ACL。

VMware vCenter 是运行在 Windows Server 服务器上的虚拟机管理软件，必须先安装 64 位的 Windows Server 操作系统，Windows Server 2003、Windows Server 2008 或 Windows Server 2010 都可以。安装 VMware vCenter 过程烦琐，先后要安装 Microsoft.NET、Windows Installer、vCenter Single Sign On、VMware vCenter Inventory Service，最后才是 VMware vCenter Server。安装 vCenter Single Sign On 时创建的管理员密码在后续几个软件的安装中都要用到。只有 vCenter Single Sign On、VMware vCenter Inventory Service 和 VMware vCenter Server 这三个服务均已启动，VMware vCenter 才能正常工作。如果 VMware vCenter 不工作，VMware vSphere Client 则不能连接 VMware vCenter 服务器。这时应该查看 Windows Server 操作系统的"系统服务"，保证三个服务都已开启，如果没有开启，此处可以开启。

成功登录 VMware vCenter 服务器后先创建数据中心，把两台 ESXi 主机加入数据中心，主机连接 iSCSI 存储，平台创建设置完毕。可以在 ESXi 主机上创建虚拟机，把虚拟机文件保存在 iSCSI 存储上，安装操作系统后，虚拟机就可以正常使用了。

深入思考

1．本章的 VMware vSphere 平台在单机上可以实现吗？如果直接使用 4 台物理机，平台该如何搭建？

2．ESXi 服务器安装过程中 DVD 如果没有勾选"启动时连接"复选框，安装时会出现什么情况？

3．虚拟机的网络类型有"桥接网络"模式、"网络地址转换（NAT）"模式、"仅主机（Host-only）"，后两种模式都有一个虚拟的 DHCP 服务器分配 IP 地址，请问 IP 地址段可否设置？应如何设置？

4．在"指定磁盘文件"对话框中，如果勾选"立即分配所有磁盘空间"复选框会出现什么情况？

5．ESXi 服务器安装完毕后，使用 VMware vSphere Client 登录该服务器，可以创建虚拟机吗？写出操作步骤，思考与登录 VMware vCenter 服务器后创建虚拟机有什么不同。

6．在创建 Openfiler 服务器时，为什么需要勾选"立即分配所有磁盘空间"，如果未勾选会出现什么样的结果？

7．Openfiler 安装过程中分了几个区，共占用了多大的磁盘空间？这些磁盘空间的作用是什么？剩余磁盘空间是做什么用的？

8．描述配置 Openstack 服务器的过程，映射（Map）步骤应在哪一步之后执行？

9．VMware Tools 的功能是什么？

10．安装 VMware vCenter 的先决条件是什么？Microsoft.NET 和 Windows Installer 有什么作用？

11．两台 ESXi 主机连接的数据存储是同一个吗？修改数据存储内容，两台主机是否都可以看见变化？

12．为什么要把虚拟机创建在存储上？这样做有什么好处？

第 5 章
VMware vSphere 配置和高级特性

本章讲述虚拟机文件有哪些类型，如何修改 VMware vSphere 虚拟机硬件配置，如何使用快照、模板，通过迁移虚拟机来进一步了解和熟悉 VMware vSphere 平台的使用。VMware vSphere 的高级特性包括动态迁移、性能均衡、高可靠性和热备，本章还将介绍这些高级特性的配置和使用方法。

5.1 修改硬件参数

虚拟机的硬件参数在创建时已经设置完成，但在实际使用过程中，工作负载可能发生变化，对虚拟机的硬件要求也会发生变化，这就需要改变虚拟机的硬件参数。开机状态下，虚拟机硬件配置无法修改，只有在关机状态下才可以修改硬件配置。

（1）在虚拟机关机状态下选中虚拟机，单击右键，在弹出的快捷菜单中选择"编辑设置"，如图 5.1 所示。

（2）在弹出的"vm1-1-虚拟机属性"窗口左侧的列表中选择"内存"硬件，在右侧"内存大小"编辑栏可以修改内存大小，这里调整为 2GB，如图 5.2 所示。

图 5.1　编辑虚拟机设置

图 5.2　修改内存大小

（3）选择左侧列表中的"CPU"硬件，修改 CPU 相关配置参数，如图 5.3 所示。

（4）选择左侧列表中的"硬盘"硬件，在右侧"置备大小"编辑栏中可以修改硬盘空间，但只能增加不能减少。此处修改空间大小后，会发现虚拟机操作系统中硬盘大小并没有发生改变。只有在虚拟机操作系统中设置，把增加的磁盘空间加入文件管理系统后，才可使用增加的硬盘空间。这里把硬盘空间修改为 11GB。修改完后单击"确定"按钮，VMware vSphere

Client 近期任务信息栏将显示"重新配置虚拟机"正在执行，配置修改成功后任务栏显示任务完成 100%，如图 5.5 所示。

图 5.3　修改 CPU 配置　　　　　　　　　图 5.4　修改硬盘大小

图 5.5　配置虚拟机任务状态

5.2　查看虚拟机文件

VMware vSphere 软件在创建虚拟机时创建了一批文件，这些文件保存了虚拟机的配置信息，操作系统和文件系统。启动虚拟机时，VMware vSphere 软件根据虚拟机文件分配硬件资源，然后在硬件资源内运行虚拟机操作系统，载入文件系统。虚拟机 vm1-1 的文件保存在存储 center_1 上，鼠标在存储器列表中右击存储 center_1，在弹出的快捷菜单中选择"浏览数据存储"，如图 5.6 所示，将弹出数据存储浏览器，如图 5.7 所示，在 vm1-1 目录下可看到该虚拟机的所有文件。

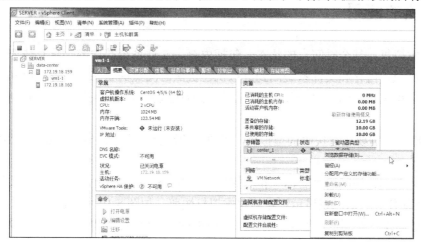

图 5.6　浏览数据存储

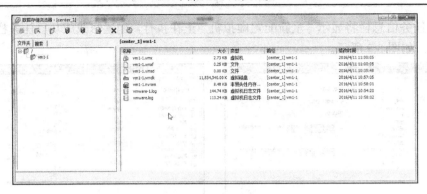

图 5.7　数据存储浏览器

文件列表中包含的虚拟机文件类型如表 5.1 所示。

表 5.1　包含的虚拟机文件类型

文件扩展名	文 件 类 型	作　　用
.nvram	VMware virtual machine BIOS	储存虚拟机 BIOS 状态信息
.vmdk	VMware virtual disk file	记录创建某个快照时，虚拟机所有的磁盘数据内容
.vmsd	VMware snapshot metadata	储存虚拟机快照的相关信息和元数据
.vmx	VMware virtual machine configuration	储存着根据虚拟机向导或虚拟机编辑器对虚拟机进行的所有配置
.vmxf	VMware team member	虚拟机组 team 中的虚拟机的辅助配置文件
.log	文本文件	记录 Vmware Workstation 对虚拟机调试运行情况

文件列表中没有的文件类型如表 5.2 所示。

表 5.2　未包含的虚拟机文件类型

文件扩展名	文 件 类 型	作　　用
.vmsn	VMware virtual machine snapshot	记录着在建立快照时虚拟机的状态信息
.vmem	VMEM	备份客户机里运行的内存信息
.vmss	VMware suspended virtual machine state	储存虚拟机在挂起状态时的信息
.vmtm	VMware team configuration	虚拟机组 team 的配置文件

5.3　快照的使用

快照是虚拟机在某个时间点的状态，包括内存、文件系统等内容。保存快照后，如果在以后恢复该快照，内存和文件系统回到虚拟机在快照时间点的状态，保存快照和恢复快照这一时间段，虚拟机发生的变化全部丢失，这种功能在服务器故障恢复时十分有用。快照的使用方法如下。

（1）右键单击需要进行快照的虚拟机，在弹出的快捷菜单中选择"快照"→"执行快照"，如图 5.8 所示。

（2）输入要创建快照的"名称"和"描述"，如图 5.9 所示，单击"确定"按钮。

（3）"近期任务"信息栏显示正在创建虚拟机快照，如图 5.10 所示。

（4）通过虚拟机控制台，在运行的虚拟机中进行一些修改，如增加一个文件夹，如图 5.11 所示。

第 5 章 VMware vSphere 配置和高级特性

图 5.8 执行快照

图 5.9 执行虚拟机快照

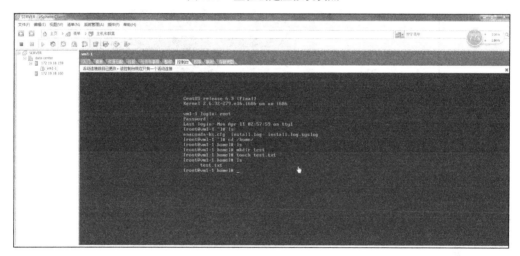

图 5.10 正在创建虚拟机快照

图 5.11 增加文件夹

（5）在虚拟机中添加文件夹后，选中虚拟机，右键单击，在弹出的菜单中选择"快照"→"执行快照"，如图 5.12 所示。

（6）输入快照的"名称"和"描述"，如图 5.13 所示，单击"确定"按钮。

（7）"近期任务"信息栏将显示正在创建虚拟机快照，如图 5.14 所示。这样该虚拟机就拥有了两个快照。

（8）右键单击虚拟机，在弹出的快捷菜单中选择"快照"→"快照管理器"，如图 5.15 所示。

（9）选择添加文件夹之前的快照"20160411-11:02"，单击"转到"按钮，如图 5.16 所示。弹出"确认"对话框，单击"是"按钮，如图 5.17 所示。

图 5.12 执行快照

图 5.13 执行虚拟机快照对话框

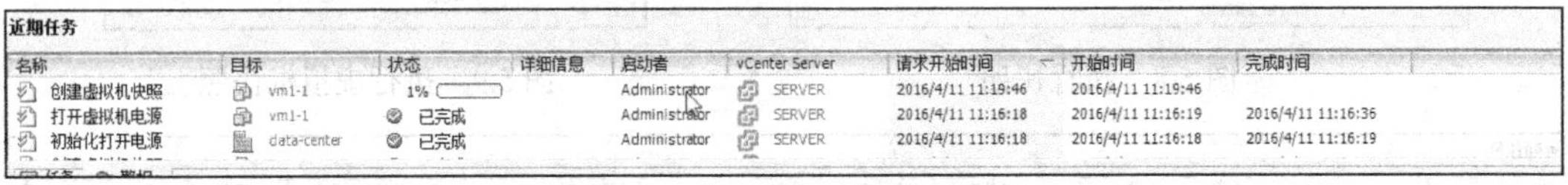

图 5.14 正在创建虚拟机快照

图 5.15 打开快照管理器

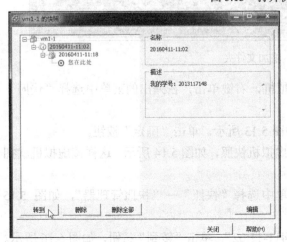
图 5.16 快照管理

图 5.17 "确认"对话框

（10）"近期任务"信息栏将显示正在恢复快照，如图 5.18 所示。

图 5.18　正在恢复快照

（11）快照恢复后，查看刚才添加的文件夹，将发现文件夹不存在了，如图 5.19 所示。这就说明，虚拟机的文件系统已恢复到了添加文件夹以前的状态。

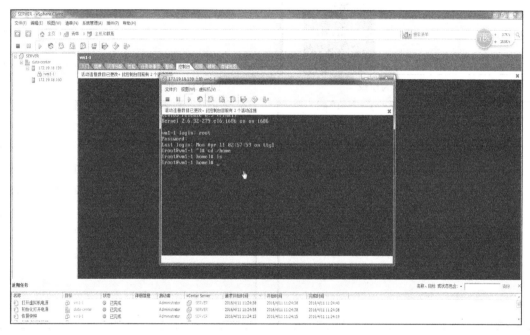

图 5.19　检查文件夹

5.4　虚拟机转模板

模板顾名思义就是一个模子，根据这个模子可以创建一批相同的虚拟机。虚拟机模板其实就是虚拟机文件的一个特殊复制，根据模板复制虚拟机时，VMware 软件做了一系列工作，使创建的虚拟机之间相互不影响。虚拟机模板的使用如下。

（1）右键单击虚拟机，在弹出的快捷菜单中选择"模板"→"克隆为模板"，如图5.20所示。在弹出的"将虚拟机克隆为模板"页面的"名称和位置"子页面中输入"模板名称"，并选择"模板清单位置"，如图 5.21 所示，然后单击"下一步"按钮。

（2）选择模板将要存储在的主机，单击"下一步"按钮，如图 5.22 所示。然后如图 5.23 所示，为该模板选择数据存储，单击"下一步"按钮。最后，单击"完成"按钮，如图 5.24 所示，则开始制作模板。

（3）"近期任务"信息栏显示正在克隆虚拟机，如图 5.25 所示。

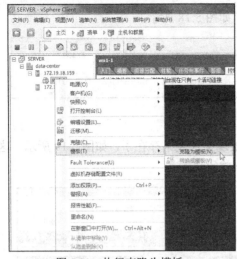
图 5.20 执行克隆为模板

图 5.21 输入模板参数

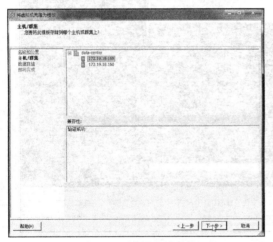
图 5.22 模板存储主机

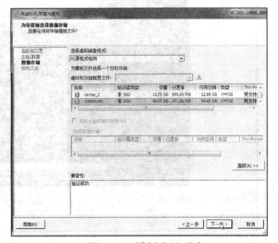
图 5.23 模板存储磁盘

图 5.24 完成设置

图 5.25　正在克隆虚拟机

（4）选择模板所在主机，然后单击"虚拟机"选项卡，在列表中选择刚创建的模板，右键单击，在弹出的快捷菜单中选择"从该模板部署虚拟机"命令，如图 5.26 所示。

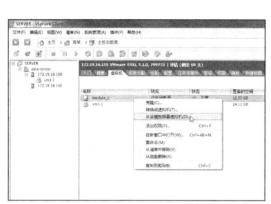

图 5.26　从该模板部署虚拟机

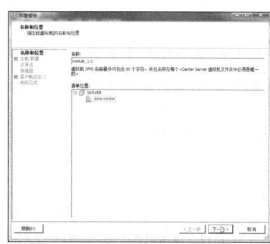

图 5.27　部署模板

（5）输入虚拟机的"名称"，并选择"清单位置"，如图 5.27 所示，单击"下一步"按钮。

（6）选择虚拟机的主机，如图 5.28 所示，单击"下一步"按钮。为虚拟机文件选择一个存储器，如图 5.29 所示，单击"下一步"按钮。

图 5.28　选择主机

图 5.29　选择存储

（7）选择客户机操作系统的自定义选项，如图 5.30 所示，单击"下一步"按钮。新建虚拟机的设置如图 5.31 所示，单击"完成"按钮。

（8）"近期任务"信息栏显示正在克隆虚拟机，如图 5.32 所示。

图 5.30 自定义选项

图 5.31 虚拟机设置

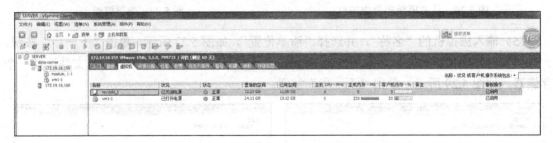
图 5.32 正在克隆虚拟机

（9）模板克隆虚拟机成功，如图 5.33 所示。

图 5.33 模板克隆虚拟机成功

5.5 虚拟机迁移

　　在创建虚拟机时，指定了虚拟机所在的 ESXi 主机及虚拟机文件保存的位置。虚拟机迁移是指改变虚拟机所在主机和虚拟机文件保存的位置。可以两者都改变，也可以只改变其中一个。虚拟机在 ESXi 主机上运行要消耗其资源，通过 vSphere vMotion，可以将正在运行的虚拟机从一台 ESXi 主机移动到另一台 ESXi 主机而无须中断服务。该功能可以用来调整 VMware vSpher 平台的资源。使用 vSphere vMotion，负载重的 ESXi 主机上的虚拟机可以迁移到负载轻的 ESXi 主机上，达到了把资源重新分配给虚拟机使用的目的。vSphere Storage vMotion 可以在数据存储之间迁移虚拟机而无须中断服务。此功能使得管理员可以将虚拟机负载从一个存储阵列迁移到另一阵列，以便执行维护、重新配置 LUN、解决空间问题和升级 VMFS 卷等任务。通过无缝迁移虚拟机磁盘，管理员还可以使用 vSphere Storage vMotion 优化存储环境，提高虚拟机性能。

第 5 章 VMware vSphere 配置和高级特性

1. 打开主机的 vMotion

（1）选中主机，单击"配置"选项卡，选择左侧列表中的"网络"选项，再单击右侧的"属性"按钮，如图 5.34 所示。

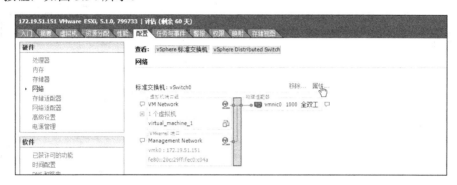

图 5.34 单击属性

（2）在弹出的"vSwitch0 属性"页面中选择列表中的第 3 项"Management Network"，再单击"编辑"按钮，如图 5.35 所示。

图 5.35 "vSwitch0 属性"页面

（3）在弹出的"Management Network 属性"对话框中勾选 vMotion 的"已启用"复选框，启用 VMware vSphere 平台的 vMotion 功能，再单击"确定"按钮，如图 5.36 所示。

2. 开机状态下迁移主机

（1）在虚拟机开机状态下，选中虚拟机后单击鼠标右键，在弹出快捷菜单中选择"迁移"命令，如图 5.37 所示。

（2）在弹出"迁移虚拟机"页面的"选择迁移类型"子页面中选择"更改主机"单选按钮，如图 5.38 所示，单击"下一步"按钮。然后选择迁移的目标主机或者群集，指定另一台 ESXi 主机为目标主机，如图 5.39 所示，单击"下一步"按钮。

（3）进入"vMotion 优先级"子页面，选择"高优先级（建议）"单选按钮，如图 5.40 所示，单击"下一步"按钮。进入"即将完成"子页面，单击"完成"按钮，如图 5.41 所示。

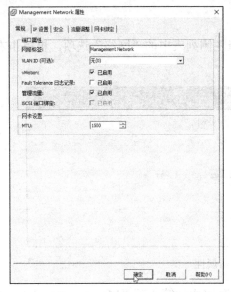
图 5.36　启用 vMotion 功能

图 5.37　执行迁移

图 5.38　更改主机

图 5.39　选择目标主机

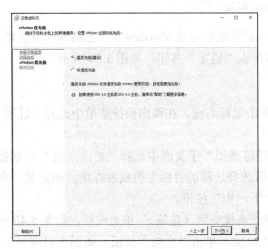
图 5.40　选择优先级

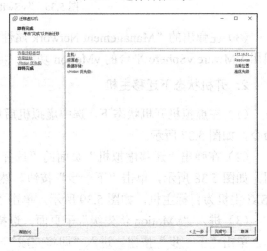
图 5.41　完成设置

（4）"近期任务"信息栏显示正在迁移虚拟机，如图 5.42 所示。

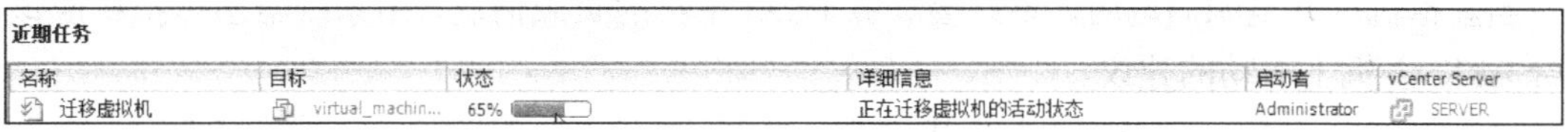

图 5.42 正在迁移虚拟机

（5）运行着的虚拟机就从第 1 台主机迁移到了第 2 台主机。这种迁移方法只迁移了虚拟机运行的主机，没有迁移虚拟机所在存储，虚拟机文件还保存在原来的存储上，如图 5.43 所示。

图 5.43 虚拟机文件保存位置

虚拟机在关机状态下也可以迁移主机，方法与上面介绍的相同。另外，还可以迁移虚拟机文件，只要在图 5.38 所示的"迁移虚拟机"页面的"选择迁移类型"子页面中选择"更改数据存储"单选按钮，在后续的操作中指明更改的存储位置即可。

5.6 分布式资源调配 DRS

VMware vSphere 的高级特性包括：① 分布式资源调配（Distributed Resource Scheduler，DRS），即在计算机群集中自动均衡 ESXi 主机的负载；② 虚拟机的高可用性，即虚拟机宕机后在其他主机自动重启；③ 热备功能，两台相同的虚拟机同时运行，一台宕机，另一台可以接替工作，应用业务不停顿。

DRS 是 vSphere 的高级特性之一，主要目的是自动均衡多台 ESXi 主机的负载。vMotion 是一切高级特性的基础，通过迁移可以将虚拟机从负载重的 ESXi 主机迁移到负载轻的 ESXi 主机。如果生产环境有几十甚至上百台 ESXi 主机，完全使用手动操作是不现实的，因为管理员不可能随时关注每台 ESXi 主机的负载情况。对此，vSphere 提供了 DRS 高级特性来解决这个问题，通过参数的设置，虚拟机可以在多台 ESXi 主机之间实现自动迁移，使 ESXi 主机利用率达到最高。DRS 群集上启动的虚拟机将按照资源负载情况确定进行虚拟机的 ESXi 主机。如果主机资源不够，就会发生资源竞争。

DRS 群集就是多台 ESXi 主机的集合，与传统群集的区别为：传统群集是多台物理服务器同时提供某个应用服务的负载均衡及故障切换，当某台服务器出现故障后立即由其他服务器接替其工作，应用服务不会出现中断的情况；DRS 群集是将多台 ESXi 主机组合起来，根据 ESXi 主机的负载情况，虚拟机在 ESXi 主机之间自动迁移，充分发挥 ESXi 主机的性能。如果虚拟机出现故障，虚拟机提供的应用服务将会中断，使用虚拟机双机热备功能可以避免应用服务中断。

DRS 群集是多台 ESXi 主机的组合，通过 vCenter Server 进行管理，主要具有以下功能。

（1）Initial Placement（初始位置）

当虚拟机打开电源启动时，系统会计算 ESXi 主机的负载情况，由系统给出虚拟机应该在哪台 ESXi 主机上启动的建议。

（2）Dynamic Balancing（动态负载均衡）

全自动化的迁移，在虚拟机运行时，根据 ESXi 主机的负载情况自动进行迁移。

（3）Power Management（电源管理）

电源管理属于额外的高级特性，需要 UPS 的支持。启用此选项后，系统会自动计算 ESXi 主机的负载。当某台 ESXi 主机负载很低时，会在自动迁移出该服务器上运行的虚拟机后关闭 ESXi 主机电源；当 ESXi 主机负载过高时，ESXi 主机会开启电源加入 DRS 群集继续运行。

总之，DRS 将物理主机的群集作为一个计算资源，整体进行管理。可以将虚拟机分配到群集，DRS 会找到运行该虚拟机的相应主机。DRS 放置虚拟机以平衡群集中的负载，并强制执行群集范围内的资源分配策略（如预留、优先级和限制）。打开虚拟机电源时，DRS 在主机上执行虚拟机的初始操作。当群集条件（如负载和可用资源）更改时，DRS 可根据需要使用 vMotion 将虚拟机迁移到其他主机上。

5.6.1 创建 DRS 群集

（1）选中数据中心，右键单击，在弹出的快捷菜单中选择"新建群集"命令，如图 5.44 所示。

（2）在弹出的"新建群集向导"页面的"群集功能"子页面中输入群集的"名称"，并勾选"打开 vSphere DRS"复选框，如图 5.45 所示，单击"下一步"按钮。

图 5.44 执行新建群集

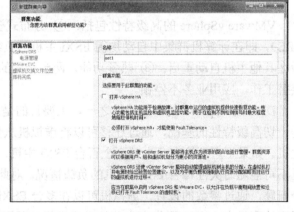

图 5.45 设置群集功能

（3）在设置自动化级别时，选择"手动"单选按钮，如图 5.46 所示，单击"下一步"按钮。"自动化级别"各参数含义如下。

① 手动：在虚拟机启动或 ESXi 主机负载过重时，系统建议需要迁移，由管理员确认后才能执行。

② 半自动：虚拟机启动时，系统自动选择运行虚拟机的 ESXi 主机并在该主机上启动。当 ESXi 服务器负载过重需要迁移时，系统给出建议，由管理员确认后才能执行迁移。

③ 全自动：虚拟机电源启动和 ESXi 主机负载过重时，系统自动选择运行虚拟机的 ESXi

第 5 章 VMware vSphere 配置和高级特性

主机并在该主机上启动或迁移虚拟机到该主机上，不需要管理员确认。使用全自动选项一定要注意 Migration Threshold（迁移阈值）的设置，如果设置不当，虚拟机将不停地在 ESXi 主机间进行迁移，影响 ESXi 主机及虚拟机的性能。

迁移阈值是系统对 ESXi 主机负载情况的分类，分为 5 个等级，如果使用最右边 Aggressive（激进）这个等级的话，只要 ESXi 主机负载稍微过重，都会进行迁移。关于迁移阈值这个概念，VMware 官方并没有提供详细的资料告诉我们每一个等级的定义，读者可以在测试环境查看不同等级的效果。

（4）在设置电源管理时，选择"关闭"单选按钮，关闭默认的电源管理，如图 5.47 所示，单击"下一步"按钮。

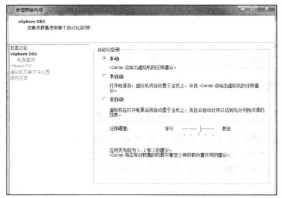
图 5.46 设置自动化级别

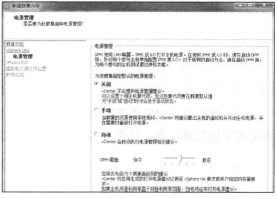
图 5.47 设置电源管理

（5）VMware EVC 是增强型 vMotion 兼容性，可以防止因 CPU 不兼容导致的虚拟机迁移失败问题，选择"为 Intel 主机启用 EVC"单选按钮，在"VMware EVC 模式"下拉列表中选择"Intel Merom Generation"，如图 5.48 所示。

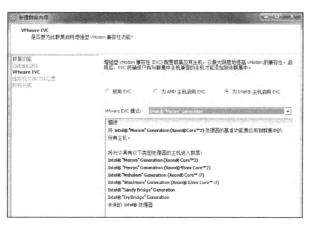
图 5.48 设置 VMware EVC

（6）选用默认的虚拟机的交换文件策略，如图 5.49 所示，单击"下一步"按钮。页面列出了虚拟机群集当前的设置，如图 5.50 所示，单击"完成"按钮创建群集。

（7）"近期任务"信息栏显示配置群集 EVC 成功，如图 5.51 所示。

（8）如图 5.52 所示，群集已经添加到数据中心。

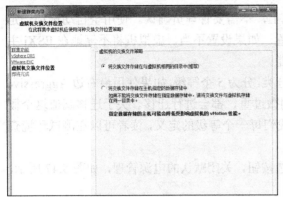

图 5.49　虚拟机文件交换位置　　　　图 5.50　虚拟机群集设置

图 5.51　配置群集 EVC 成功

（9）直接将 ESXi 主机拖动到群集中，如图 5.53 所示。随后选择此主机的虚拟机在资源池层次中的放置位置，这里使用默认选项，如图 5.54 所示，单击"下一步"按钮。

图 5.52　群集添加成功　　图 5.53　ESXi 主机加入群集　　图 5.54　"选择目标资源池"对话框

（10）在"即将完成"页面中单击"完成"按钮，添加主机到群集，如图 5.55 所示。

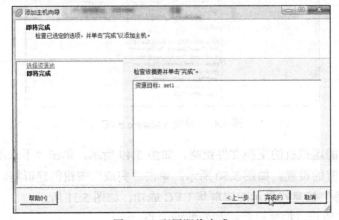

图 5.55　配置即将完成

(11)"近期任务"信息栏显示将主机加入群集成功,如图 5.56 所示。

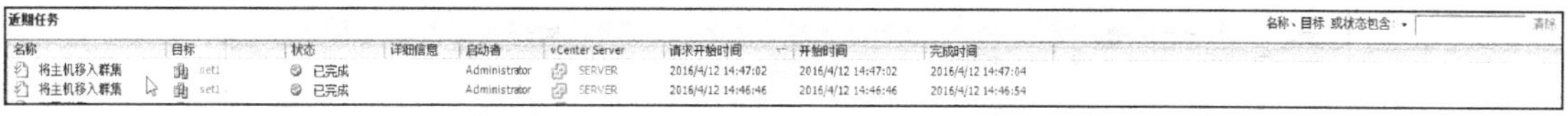

图 5.56　主机加入群集成功

(12)图 5.57 显示有两台主机加入群集。

(13)选中虚拟机,查看其"摘要"栏目,可知该虚拟机仍属于第 1 台 ESXi 主机,如图 5.58 所示。

图 5.57　群集状态

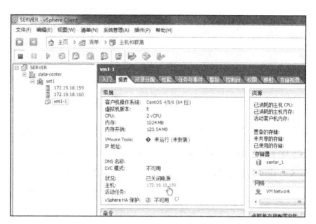

图 5.58　虚拟机摘要

5.6.2　体验 DRS

创建群集时,如果在图 5.46 设置自动化级别时选择"手动"方式,在开启群集中的虚拟机时,系统弹出对话框,建议虚拟机应该运行在哪一个 ESXi 主机上,如果选择"半自动",开启群集中的虚拟机,虚拟机会按照系统的判断自动在负载小的 ESXi 主机上启动,当群集负载发生变化需要迁移虚拟机时,系统将弹出窗口,建议虚拟机应该运行在哪一个 ESXi 主机上供管理者选择;如果选择"全自动",虚拟机不管是开启时还是以后需要迁移时,都不会给管理者提示,直接按系统的判断进行迁移。

(1)首先关闭虚拟机,然后选中虚拟机,右键单击选择"电源"→"打开电源"命令,如图 5.59 所示。

(2)随后将弹出"vm1-1 的主机建议"页面,页面中显示了系统建议主机的列表,按推荐顺序

图 5.59　启动虚拟机

先后排列,选择第 1 个 ESXi 主机,单击"打开电源"按钮,如图 5.60 所示。

(3)"近期任务"信息栏显示虚拟机的电源已经打开,如图 5.61 所示。

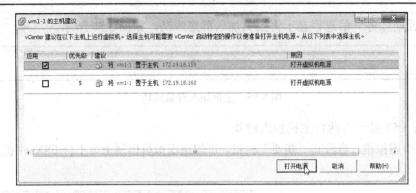

图 5.60 选择虚拟机运行的主机

图 5.61 打开虚拟机电源

(4) 选中第 1 台主机,右键单击选择"新建虚拟机"命令,如图 5.62 所示。选择自定义方式,保存在 center-2 存储上,磁盘大小为 10G。

(5) 选中新建好的虚拟机,右键单击选择"电源"→"打开电源"命令,如图 5.63 所示。

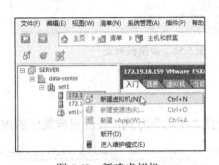

图 5.62 新建虚拟机

图 5.63 启动虚拟机

(6) 由于已经有虚拟机在第 1 台 ESXi 主机上运行,为了均衡群集的负载,系统给出建议,即在第 2 台主机上运行此虚拟机,选择后单击"打开电源"按钮,如图 5.64 所示。

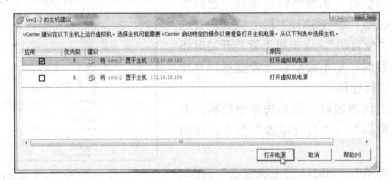

图 5.64 系统建议虚拟机运行的主机

(7) "近期任务"信息栏显示第 2 台虚拟机电源已经打开,如图 5.65 所示。这时,原本在第 1 台主机上创建的虚拟机移动到第 2 台主机上运行。

图 5.65 打开虚拟机电源

（8）修改第 2 台虚拟机的自动化级别。选中群集，右键单击选择"编辑设置"命令，如图 5.66 所示。自动化级别选择"手动"单选按钮，如图 5.67 所示。

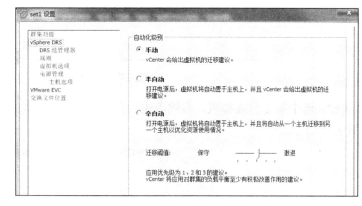

图 5.66 编辑群集设置　　　　　　　　　图 5.67 设置群集自动化级别

（9）单击左侧列表中的"虚拟机选项"，修改第 2 台虚拟机的自动化级别为"半自动"，如图 5.68 所示。可见，自动化级别分为两个层面，一个是群集的，另一个是虚拟机的。自动化级别可以相同或不同。在实际操作中，虚拟机的自动化级别优先于群集，即如果群集是手动的，虚拟机是半自动的，在虚拟机开启时不会弹出窗口供管理者选择。

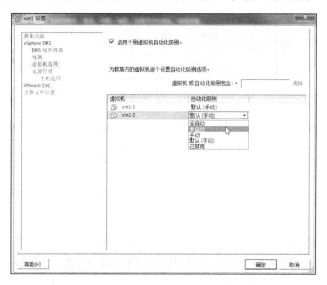

图 5.68 设置虚拟机自动化级别

（10）"近期任务"信息栏显示重新配置群集，如图 5.69 所示。

图 5.69 重新配置群集

（11）在开启第 1 台虚拟机时，vCenter 还是会给出建议，如图 5.70 所示。

图 5.70　主机建议

（12）选中第 2 台虚拟机，右键单击，在弹出的菜单中选择"电源"→"开启电源"命令，如图 5.71 所示。

图 5.71　打开电源

（13）此时系统没有给出建议，而是直接在第 2 台 ESXi 主机上打开了电源，如图 5.72 所示。

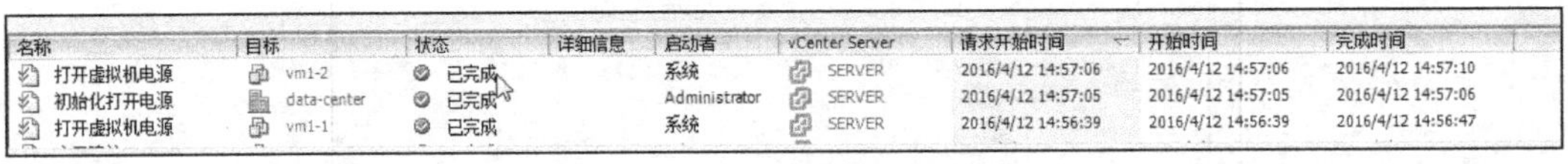

图 5.72　自动打开虚拟机电源

虚拟机开启后"摘要"中将显示此时 vm1-2 虚拟机的运行主机为第 2 台主机，如图 5.73 所示，vm1-1 虚拟机的运行主机为第 1 台主机，如图 5.74 所示。如果以后再发生资源负载的变化，两台虚拟机需要迁移时，vCenter 还是会给出迁移建议。如果 vm1-2 选择的是"全自动"，以后再发生资源负载变化，vm1-2 虚拟机需要迁移时，vCenter 不会给出建议，而是自动完成迁移。

注意：资源动态均衡只能当主机文件放在共享存储上时才可实现。如果虚拟机文件放在某个主机的硬盘上，动态均衡将无法实现。

第 5 章　VMware vSphere 配置和高级特性

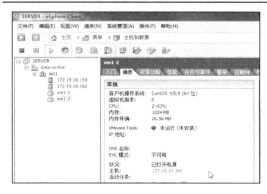

图 5.73　vm1-2 所在主机

图 5.74　vm1-1 所在主机

5.7　资源池的使用

资源池（Recourse Pool）是把服务器的 CPU、内存资源分组，确定每组能够使用的资源数量。如果虚拟机加入分组，则只能在组内竞争硬件资源，就可以保证某些虚拟机有充足的保留资源使用。ESXi 主机的负载问题，本质是 ESXi 主机上运行的虚拟机对服务器硬件资源的竞争，主要是 CPU 和内存的竞争。如果 ESXi 主机资源能够满足虚拟机的使用，则不会存在竞争。如果硬件资源不能满足虚拟机使用，就会形成资源竞争。使用资源池对资源进行合理的调整，可以使 ESXi 主机性能充分发挥。下面介绍如何使用资源池。

（1）在群集上单击右键，在弹出的菜单中选择"新建资源池"命令，如图 5.75 所示。图 5.76 为"创建资源池"对话框，可以对资源池的资源份额进行编辑，通过预留资源，可以确定本资源池占用的资源份额，编辑完毕后单击"确定"按钮。资源池可以大大提高资源利用的灵活性。

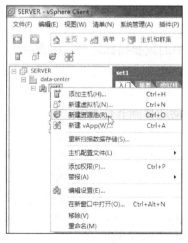

图 5.75　执行新建资源池

图 5.76　设置资源池

（2）系统显示群集中已经列出新建资源池，如图 5.77 所示。

（3）将 3 台虚拟机拉入资源池，这时虚拟机对资源的争用将限制在资源池范围内，如图 5.78 所示。

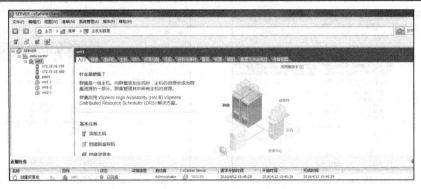

图 5.77　完成新建资源池

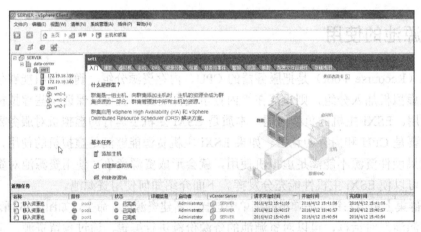

图 5.78　虚拟机加入资源池

5.8　虚拟机的高可用性

高可用性（High Availability，HA）是生产环境中的重要指标之一，在虚拟化架构出现之前就已经被大规模使用了。在银行、证券、门户网站等领域高可用性是必须的，但实施成本和管理成本又是高昂的。vSphere 虚拟化架构提供了低成本的高可用性功能解决方案。当某台 ESXi 主机发生故障时，主机上运行的虚拟机可以自动迁移到其他 ESXi 主机上并重新启动，重新启动完成后再继续提供服务，最大限度地保证了重要服务不中断。但高可用性也存在缺点，虚拟机发生故障迁移并重新启动需要时间，也就是说，高可用性存在一段停机时间。

vSphere 5.1 采用新的 Fault Domain 架构，通过选举方式选出单一的 Master 主机，其余为 Slave 主机。Master/Slave 主机选举机制为：一般情况下，Master 主机选举的是存储最多的 ESXi 主机，如果 ESXi 主机的存储相同，则会比较 MOID（MOID 是 ESXi 主机加入群集时分配的数值）的大小来进行选举，大的当选。当 Master 主机选举产生后，会通告给其他 Slave 主机。当选举产生的 Master 主机出现故障时，会重新选举产生新的 Master 主机。Master/Slave 主机的工作原理如下。

（1）Master 主机监控 Slave 主机，当 Slave 主机出现故障时重新启动虚拟机。

（2）Master 主机监控所有被保护虚拟机的电源状态，如果被保护的虚拟机出现故障，将重新启动虚拟机。

（3）Master 主机发送心跳信息给 Slave 主机，使 Slave 主机知道 Master 主机的存在。

（4）Master 主机报告状态信息给 vCenter Server，vCenter Server 正常情况下只与 Master 主机通信。

（5）Slave 主机监视本地运行的虚拟机状态，把这些虚拟机运行状态的显著变化发送给 Master。

（6）Slave 监控 Master 主机的健康状态，如果 Master 出现故障，Slave 主机将会参与 Master 主机的选举。

下面将介绍虚拟化架构下高可用性的配置和使用。

（1）打开 vSphere HA，选中群集，右键单击选择"编辑设置"命令，如图 5.79 所示。在弹出的"set1 设置"页面中选择左边列表中的"群集功能"，勾选"打开 vSphere HA"复选框，如图 5.80 所示。

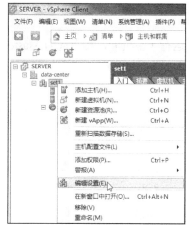

图 5.79　编辑设置

图 5.80　启用 vSphere HA

（2）单击左侧列表中的"vSphere HA"，勾选"启用主机监控"复选框，如图 5.81 所示。

（3）单击左侧列表中的"虚拟机监控"，采用默认虚拟机监控状态设置，如图 5.82 所示。

（4）单击左侧列表中的"数据存储检测信号"，采用默认设置，如图 5.83 所示，单击"确定"按钮。"近期任务"信息栏显示完成配置，如图 5.84 所示。

图 5.81　启用主机监控

图 5.82　设置虚拟机监控

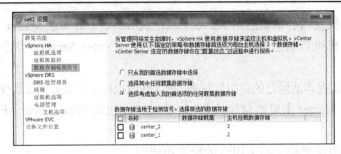

图 5.83　确定配置

图 5.84　完成配置

（5）从图 5.85 可见第 2 台主机的 vSphere HA 状况为"正在运行（主机）"，其当选为 Master。

（6）第 1 台主机的 vSphere HA 状况为"已连接（从属）"，如图 5.86 所示，其为 Slave。

图 5.85　第 2 台主机的 vSphere HA 状况　　　图 5.86　第 1 台主机的 vSphere HA 状况

（7）开启第 1 台虚拟机，可以在"摘要"页中看到虚拟机所在主机为第 1 台主机，如图 5.87 所示。

（8）选中第 1 台主机，右键单击选择"关机"命令，模拟出现意外状况，如图 5.88 所示。

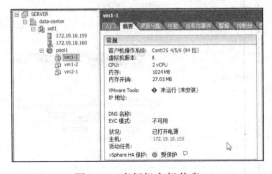

图 5.87　虚拟机主机信息　　　　　　　　图 5.88　关闭主机

（9）"近期任务"信息栏显示主机关机完成，如图 5.89 所示。

图 5.89 主机关机完成

（10）查看原来在第 1 台主机上运行着的第 1 台虚拟机的信息，可以发现，在第 1 台主机被关掉之后，其现在已经自动迁移到第 2 台主机上，如图 5.90 所示。

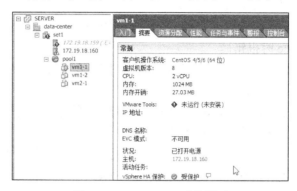

图 5.90 vSphere HA 功能展示

5.9 热备功能

vShpere Fault Tolerance（容错，又叫双机热备）双机热备是 VMware 为用户提供的重要的群集功能，vSphere Fault Tolerance 可提供更高级别的可用性，允许用户对任何虚拟机进行保护，以防止主机发生故障时丢失数据、事务或连接。

1. vSphere Fault Tolerance 的优势和作用

vSphere HA 通过在主机出现故障时重新启动虚拟机来为虚拟机提供基本级别的保护，而 vSphere Fault Tolerance 可提供更高级别的可用性，允许用户对任何虚拟机进行保护，以防止主机发生故障时丢失数据、事务或连接。vSphere Fault Tolerance 使用 ESXi 主机平台上的 VMware vLockstep 技术使得主虚拟机和辅助虚拟机的状态在虚拟机指令执行的任何时间点均相同，确保应用服务连续可用。

VMware vLockstep 通过使主虚拟机和辅助虚拟机执行相同顺序的 x86 指令来完成此过程，主虚拟机捕获所有输入和事件（从处理器到虚拟 I/O 设备），并在辅助虚拟机上进行重放，辅助虚拟机执行与主虚拟机相同的指令序列，而仅有单个虚拟机映像（主虚拟机）执行工作负载。

如果运行主虚拟机的主机发生故障，则会发生即时且透明的故障切换，正常运行的 ESXi 主机将无缝变成主虚拟机的主机，不会断开网络连接或中断正在处理的事务。使用透明故障切换，不会有数据损失，并且可以维护网络连接，在进行透明故障切换之后，将重新生成新的辅助虚拟机，并将重新建立冗余。整个过程是透明且全自动的，即使 vCenter Server 不可用也会发生。

2．建立 vSphere Fault Tolerance 的方法

（1）查看虚拟机属性，在建立 vSphere Fault Tolerance 之前，要确保虚拟机的虚拟 CPU 是 1 颗 1 核心。

（2）确认是否有网络用于 vSphere Fault Tolerance，要建立 vSphere Fault Tolerance 功能的主机必须有 VMlernel 网络用于 vSphere Fault Tolerance。

（3）在群集设置中，满足 vSphere Fault Tolerance 的群集要求，创建并启用 vSphere HA 群集，在群集设置中勾选"打开 vSphere HA"。

（4）检查 ESXi 主机的 CPU 是否支持 vSphere Fault Tolerance 指令，如果不支持，会在打开 vSphere Fault Tolerance 时报错。

（5）右键单击一个虚拟机，并在弹出的快捷菜单中选择"Fault Tolerance"→"打开 Fault Tolerance"命令。

（6）开启 vSphere Fault Tolerance 需要使用精简置备的磁盘，所以在开启 vSphere Fault Tolerance 前，vCenter 会自动转换虚拟机磁盘。

（7）转换之后，特定的虚拟机将指定为主虚拟机，另一台主机上的为次要辅助虚拟机。现在，主虚拟机已启用了容错功能。虚拟机运行在 ESXi 1 上，vSphere Fault Tolerance 保护副本运行在 ESXi 2 上。

5.10 虚拟网络

以上所讲述的内容没有涉及 VMware vSphere 平台的网络设置，如果要设置 ESXi 主机以及整个平台虚拟机的网络特性，就必须了解 VMware vSphere 平台虚拟网络的概念和设置方法。VMware vSphere 有一组虚拟网络元素，该组元素可以让数据中心中的虚拟机像物理环境一样连网。虚拟环境提供了与物理环境类似的如下网络元素。

1．虚拟网络接口卡（vNIC）

与物理机一样，每个虚拟机都有一个或多个 vNIC。客户机操作系统和应用程序通过常用的设备驱动程序或 VMware 用于虚拟环境优化的设备驱动程序与 vNIC 进行通信。无论哪种情况，客户机操作系统中的通信就像与物理设备通信一样。常用的有 vNIC0（用于桥接）、vNIC1（仅主机环境）、vNIC8（用于 NAT）。

2．vNetwork 标准交换机（vSwitch）

图 5.91 显示了 vSwitch 虚拟环境内部和外部网络之间的关系。vSwitch 可在主机内虚拟机之间进行内部流量路由或通过连接物理以太网适配器链接外部网络。

3．vNetwork 分布式交换机（dvSwitch）

dvSwitch 在所有关联主机之间作为单个虚拟交换机使用，这使得虚拟机可在跨多个主机进行迁移时确保其网络配置保持一致。与 vSwitch 一样，每个 dvSwitch 都是一种可供虚拟机使用的网络交换机，其原理如图 5.92 所示。

dvSwitch 就像是所有关联主机之间的一个交换机，使用户能够设置跨所有成员主机的网络配置，并使得虚拟机可在跨多个主机进行迁移时保持其网络配置一致。与 vSphere 标准交

换机一样，每个 dvSwitch 也是虚拟机可以使用的网络交换机。分布式交换机可以在虚拟机之间进行内部流量转发或通过连接到物理以太网适配器（也称为上行链路适配器）链接到外部网络。还可向每个分布式交换机分配一个或多个分布式端口组。分布式端口组将多个端口分组到一个公共配置下，并为连接到带标记网络的虚拟机提供稳定的定位点。每个分布式端口组都由一个对于当前数据中心唯一的网络标签来标识。VLAN ID 是可选的，其用于将端口组流量限制在物理网络内的一个逻辑以太网网段中。要创建 dvSwitch，则加到 ESXi 主机上的相同编号的网卡必须要在同一物理交换机上，且所使用的物理交换机的 VLAN 是允许使用的。已经加入标准虚拟交换机的物理网卡不能直接加入分布式虚拟交换机中，必须使用迁移来加入。多个物理网卡可以创建多个分布式交换机。分布式交换机是 vCenter 的功能，ESXi 主机必须被 vCenter 管理。

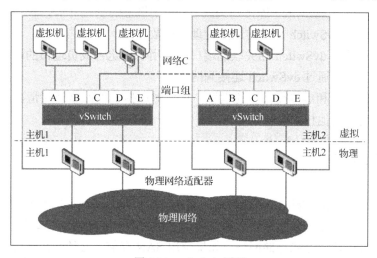

图 5.91 vSwitch 原理

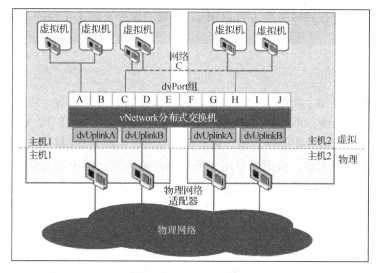

图 5.92 dvSwitch 原理

4．端口组

端口组是虚拟环境特有的概念，它是一种策略设置机制，这些策略用于管理与端口组相连的网络。虚拟机不是将其 vNIC 连接到 vSwitch 上的特定端口，而是连接到端口组。一个

vSwitch 可以有多个端口组。与同一端口组相连的所有虚拟机均属于虚拟环境内的同一网络，即使它们属于不同的物理服务器也是如此。可将端口组配置为执行策略，以提供增强的网络安全、网络分段、更佳的性能、高可用性及流量管理。

dvSwitch 可用作所有关联主机的单个虚拟交换机。这就保证虚拟机在各主机之间进行迁移时能够保持一致的网络配置。分布式虚拟网络配置由以下三部分组成：第一部分发生在数据中心级别，即创建 dvSwitch 及向 dvSwitch 添加主机和分布式端口组的级别；第二部分发生在主机级别，即通过独立主机网络配置或使用主机配置文件将主机端口和网络服务与 dvSwitch 关联起来的级别；第三部分发生在虚拟机级别，即通过独立的虚拟机网卡配置或通过从 dvSwitch 本身迁移虚拟机网络的方式将虚拟机网卡连接到分布式端口组的级别。

上行链路端口可将 dvSwitch 连接到关联 ESXi 主机上的物理网卡。dvSwitch 的上行链路数量等于每台主机到 dvSwitch 允许的最大物理连接数。

分布式端口组是与 dvSwitch 相关联的端口组，用于指定各成员端口的端口配置选项。分布式端口组可定义如何通过 dvSwitch 连接到网络。

通过端口、端口组和虚拟交换机的设置，可以对虚拟机的网络连接情况进行设置，具体设置方式读者可查阅其他相关资料。

5.11 存储网络

本章介绍的 VMware vSphere 平台是最简架构，在实际工作环境中不会使用这种架构。在实际工作环境下，共享存储会建立一个独立的、专用的高速存储网络。如果使用 iSCSI 存储，就要使用专用交换机建立万兆存储网络；如果使用 SAN 存储，必须使用光纤存储交换机，建立光纤存储网络，每台服务器还要安装专用的 HBA 卡。万兆 iSCSI 存储网络数据传输速度能达到 6GB/s，SAN 光纤存储网络能达到 8GB/s。存储的速率决定了平台的工作效率。

5.12 小结

创建虚拟机时在存储上新建了一组文件，文件保存关于虚拟机的一切信息，包括硬件配置、操作系统、文件系统，不同扩展名的文件将保存不同的虚拟机信息。VMware vSphere 平台根据这些文件为虚拟机分配硬件资源，启动操作系统。快照是虚拟机在一个时间点的状态，包括内存、文件系统等内容，快照可以用于服务器故障恢复。模板是大批量发布虚拟机的有力工具。虚拟机迁移是指改变虚拟机所在主机和虚拟机文件保存的位置，迁移在虚拟机关闭状态和开机状态都可进行，开机状态下的迁移称为动态迁移，动态迁移是 VMware vSphere 平台高级性能的基础。

VMware vSphere 平台高级性能包括：分布式资源调配、虚拟机高可用性和虚拟机热备。分布式资源调配的主要目的是自动均衡平台内计算机群集中的多台 ESXi 主机的负载，当负载发生变化时，平台计算提出虚拟机迁移建议或者自动迁移虚拟机；虚拟机高可用性是指在 ESXi 主机出现故障或虚拟机不工作时，VMware vSphere 平台在其他主机上启动该虚拟机，保证服务正常进行，这种处理方法服务会发生中断。热备的安全级别最高，两台同样的虚拟机同时工作，一台宕机，另一台保持服务不变，但这是以双倍资源消耗做保证的。

深入思考

1. 修改虚拟机的配置有什么用处？在什么阶段进行修改配置？

2. 如果虚拟机的操作系统是 Windows 7，增加硬盘空间后在"计算机"中能否发现增加的磁盘空间？为什么？怎样才能使用这些增加的空间？

3. 一个虚拟机包括哪几种文件？

4. 快照在服务器日常维护中有什么作用？

5. 克隆虚拟机和制作模板后通过模板创建虚拟机有什么不同？克隆出的虚拟机能否直接使用？为什么？通过模板创建虚拟机能否直接使用？为什么？

6. 虚拟机能否同时迁移主机和存储？

7. DRS 群集有什么功能？

8. 系统是根据什么来决定 DRS 群集中的虚拟机运行的主机的？

9. 为什么资源动态均衡的前提条件是虚拟机文件保存在共享存储上？

10. 资源池有什么作用？资源池外的虚拟机能使用资源池内的资源吗？

11. 描述 HA 功能，虚拟机重启，服务是否会发生中断？双机热备方案下，一台虚拟机宕机后，服务是否会中断？

12. 为什么要建立单独的存储网络？

第 6 章

OpenStack 概述

6.1 OpenStack 简介

6.1.1 OpenStack 与云计算

云计算是一种 IT 资源的交付和使用模式，指通过网络以按需、易扩展的方式获得所需的资源（包括硬件、平台和软件）。云计算把软件和服务统一部署在数据中心，统一管理，实现了高伸缩性。云计算具备以下特点：资源虚拟化和组织分配自动化；服务器、存储介质、网络等资源都可以随时替换；所有资源都由云端统一管理；高度的伸缩性以满足业务需求。

云计算的部署方式有两类：私有云，数据中心部署在企业内部，由企业自行管理；公共云，数据中心由第三方的云计算供应商提供，供应商帮助企业管理基础设施（如硬件、网络等），企业将自己的软件及服务部署在供应商提供的数据中心，并且支付一定的租金。

云计算的运营方式有如下三类。

（1）软件即服务（SaaS）

云计算运营商直接以服务的形式为用户供应软件，有些服务还提供了 SDK，从而使得第三方开发人员可以进行二次开发。

（2）平台即服务（PaaS）

云计算运营商将自己的开发及部署平台提供给第三方开发人员，第三方开发人员在这个平台上开发自己的软件和服务，供自己或其他用户使用。在这种运营模式下，开发人员拥有更大的开发自由，不受现有产品的束缚。

（3）基础设施即服务（IaaS）

云计算运营商提供基础设施，但不进行管理，第三方开发人员将开发好的软件和服务交给自己公司的 IT 管理员，由 IT 管理员负责部署及管理。在这种运营模式下，开发人员和 IT 管理员有最大限度的自由，然而由于必须自行管理部分基础设施，因此管理成本相对较大，对管理员的要求也会更高。

例如，用户需要开发某网站，希望拥有一台独立的服务器，以往需要自行购买服务器并托管在 IDC 机房，不仅需要支付高昂的购买费用，每年还需要支付托管费（或直接租一台服务器）。现在，用户可以在云计算服务商租一台同样由用户自己掌握的"服务器"，对服务器进行格式化，安装需要的操作系统和软件，但这并不是一台物理服务器，而是云计算平台上为用户提供的一台虚拟机。这种运营方式就是 IaaS。

OpenStack 的作用就是方便用户灵活创建和删除虚拟机，是一种 IaaS 服务软件，作用与 VMware vCenter 类似。

6.1.2 OpenStack 的功能

OpenStack 是一个建设与管理公共及私有云的开源软件，一个管理多个虚拟化集群的框架，一种搭建云平台的解决方案。可以搭建公有云、私有云和混合云。OpenStack 在 IaaS 架构中的功能如图 6.1 所示，可管理虚拟资源，对外提供服务器。OpenStack 不是具体的虚拟化技术，而是一个 IaaS 软件平台，支持各种虚拟化技术（如 KVM、ESXi 等）。创建、监视、删除虚拟机的操作由 OpenStack 调用具体的虚拟化软件（如 KVM、ESXi 等）完成。OpenStack 是由多个软件（这些软件就是 OpenStack 的各个子项目）组成的软件平台，OpenStack 的各个子项目的功能是管理云计算平台中的各种资源（如计算能力、存储、网络）。OpenStack 具有以下优势：模块松耦合；组件配置较为灵活；二次开发容易；是云平台的一个标准。OpenStack 管理私有云和公有云，提供 IaaS 服务，使 IaaS 服务部署简单并且扩展性强。

OpenStack 项目的首要任务是简化云的部署过程并为其带来良好的可扩展性，成为数据中心的操作系统，即公有云与私有云的开源云操作系统。计算机的操作系统是管理软、硬件，提供人机界面；云操作系统是管理云资源，提供人机界面。OpenStack 要构建一个云平台（云资源集合）管理的内核（就像是操作系统内核），让所有的软件厂商都可以以它为基础进行工作和开发。

OpenStack 并不是一个现成的产品，要想开展基础架构方面的工作，企业需要掌握 OpenStack 的运维和拥有 OpenStack 二次开发的技术顾问和开发人员，以及第三方的集成工具。

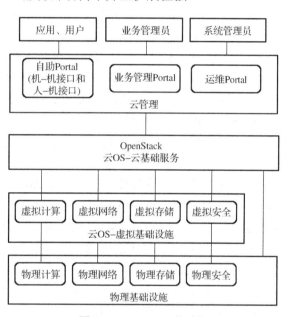

图 6.1 OpenStack 的功能

6.1.3 OpenStack 的发展历程

OpenStack 是一个可以建立公有云和私有云的基础框架，由多种软件组成。2010 年，为了编写一个易于部署、功能丰富且易于扩展的云计算平台（模仿 Amazon 的 AWS），美国国家航空航天局和 Rackspace 开始合作研发 OpenStack。OpenStack 在 2010 年 10 月 21 日正式发布第一个版本 Austin 的时候只有 Nova 和 Swift 两个组件，Nova 是一整套虚拟化管理程序，包括管理网络和存储。当时的 Nova 包括以下主要模块：

API Server（Nova API）

Message Queue（RabbitMQ）

Compute Workers（Nova-compute）

Network Controller（Nova-network）

Volume Worker（Nova-volume）

Scheduler（Nova-scheduler）

之后由 OpenStack 发布了 B、C、D、E 四个版本。OpenStack 发布的版本周期是每年发布两个主版本（4月和10月各发布一个），主版本发布后会进行多次小版本更新，小版本更新以修正 BUG 为主。版本命名规则：每个主版本系列以字母表顺序（A~Z）命名，以年份及当年内的排序作为版本号，如 Kilo 2015.1.0。

随着 OpenStack 功能不断扩展，各种资源管理功能逐渐从 Nova 中分离出来形成各种子项目。2012 年 9 月 27 日发布了开发代号为 Folsom 的版本，这个版本架构清晰，结构完整，OpenStack 的主要组件确定下来，包含云计算控制中心 Nova、映像服务 Glance、认证服务 Keystone 和 Dashboard 项目 Horizon、对象存储项目 Swift、块存储服务 Cinder 和网络管理服务 Quantum。例如，负责网络管理的 Nova-network 模块，在 OpenStack 正式发布 Folsom 版本时被分离出来，命名为 Quantum（因为商标侵权，发布 Havana 版本时又更名为 Neutron）。子项目 Cinder 是由 Nova-volume 模块分离发展而来，负责接入和管理所有的块存储设备，包括本地磁盘、LVM 或各类存储（EMC、NetApp 和 HP）。虚拟机挂接块设备后，操作系统可以像操作本地卷一样操作块存储设备。

目前，OpenStack 已发布到 N 版，最新版本是 2016 年 10 月发布的 Newton。

OpenStack 成为 Apache 许可授权的自由软件和开放源代码项目，是众多机构和个人的首选开源云平台，目前已经有超过 300 家企业和 20000 多位开发人员对这一项目积极地做着贡献。OpenStack 软件项目有近 200 万行代码，分解成核心项目、孵化项目，以及支持项目和相关项目。2012 年 9 月，OpenStack 基金会正式成立，目前已成为第二大开源基金会（仅次于 Linux 基金会）。OpenStack 基金会的会员有红帽、IBM、惠普、思科、戴尔、英特尔、Google 等。各大主流云计算厂商都转向支持 OpenStack，以获取广泛的生态支持，IBM、HP 等公司也放弃私有云管理平台，转向开放架构。值得一提的是 2015 年 8 月 Google 公司正式加入 OpenStack 阵营，这将使 OpenStack 成为混合云的标准（Google 以前就拥有自己的虚拟化软件 Google Code，目前该项目已经结束，并决定使用 OpenStack）。OpenStack 中国社区网址为 http://www.OpenStack.cn，该社区包括丰富、全面的 OpenStack 资料和信息，相关文档网址为 http://docs.OpenStack.org，读者可以进行进一步的学习。

OpenStack 之所以发展如此迅速是因为：① 软件架构开放，北向（向上层调用者）使用标准 OpenStack API，生态系统丰富，不会绑定到固定厂家。使用 Apache License，Open Stack 允许商业集成；② 软件兼容能力强，南向（向下层硬件）兼容能力强。可兼容多个 Hypervisor 层（KVM/XEN/Vmware/LXC），以及多种存储、网络、物理设备；③ 软件可扩展性好，较容易定制化增加新模块和服务（如新的虚拟化引擎），可构建大规模的云；④ 软件开发参与者众多，发展迅猛，软件每六个月发布一个版本，Bug 响应很快。

6.1.4 KVM 开放虚拟化技术

KVM（Kernel-based Virtual Machine）是一个开源的系统虚拟化软件，需要 CPU 硬件支持，如 Intel VT 技术或 AMD V 技术，是基于硬件的虚拟化，内置于 Linux 操作系统。KVM 具有高性能、高扩展性、高安全性及低成本的特性。2008 年，红帽收购 Qumranet 公司获得了 KVM 技术，2011 年发布 RHEL 6 时把 KVM 作为其内置 Hypervisor。KVM 是 Linux 内核的一部分，将 Linux 操作系统转换成一个硬件辅助虚拟化管理软件，直接使用 Linux 的内核进程调度、内存管理和 I/O 管理等功能。目前，KVM 集成在 Linux 的各个主要发行版本中,使用 Linux 自身的调度器进行管理。KVM 还是虚拟机管理监控器,也有 Windows 系统版本。

KVM 开源虚拟化软件由一个大型的、活跃的开放社区共同开发,红帽、IBM、SUSE 等都是其成员。2011 年,IBM、红帽、英特尔与惠普等建立开放虚拟化联盟(OVA),共同构建 KVM 生态系统,提升 KVM 采用率。如今,OVA 已经拥有超过 250 名成员公司,其中,仅 IBM 就有 60 多位程序员专职服务于 KVM 开源社区。IBM KVM(北京)卓越中心展示了 IBM 及合作伙伴基于 KVM 的产品,包括 IBM SmartCloud Entry、IBM System Director VMControl、Red Hat Enterprise Virtualization 及 SUSE 云。KVM 虚拟化管理软件可通过购买 Linux 版本获得,或作为独立虚拟化管理软件单独购买。

随着虚拟化技术的成熟,越来越多的用户将选择性价比更高的开源虚拟化管理软件。因此,OpenStack 具有巨大的发展动力。如今,大多数企业用户在 IT 环境中使用了多种虚拟化技术,OpenStack 几乎支持所有的虚拟化软件,包括开源的(Xen 与 KVM)和厂商的(Hyper-V 与 VMware)。但在最初,OpenStack 是基于 KVM 开发的,KVM 常常成为其默认的虚拟化软件,两者使用相同的开放源理念与开发方法,有 95% 的 OpenStack 平台使用 KVM 虚拟化软件,OpenStack 也是 KVM 发展的一个巨大机会。

注意:OpenStack 是虚拟化管理软件,KVM 是具体的使用某种虚拟化技术的虚拟化软件。OpenStack 自身不能创建虚拟机,而是调用具体的虚拟化软件创建虚拟机。

6.2 OpenStack 架构

OpenStack 是一个建设与管理公有云及私有云的开源软件,可以简化虚拟资源的管理和部署方式,已经成为了云平台的一个标准,其总体架构如图 6.2 所示。OpenStack 由多个组件组成。目前 OpenStack 有 7 个主要组件:Compute(计算)、Object Storage(对象存储)、Identity(身份认证)、Dashboard(仪表盘)、Block Storage(块存储)、Network(网络)和 Image Service(映像服务),各组件分别承担不同的功能。

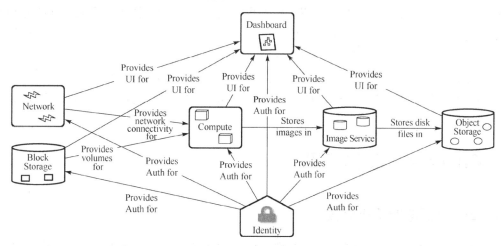

图 6.2 OpenStack 的总体架构

每个组件就是一个独立的软件,各有一个代号:Compute 代号为 "Nova",Identity 代号

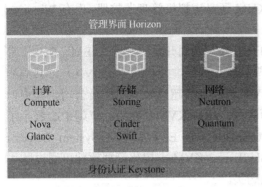

图 6.3 代号、结构图

为"Keystone",Dashboard 代号为"Horizon",Image Service 代号为"Glance",Network 代号为"Quantum",Object Storage 代号为"Swift",Block Storage 代号为"Cinder",其代号与结构如图 6.3 所示。

各个组件的功能如下。

(1) Nova:OpenStack 的核心,是虚拟化平台的管理程序,处理所有用来支持管理虚拟机生命周期的操作。管理所有计算资源,还可以管理网络和存储。

(2) Keystone:是提供身份认证和授权的组件,使用 OpenStack 每个组件都需要使用统一认证和授权。

(3) Horizon:是 OpenStack 的 Web-based 用户界面,使用这个图形化管理前端,可以完成大多数平台操作,如启动实例、分配 IP 地址、设置访问控制等。

(4) Glance:是一套虚拟机映像查找及检索系统,实现虚拟机映像管理。可提供多个数据中心的映像管理,已经实现映像复制功能、租户私有的 Image 管理功能。

(5) Neutron:是虚拟网络管理组件,管理所有网络相关内容。

(6) Swift:是一套用于在大规模可扩展系统中,通过内置冗余及容错机制,以对象为单位的存储系统。只有存储数量达到一定级别,而且是非结构化的数据才需要使用,可用于云存储。

(7) Cinder:是存储管理的组件,Cinder 存储管理主要是指虚拟机的存储管理。

各组件的调用使用远程过程调用协议 RPC。模块之间松耦合,组件配置较为灵活,二次开发容易。

Nova 在 OpenStack 中具有重要作用,是一套虚拟化管理程序,可以创建、删除、重启虚拟机。Nova 是 OpenStack 云中的计算组织控制器,支持 OpenStack 中虚拟机实例(Instances)生命周期的所有活动,使得 OpenStack 成为一个负责管理计算资源、网络、认证、所需可扩展性的平台。但是,Nova 自身并没有提供任何虚拟化能力,Nova 创建虚拟机通过调用 Libvirt(虚拟化函数库,调用 KVM 的虚拟化功能)和 Qemu(KVM 接口),使用 Libvirt API 与被支持的虚拟化软件(如 KVM)交互。Nova 对各种 Hypervisor 的支持是有差异的,KVM 最好,微软的 Hyper-V 也不错。其他的组件功能都是围绕虚拟机展开的,Neutron 是为了让虚拟机之间、虚拟机与外网之间互通、Cinder 则是为了增加虚拟机的存储空间。OpenStack 通过 Horizon 组件对外提供服务。

6.3 OpenStack 工作流程

6.3.1 Bexar 版本的工作流程

早期版本的 OpenStack 只有 Nova 组件,Nova 不但是平台的结构控制器,还管理了计算资源、网络、认证、块存储等所有资源,负责虚拟机生命周期的一切事物。下面讲解只有 Nova 时的工作流程(现在的子项目只是分别承担了各个功能模块的任务)。

1. Nova 的组成模块

图 6.4 是 Nova 结构图,当 Nova 管理所有资源时,包括以下主要模块:
API Server(Nova API)
Message Queue(RabbitMQ)
Compute Workers(Nova-compute)
Network Controller(Nova-network)
Volume Worker(Nova-volume)
Scheduler(Nova-scheduler)

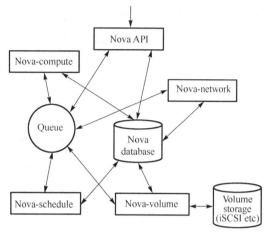

图 6.4 Nova 结构图

Nova 的各个组件以数据库 Nova Database 和队列 Queue 为中心进行通信,Queue 是消息队列,就像是一个集线器连接 Nova 各个组件,组件之间的通信通过它进行,Queue 是用 RabbitMQ(一个消息传递软件,同时同步了各组件的工作流程)实现的。Database 中存储着云基础架构中的绝大多数组件、进程、实例等状态数据,也包括可用的实例类型、在用的实例、可用的网络和项目(这里的实例就是指虚拟机)。Database 可以是 SQLite 3、MySQL 和 PostgreSQL 等。Queue 和 Database 一起为各个组件的守护进程之间传递消息。

Nova-compute 是主要的执行守护进程,调用各种虚拟化技术的虚拟化软件,实现创建和终止虚拟机。Nova-compute 接收消息队列中的指令并执行,如部署虚拟机、维护数据库相关模型的状态数据。Nova-compute 整合了计算资源 CPU、存储、网络三类资源部署管理虚拟机,实现计算能力的交付。包括:运行、终止、重启和挂载虚拟机、挂载和卸载云硬盘及控制台输出。

Nova-volume 创建、挂载和卸载持久化的磁盘虚拟机。运行机制类似 Nova-compute,同样是接收消息队列中的执行指令,并执行相关指令。主要包括如下职责:创建云硬盘、删除云硬盘、弹性计算硬盘。

Nova-network 管理网络资源池,接收消息队列指令消息并执行,管理 IP 池、网桥接口、VLAN、防火墙,分配私有云,配置计算节点网络。Nova-network 负责解决云计算网络资源池的所有网络问题。

Nova-schedule 调度虚拟机在物理宿主机上的部署,接收消息队列指令消息并执行。从 Queue 里取得虚拟机请求,决定把虚拟机分配到哪个服务器上去。schedule 的算法可以自己定义,目前有 Simple(最少加载主机)、Chancd(随机主机分配)、Zone(可用区域内的随机节点)等算法。

Nova API 提供基础的各个服务的 HTTP,负责接收和响应终端用户有关虚拟机和云硬盘的请求,提供了 OpenStack API、亚马逊 EC2 API 及管理员控制 API。Nova API 是整个 Nova 的入口,它接收用户请求,将指令发送至消息队列,由相应的服务执行相关的指令消息。Nova API 对外统一提供标准化接口,各子模块,如计算资源、存储资源和网络资源子模块,通过相应的 API 接口服务对外提供服务。

图6.5是Nova工作原理图,这里的WSGI就是Nova API。API接口操作DB实现资源数据模型的维护。通过消息中间件,通知相应的守护进程,如Nova-compute等实现服务接口。API与守护进程共享DB数据库,但守护进程侧重维护状态信息、网络资源状态等。守护进程之间不能直接调用,需要通过API调用,如Nova-compute为虚拟机分配网络,需要调用Network API,而不是直接调用Nova-network,这样有易于解耦合。

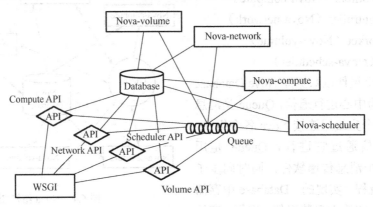

图6.5　Nova工作原理

2. Nova工作流程

下面以创建虚拟机为例,分析Nova的不同关键子模块之间的调用关系。这个过程使用了Glance组件,该组件在OpenStack的Bexar版本出现,如图6.6所示。

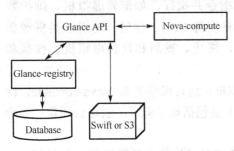

图6.6　Nova与Glance关系

(1) 通过调用Nova API创建虚拟机,Nova API对参数进行解析,进行初步合法性校验,调用Compute API创建虚拟机VM,Compute API根据虚拟机参数(CPU、内存、磁盘、网络和安全组等)信息,访问数据库,创建虚拟机实例记录。

(2) Compute API通过RPC的方式将创建虚拟机的基础信息封装成消息,发送至消息中间件指定消息队列"Scheduler"。

(3) Nova-scheduler订阅了消息队列"Scheduler"的内容,接收到创建虚拟机的消息后,进行过滤,根据请求虚拟资源的特征信息。Scheduler选择一台物理主机部署,如物理主机A。Nova-scheduler将虚拟机基本信息,所属物理主机信息发送至Queue指定消息队列"compute.物理机A"。

(4) 物理机A上Nova-compute守护进程订阅消息队列"compute.物理机A",接到消息后,根据虚拟机基本信息开始创建虚拟机。

(5) Nova-compute调用Network API分配网络IP。

(6) Nova-network接收到消息,从fixed IP表(数据库)里拿出一个可用IP,Nova-network根据私网资源池,使用DHCP实现IP分配和IP地址绑定。

(7) Nova-compute通过调用Volume API实现存储划分,最后调用底层虚拟化Hypervisor技术,部署虚拟机。这个过程中Computer组件通过Glance组件查找及检索虚拟机映像。注意:

OpenStack 创建虚拟机必须是通过映像创建的。OpenStack 创建虚拟机必须使用映像，映像包含了运行虚拟机所需的信息：要运行的操作系统、用户的登录名和密码、储存在系统上的文件等。

各模块功能总结如下。

API：处理客户端的请求，并且转发到 Queue 和 Database 中。

Scheduler：选择一个 host 去执行命令。

Nova-compute：启动和停止实例，附加和删除卷等操作。

Nova-network：管理网络资源，分配固定 IP。

6.3.2 Folsom 版本的工作流程

OpenStack 发展到 Folsom 版本，主要组件确定下来，包括云计算控制中心 Nova、映像服务 Glance、认证服务 Keystone 和控制台 Horizon，对象存储 Swift、块存储 Cinder 和网络管理 Quantum。下面通过创建虚拟机实例来查看各组件之间的配合与交互，过程如图 6.7 所示。

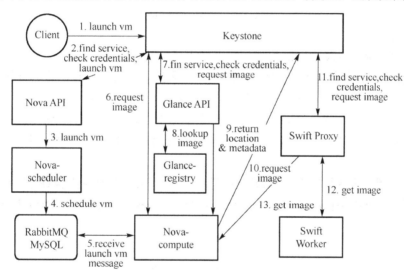

图 6.7 多组件协同创建虚拟机

（1）客户端利用 Horizon 或 API 发出请求，要求启动一个实例（创建一个虚拟机）。

（2）该请求通过 Keystone 的一系列检查（如配额、权限等）后，由 Nova API 服务器进行处理。

（3）Nova API 服务器通过队列将启动实例的任务交给 Nova 调度器。

（4）调度器根据调度规则决定在哪里运行实例，即从 N 个计算节点中选取符合规则的节点。

（5）调度器通过队列向指定的计算节点发出消息让其开始创建实例。

（6）计算节点通知客户端实例开始创建，此时客户端可以继续其他任务。

（7）在后台，计算节点利用 Glance API 在 Glance 注册表中查找所需的映像文件。

（8）～（9）Glance API 向计算节点返回该映像文件的物理位置和元数据。

（10）得到物理位置等信息，计算节点就可以向 Swift Proxy 请求映像文件。

（12）～（13）Swift Proxy 从 Swift 工作单元中获得映象，并将其传递给计算节点，获得了映像文件之后，计算节点就可以利用 Libvirt API 与被支持的虚拟化软件（如 KVM）交互。计算节点会在数据库中更新实例的详细信息，并调用虚拟化软件开始配置实例的块设备。计算节点向网络节点的队列发出消息以便为实例配置网络。一旦收到返回的网络信息，计算节点就开始最后的配置调整，并启动实例。创建实例完成后，无论成功与否，结算节点都会更新数据库，并在消息队列中发出通知。

6.4 OpenStack 生产环境的配置模式

OpenStack 平台中的计算机按功能可分为控制节点和计算节点，由安装的服务决定，控制节点负责网络控制、调度管理 Scheduler、API 服务、存储卷管理、数据库管理、身份管理和映像管理等；计算节点主要提供计算服务。节点之间使用 AMQP（Advanced Message Queuing Protocol，由 RabbitMQ 实现）作为通信总线，只要将 AMQP 消息写入特定的消息队列中，相关的服务就可以获取该消息，进行处理。由于使用了消息总线，因此服务之间位置是透明的，用户可以将所有服务部署在同一台主机上，即 All-in-One（一般用于测试），也可以根据业务需要，将其分开部署在不同的主机上。

在生产环境 OpenStack 平台的配置一般有如下三种类型。

（1）最简配置：需要至少两个节点，除了计算服务外，其他所有服务都部署在一台主机上。这台主机进行各种控制管理，即控制节点，如图 6.8（a）所示。

（2）标准配置：控制节点的服务可以分开在多个节点，标准的生产环境推荐使用至少四台主机来进一步细化职责。控制器、网络、卷和计算职责分别由一台主机担任，如图 6.8（b）所示。

（3）高级配置：很多情况下（如为了高可用性），需要把各种管理服务分别部署在不同主机（如分别提供数据库集群服务、消息队列、映像管理、网络控制等），形成更复杂的架构，如图 6.8（c）所示。

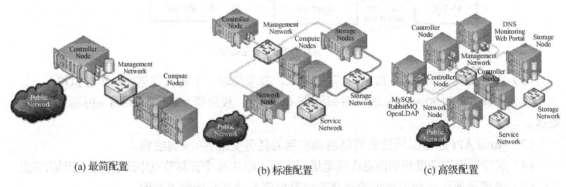

(a) 最简配置　　　　　　　　(b) 标准配置　　　　　　　　(c) 高级配置

图 6.8　OpenStack 平台配置的三种类型

OpenStack 这种配置上的弹性得益于选用 AMQP 作为消息传递技术，各种服务使用远程过程调用（RPC）进行沟通。AMQP 代理（可以是 RabbitMQ 或 Qpid）位于任意两个服务组件之间，使它们以松耦合的方式进行通信。因此不单 API 服务器可以和服务进行通信，服务之间也可以相互通信，如计算服务和网络服务、卷服务进行通信，以获得必要的资源。每一个服务组件在初始化时会创建两个消息队列，其路由选择关键字分别为"NODE-TYPE.NODE-

ID"（compute.主机 1）和"NODE-TYPE"（compute）。后者则接收一般性消息，而前者则只接收发给特定节点的命令，例如执行"euca-terminate instance"，该命令就只发送给运行该实例的某个计算节点。无论是哪一种生产配置模式，都允许用户根据需要添加更多的计算节点。

6.5 OpenStack 各组件详解

OpenStack 的 Compute、Storage、Indentity 和 Network 功能分别由核心组件 Nova、Swift、Cinder、Glance、Keystone 和 Neutron 完成，各较为核心的组件和其功能的对照如图 6.9 所示。

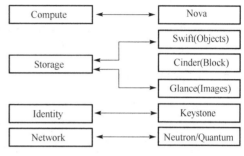

图 6.9 OpenStack 各组件功能

6.5.1 Nova 组件

Nova 是整个 OpenStack 项目里最核心的组件，相对比较复杂，负责管理计算资源、调度、网络、认证等，前面章节已较为详细地进行了介绍。通过分离成子项目，Nova 将剩下以下模块和功能。

Nova API：负责接收和响应用户的 API 请求。

Nova-compute：负责 Instance 实例的管理，与不同的 Hypervisor 进行交互。

Nova-schedule：负责调度 Instance 到具体的物理服务器。

Nova-conductor：G 版本新添加，和 Nova-compute 部署在同一个节点上，解决 Nova.conf 配置文件里数据库密码明文的问题。

Nova-consoleauth：负责验证 Console Proxy 提供的用户 Token。

Nova-novncproxy、Nova-xvpnvncporxy：提供 Proxy 访问 Instance vnc 端口。

Nova-cert：管理 x509 证书。

命令行：Nova 用户和管理员命令行工具；Nova-manage 管理员命令行工具。

6.5.2 Keystone 组件

Keystone 提供了认证和管理用户、账号和角色信息服务，Keystone 是 OpenStack 的统一认证组件，为 Nova、Glance、Swift、Cinder、Neutron 及 Horizon 提供认证服务。支持基于数据库的认证（SQLite 3、MySQL 和 PostgreSQL），支持基于 LDAP 认证，同样支持 Windows Active Directory 认证。Keystone 组件包含如下内容。

1. User

User 即用户，其代表可以通过 Keystone 进行访问的人或程序。Users 通过认证信息（如密码、API Keys 等）进行验证。

2. Tenant

Tenant 即租户（新版本叫项目），它是各个服务中的一些可以访问的资源集合。例如，在 Nova 中一个 Tenant 可以是一些机器，在 Swift 和 Glance 中，一个 Tenant 可以是一些映像存储，在 Quantum 中一个 Tenant 可以是一些网络资源。Users 默认总是绑定到某些 Tenant 上。

3. Role

Role 即角色，Roles 代表一组用户可以访问的资源权限，如 Nova 中的虚拟机、Glance 中的映像。User 可以被添加到任意一个全局的或租户内的角色中。在全局的 Role 中，用户的 Role 权限作用于所有的租户，即可以对所有的租户执行 Role 规定的权限；在租户内的 Role 中，用户仅能在当前租户内执行 Role 规定的权限。

4. Service

Service 即服务，如 Nova、Glance、Swift。一个服务可以确认当前用户是否具有访问其资源的权限。通常使用一些不同的名称表示不同的服务，Role 可以绑定到服务。

5. Endpoint

Endpoint 是服务的访问点，Keystone 中包含一个 Endpoint 模板，这个模板提供了所有存在的服务 Endpoint 信息。一个 Endpoint Template 包含一个 URL 列表，列表中的每个 URL 都对应一个服务实例的访问地址，并且具有 Public、Private 和 Admin 三种权限。Public URL 可以被全局访问，Private URL 只能被局域网访问，Admin URL 从常规的访问中分离。

6. Token

Token 是访问资源的钥匙。它是用户通过 Keystone 验证后的返回值，在之后与其他服务交互中只需要携带 Token 值即可。每个 Token 都有一个有效期，Token 只在有效期内是有效的。

以上各项目的关系如图 6.10 所示。租户包含一批用户（人或程序）和资源。每个用户都有自己的 Credentials（凭证，用户名+密码或用户名+API Key）。用户在访问其他资源（计算、存储）之前，需要用自己的 Credentials 去请求 Keystone 服务，获得验证信息（主要是 Token 信息）和服务信息（服务目录及其 Endpoint）。用户凭借 Token 信息和服务信息访问特定资源。

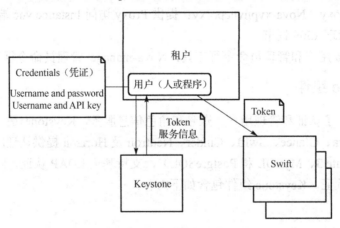

图 6.10　Keystone 结构原理

创建一个新用户时，必须给这个用户指定一个 Tenant，Tenant 是一批特定资源的集合，给用户指定 Tenant 后，该用户就可使用该 Tenant 包含的资源。用户和 Tenant 是多对多的关系，一个 Tenant 包括许多用户，一个用户也可以属于不同的 Tenant。只有用户 Admin（超级用户）才能够参与 User 的管理，如用户的添加、删除、密码修改等。

如图 6.11 所示，当用户进行操作时，不管是要调用 Nova，还是 Glance 等组件，用户首先发送用户名和密码给 Keystone 获取 Token（令牌）。为什么需要令牌，而不是用户名和密码？因为两个字段的对比与一个字段的对比在性能上是不一样的，云计算组件之间通信是非常频繁的，所以身份验证使用令牌效率更高。

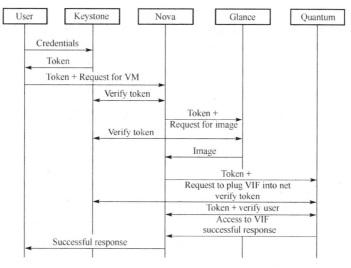

图 6.11　Keystone 工作流程图

图 6.12 是过程简化图，User 带着 Token 到 Nova 去请求虚拟机，Nova 这时需要验证这个 Token 是否有效，自己无法判断，所以必须由 Keystone 验证，由于 Keystone 记录了由它产生的 Token，所以通过对照就可以判断是否有效。如果有效，返回 Nova 验证成功。这时候 Nova 经过一系列的操作，成功创建虚拟机。

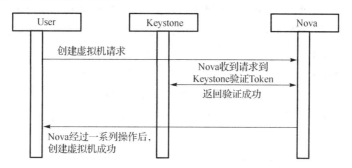

图 6.12　Keystone 工作流程简化版

6.5.3　Neutron 组件

Neutron 负责云计算环境下的虚拟网络功能，代替 Nova Network 模块成为云计算网络管理中心。以下是 Neutron 网络的一些基本概念，网络规划和在 Horizon 中如何使用 Neutron 的网络功能。

（1）网络

Neutron 中"网络"是一个可以被用户创建的对象，如果与物理环境下的概念进行对比，这个对象相当于一个巨大的交换机，其可以拥有无限多个动态可创建和销毁的虚拟端口。Neutron 提供 API 来实现这种目标。

(2) 端口

在物理网络环境中，端口是用于连接设备进入网络的地方。Neutron 中的端口有着类似的功能，它是路由器和虚拟机挂接网络的附着点。

(3) 路由器

与物理环境下的路由器类似，Neutron 中的路由器也是一个路由选择和转发部件。只不过在 Neutron 中，它是可以创建和销毁的软部件。

(4) 子网

子网是由一组 IP 地址组成的地址池。不同子网间的通信需要路由器的支持，这个 Neutron 和物理网络下是一致的。Neutron 中子网隶属于网络。典型的网络结构如图 6.13 所示。

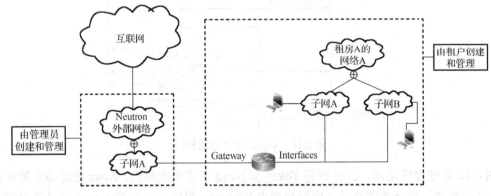

图 6.13 Neutron 典型的网络结构

在图 6.13 中有一个与互联网连接的外部网络，外部网络有一个子网，它是一组在互联网上可寻址的 IP 地址。一般情况下，外部网络只有一个（Neutron 是支持多个外部网络的），且由管理员创建。租户网络可由租户任意创建。当一个租户的网络上的虚拟机需要和外部网络及互联网通信时，这个租户就需要一个路由器。路由器有两种臂，一种是网关臂（Gateway），另一种是接口臂（Interfaces）。网关臂只有一个，连接外部网络；接口臂可以有多个，连接租户网络的子网。经过这样的网络规划，创建虚拟机时的步骤如下：

(1) 首先管理员拿到一组可以在互联网上寻址的 IP 地址，并且创建一个外部网络和子网；

(2) 租户创建一个网络和子网；

(3) 租户创建一个路由器，并连接租户子网和外部网络；

(4) 租户创建虚拟机。

6.5.4 Swift 组件

Swift 是对象存储的组件。对于大部分用户来说，Swift 不是必须的。只有在存储数量达到一定级别时，且是非结构化数据才会使用。Swift 是 OpenStack 所有组件里最成熟的，可以在线升级，各种版本可以混合在一起，也就是说，1.75 版本的 Swift 可以和 1.48 版本的在一个群集里。

Swift 用来创建可扩展的、冗余的对象存储。Swift 使用标准化的服务器存储 PB 级可用数据。但它并不是文件系统和实时数据存储系统。Swift 是一个长期的存储系统，用于存储、使用、更新一些静态的永久性的数据。没有"单点"或者主控结点，Swift 具有更强的扩展性、冗余性和持久性。

Swift 包含如下常见应用。

（1）网盘

Swift 的对称分布式架构和 Proxy 多节点的设计导致其从基因里就适合于多用户、大并发的应用模式，最典型的应用莫过于类似 Dropbox（坚果云）的网盘应用，Dropbox 已经突破一亿用户数，对于这种规模的访问，良好的架构设计是其根本。

Swift 的对称架构使得数据节点从逻辑上看处于同级别，每台节点上同时具有数据和相关的元数据，并且元数据的核心数据结构使用的是哈希环，一致性哈希算法对于节点的增减都只需重定位环空间中的一小部分数据，具有较好的容错性和可扩展性。另外，数据是无状态的，每个数据在磁盘上都是完整的存储。这几点保证了存储本身的良好扩展性。应用程序使用 HTTP 协议调用 Swift 功能，这使得应用和存储的交互变得简单，不需要考虑底层基础构架的细节，应用软件不需要进行任何的修改就可以让系统整体扩展到非常大的程度。

（2）IaaS 公有云

Swift 在设计中的线性扩展、高并发和多租户支持等特性，使得它也非常适合作为 IaaS 的后台存储。公有云规模较大，会更多地遇到大量虚机并发启动的情况，所以对于虚机映像的后台存储来说，实际上的挑战在于大数据的并发读取性能，Swift 在 OpenStack 中一开始就是作为映像库的后台存储，经过 Rackspace 上千台机器的部署，Swift 已经被证明是一个成熟的选择。另外，如果要基于 IaaS 提供上层的 SaaS 服务，多租户是一个不可避免的问题，Swift 的架构设计本身就支持多租户，这样对接将更加方便。

（3）备份归档

Rackspace 的主营业务就是数据的备份归档，所以 Swift 在这个领域也是久经考验，同时还延展出一种新业务——热归档。由于长尾效应，数据可能被调用的时间窗越来越长，热归档能够保证应用归档数据在分钟级别重新获取，对于传统磁带机归档方案中的数小时而言，是一个很大的进步。

（4）移动互联网和 CDN

随着移动互联网和手机游戏等产业的发展产生了大量的用户数据，这也是 Swift 擅长处理的领域。加上 CDN，如果使用 Swift，云存储就可以直接响应移动设备，不需要专门的服务器去响应这个 HTTP 的请求，也不需要在数据传输中再经过移动设备上的文件系统，可直接是用 HTTP 协议上传云端。如果把经常被平台访问的数据缓存起来，利用一定的优化机制，数据可以从不同的地点分发到用户，这样就可以提高访问的速度。

Swift 的结构如图 6.14 所示。

Swift 提供如下服务。

（1）代理服务（Proxy Server）

对外提供对象服务 API，根据环的信息查找服务地址并转发用户请求至相应的账户、容器或对象服务。采用无状态的 REST 请求协议，进行横向扩展来均衡负载。

（2）认证服务（Authentication Server）

验证访问用户的身份信息，并获得一个对象访问令牌，在一定的时间内会一直有效。验证访问令牌的有效性，并缓存下来直至过期。

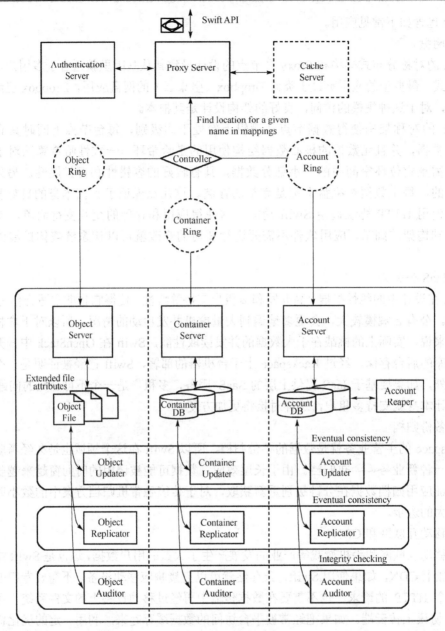

图 6.14 Swift 结构

(3) 缓存服务 (Cache Server)

缓存的内容包括对象服务令牌，账户和容器的存在信息，但不会缓存对象本身的数据。缓存服务可采用 Memcached 集群，Swift 会使用一致性散列算法来分配缓存地址。

(4) 账户服务 (Account Server)

提供账户元数据和统计信息，并维护所含容器列表的服务，每个账户的信息被存储在一个 SQLite 数据库中。

(5) 容器服务 (Container Server)

提供容器元数据和统计信息，并维护所含对象列表的服务，每个容器的信息也存储在一个 SQLite 数据库中。

（6）对象服务（Object Server）

提供对象元数据和内容服务，每个对象的内容会以文件的形式存储在文件系统中，元数据会作为文件属性来存储，建议采用支持扩展属性的 XFS 文件系统。

（7）复制服务（Replicator Server）

检测本地分区副本和远程副本是否一致，通过对比散列文件和高级水印来完成，发现不一致时会采用推式（Push）更新远程副本。例如，对象复制服务会使用远程文件复制工具 Rsync 来同步，另外一个任务是确保被标记删除的对象从文件系统中移除。

（8）更新服务（Update Server）

当对象由于高负载的原因而无法立即更新时，任务将被序列化到本地文件系统中进行排队，以便服务恢复后进行异步更新。例如，成功创建对象后，容器服务器没有及时更新对象列表，这时容器的更新操作就会进入排队中，更新服务会在系统恢复正常后扫描队列并进行相应的更新处理。

（9）审计服务（Auditor Server）

检查对象、容器和账户的完整性，如果发现比特级的错误，文件将被隔离，并复制其他的副本以覆盖本地损坏的副本。其他类型的错误会被记录到日志中。

（10）账户清理服务（Account Reaper Server）

移除被标记为删除的账户，并删除其所包含的所有容器和对象。

6.5.5 Cinder 组件

块存储管理模块 Cinder 可以为虚拟机实例挂载块存储。其通过整合后端多种存储，用 API 接口为外界提供块存储服务，功能核心是对卷的管理，允许对卷、卷的类型、卷的快照进行处理，包括如下功能。

（1）多个卷可以被挂载到单一虚拟机实例上，同时卷可以在虚拟机实例间移动，单个卷在同一时刻只能被挂载到一个虚拟机实例上。

（2）存储系统管理块设备到虚拟机的创建、挂载及卸载。

（3）块设备卷完全与 OpenStack Compute 集成，并支持云用户在 Dashboard 中管理数据的存储。

（4）除了支持简单的 Linux 服务器本地存储之外，还支持众多的存储平台，包括：Ceph、NetApp、Nexenta、SolidFire 和 Zadara。

（5）快照管理提供了在块存储上实现数据备份的强大功能，可以用来引导卷使用。

（6）块存储适合性能敏感性业务场景，如数据库存储，大规模可扩展的文件系统或服务器需要访问到块级裸设备存储。

Cinder 的结构如图 6.15 所示，其包含如下三个主要组成部分。

（1）Cinder API

Cinder API 是主要的服务接口，负责接收和处理外界的

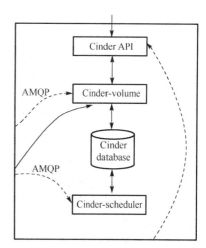

图 6.15　Cinder 结构

API 请求，并将请求放入 RabbitMQ 队列中，交由后端执行。Cinder 目前提供 Volume API V2。

（2）Cinder-scheduler

处理任务队列的任务，并根据预定策略选择合适的 Volume Service 节点来执行任务。目前版本的 Cinder 仅仅提供了一个 Simple Scheduler，该调度器选择卷数量最少的一个活跃节点来创建卷。

（3）Cinder-volume

该服务运行在存储节点上，管理存储空间，处理 Cinder 数据库维护状态的读/写请求，通过消息队列和直接在块存储设备或软件上与其他进程交互。每个存储节点都有一个 Volume Service，若干个这样的存储节点联合起来可以构成一个存储资源池。

Cinder 可以提供如下两种类型的存储。

（1）本地存储

对于本地存储，Cinder-volume 可以使用 LVM（逻辑卷管理）驱动，该驱动的实现需要在主机上事先使用 LVM 命令创建一个 Cinder-volumes 的卷组，当该主机接收到创建卷请求的时候，Cinder-volume 在该卷组上创建一个逻辑卷，并使用 Open-iscsi 将此卷当成 iSCSI tgt 输出。当然还可以将若干主机的本地存储用 Sheepdog（一种分布式存储系统）虚拟成一个共享存储，然后使用 Sheepdog 驱动。

（2）专业存储

Cinder 主要核心是对卷的管理，允许对卷、卷的类型、卷的快照进行处理。它并没有实现对块设备的管理和实际服务，而是为后端不同的存储结构提供了统一的接口，不同的块设备服务厂商在 Cinder 中实现其驱动支持，与 OpenStack 进行整合。在 Cinder 支持产品表中可以看到众多存储厂商，如 HP、NetAPP、IBM、SolidFire、EMC，以及众多开源块存储系统对 Cinder 的支持，如 IBM 公司的存储 XIV、Storwize V7000、SVC storage systems，EMC 的存储 VNX、VMAX/VMAXe 等。

6.5.6 Glance 组件

Glance 是一套虚拟机映像发现、注册、检索系统。向前端 Nova（或安装了 Glance-client 的其他虚拟管理平台）提供映像服务，包括存储、查询和检索。Glance 服务提供了一个 REST API，使用户能够查询虚拟机映像元数据和检索的实际映像。通过映像服务提供的虚拟机映像可以存储在不同的位置，从简单的文件系统对象存储到类似 OpenStack 对象存储系统。映像可存储到以下任意一种存储中：本地文件系统（默认）、OpenStack 对象存储、Amazon S3 直接存储、Amazon S3 对象存储。

Glance 结构如图 6.16 所示，主要包括如下内容。

（1）Glance API

主要用来接收 Nova 的各种 API 调用请求，将请求放入 RBMQ 交由后台处理。

（2）Glance-registry

用来与 MySQL 数据库进行交互、存储或获取映像的元数据，注意，刚才在 Swift 中提到，Swift 在自己的 Storage Server 中是不保存元数据的，这里的元数据是指保存在 MySQL 数据库中的关于映像的一些信息，这个元数据是属于 Glance 的。

（3）Glance Stores

后台存储接口，通过它获取映像，后台挂载的默认存储是 Swift，但同时也支持 Amazon S3 等其他的映像。

Cinder、Swift 和 Glance 三者的比较如下。

Cinder 是块存储，用来给虚拟机挂扩展硬盘，可以把 Cinder 创建出来的卷挂到虚拟机里。OpenStack 发展到 F 版本，将之前在 Nova 中的部分持久性块存储功能（Nova-volume）分离了出来，形成了一个单独的组件 Cinder。块存储具有安全可靠、高并发大吞吐量、低时延、规格丰富、简单易用的特点，适用于文件系统、数据库或其他需要原始块设备的系统软件或应用。类似于 Amazon 的 EBS 块存储服务，目前仅给虚拟机挂载使用。

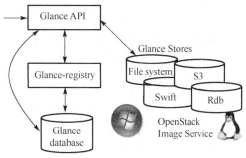

图 6.16　Glance 结构

Swift 是对象存储（Object Storage），存储不经常修改的内容，如虚拟机映像文件、备份和归档文件、照片和电子邮件消息等。类似于 Amazon S3 服务，Swift 具有很强的扩展性、冗余和持久性，也兼容 S3 API。

Cinder 可以理解为个人电脑的移动硬盘，它可以随意格式化，随时存取；Swift 可以作为网盘，常用的内容放到网盘中是非常不方便的。Swift 架构是分布式的，可防止所有单点故障和进行水平扩展。

Glance 类似虚拟存储，也提供 API，可以实现比较完整的映像管理功能。理论上其他云平台也可以使用。Glance 比较简单，只限于云内部，提供虚机映像存储和管理，包括了很多与 Amazon AMI Catalog 相似的功能。Glance 的后台数据从最初的实践来看是存放在 Swift 的。

Amazon 一直是 OpenStack 设计之初的挑战对象，所以关键的功能模块基本上都有对应项目。除了上面提到的三个组件，对于 AWS 中的 EC2 服务，OpenStack 中拥有 Nova 与之对应，并且保持和 EC2 API 的兼容性，有不同的方法可以实现。三个组件中，Glance 主要是虚机映像的管理，所以相对简单；Swift 作为对象存储已经很成熟，CloudStack 也支持它。Cinder 是出现比较新的块存储，设计理念好，并且和商业存储有结合的机会，所以厂商相对积极。

OpenStack 通过两年多的发展，变得越来越庞大。目前存储就出现了三种：对象存储、映像存储和块存储。这也是为了满足更多用户的不同需求，体现出开源项目灵活快速的特性。OpenStack 作为一个开放的系统，最主要是解决了软硬件供应商锁定的问题，可以随时选择新的硬件供应商，将新的硬件和已有的硬件组成混合的集群，统一管理，当然也可以替换软件技术服务的提供商，不用调整应用，这是开源本身的优势。

6.5.7　Horizon 组件

在整个 OpenStack 应用体系框架中，Horizon 是整个应用的入口，提供了一个模块化、基于 Web 的图形化界面。用户可以通过浏览器使用这个 Web 图形化界面来访问、控制 OpenStack 的计算、存储和网络资源，如启动实例、分配 IP 地址、设置访问控制等。Horizon 是一个用以管理、控制 OpenStack 服务的 Web 控制面板，可以管理实例、映像、创建密钥对，对实例添加卷，操作 Swift 容器等。除此之外，用户还可以在控制面板中使用终端（Console）或 VNC 直接访问实例。Horizon 具有如下功能。

（1）实例管理：创建、终止实例，查看终端日志，VNC 连接，添加卷等。
（2）访问与安全管理：创建安全群组，管理密钥对，设置浮动 IP 等。
（3）偏好设定：对虚拟硬件模板可以进行不同偏好的设定。
（4）映像管理：编辑或删除映像。
（5）查看服务目录。
（6）管理用户、配额及项目用途。
（7）用户管理：创建用户等。
（8）卷管理：创建卷和快照。
（9）对象存储处理：创建、删除容器和对象。
（10）为项目下载环境变量。

用户既可以通过图形化操作界面 Horizon 操作 OpenStack，也可以通过 Shell 命令操作 OpenStack。但是图形化操作界面功能还不够完善，很多操作通过命令行的方式更加方便。因为用户通过 Horizon 使用 OpenStack，所以 Horizon 在 OpenStack 各个项目里显得非常重要。Horizon 只是使用了 OpenStack 的部分 API 功能，用户可以根据需求编程调用 API 实现其他功能。

6.5.8　Heat 组件

OpenStack 实现了基础设施即服务 IaaS，提供对云的基础设施运行环境的管理。有了基础设施就可以在其上部署和运行相关的应用，如 Web 群集、PaaS、数据库等。对于这些软件运行环境的构建需要进行相关的部署过程，当然部署的过程可以手工完成，但是面对于快速构建应用的普遍需求来说，手工部署并不能满足需求，而且云环境下的群集部署对于非专业的用户来说是很困难的，所以就需要实现一种自动化的、通过简单定义和配置就能实现部署的云部署方式。Heat 组件就提供了一种通过模板定义的协同部署方式，实现云基础设施软件运行环境的自动化部署。

Heat 组件其实是和 Amazon 的 AWS CloudFormation 相对应的，就是为了实现对等的功能。对于 Heat 的功能和实现，简单来说就是用户可以预先定义一个规定格式的任务模板，在其中定义了一连串的相关任务（例如，用某配置创建几台虚拟机，在其中一台中安装一个 MySQL 服务，设定相关数据库属性，然后再配置几台虚拟机安装 Web 服务群集等），然后将模板交由 Heat 执行，就会按一定的顺序执行 Heat 模板中定义的一连串任务。

6.6　OpenStack 在企业中的应用

6.6.1　小米 OpenStack 项目概况

小米在其私有云平台 OpenStack 集群上运行了数千台 VM，公司线上、线下业务已稳定运行了一年多，相关参考数据如下。

运行 16 个月发生 2 次故障，可用度达到 99.99%，问题分别是由 GlusterFS 和 OpenvSwitch 引发：GlusterFS 的 Bug 可能导致文件系统被置为 Readonly；在广播风暴的情况下，OpenvSwith

由于软件性能的问题,最有可能被击垮,这个问题是所有的软网桥(包括 VMware)都存在的问题。

目前使用率:物理机资源利用率平均为 40%,1 台物理机上运行 12 台虚拟机。

覆盖度:小米所有产品线。

业务类型:开发、测试、线上(线下 70%)。

现在整个平台在 4 个机房运行,有 2000+VM,4500+物理机内核(E5-2640)。

平台的配置主要为:50T 内存、1200T 虚拟磁盘、480T 块存储、120T 对象存储。

目前节点配置详细参数如下。

(1)计算节点:DELL_R720,配置如下。
- CPU:E5-2640v2×2(16 核)
- MEM:16G×24
- 磁盘:2×600G SAS(Raid1)+6×4T(Raid5)SATA
- 网卡:1G×2+10G×2 (Intel 82599EB 10-Gigabit SFI/SFP+)

(2)控制节点:DELL_R620,配置如下。
- CPU:E5-2630v2×2 (24 核)
- MEM:16G×4
- 磁盘:2×600G SAS(Raid1)+ 2×240G SSD(Raid1)
- 网卡:1G×2+10G×2(Intel 82599EB 10-Gigabit SFI/SFP+)

Dell R720 是 Dell 官方推荐的虚拟机云计算主机,作为 OpenStack 的计算节点较为合适。

6.6.2 联想 OpenStack 的高可用企业云平台实践

联想对主流的 x86 虚拟化技术、私有云平台、公有云进行了全面的分析与对比后,从稳定性、可用性、开放性及生态系统的全面与活跃度等因素考虑,最终认为 OpenStack 云平台技术可以满足联想的企业需求,其确定采用 OpenStack 作为业务持续创新的基础云平台。图 6.17 是联想 OpenStack 架构图。

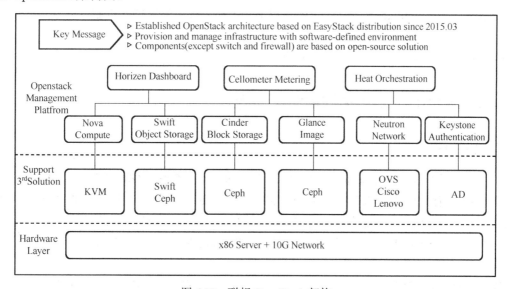

图 6.17 联想 OpenStack 架构

在逻辑架构上，联想企业云平台完全通过软件定义环境的方式来管理基础架构，底层采用 x86 服务器及 10Gb 网络，引入互联网式的监控运维解决方案，并用 OpenStack 平台管理所有资源。

在构建好整个 OpenStack 企业云平台后，联想面向"互联网"转型的关键才得以展开，电子商务、大数据分析、IM、手机在线业务支撑等互联网业务，从测试到生产真正的由联想企业云平台支撑起来。从创新应用的测试团队反馈来看，联想企业云平台目前运行良好。

在联想 OpenStack 企业云平台的建设过程中，联想选择了国内的 OpenStack 公司提供专业咨询与服务，帮助联想建设初期平台，培养了 OpenStack 专家。选择 OpenStack 合作伙伴主要考虑到其对社区的兼容和不断的升级，以及企业级服务经验。

6.6.3 OpenStack 在天河二号的大规模部署实践

为了满足信息化和数据处理类应用对按需、弹性计算资源的需求，天河二号的软件体系中融合了当前不断成熟与普及的云计算模式。经过比较与测试，研发团队选取了具有良好扩展性和社区基础的 OpenStack 作为软件栈的组成部分。在天河二号千节点规模上进行 OpenStack 大规模部署试验。

硬件方面：包含天河二号定制刀片，每个节点配有双路 12 核 CPU，64GB 内存，两块千兆网卡，一块 THNI 高速网卡及一块 1TB 的 SATA 本地硬盘。

软件的具体版本信息如下：

OpenStack：IceHouse（2014.1）。

OS：内核为 3.8.0 的 Ubuntu Server 12.04。

Ceph：0.67.0，用于提供后端存储，取代 Swift。

Puppet：2.7.11，实现自动化的部署与配置。

RabbitMQ：3.24，默认的消息队列。

MySQL：Ver 15.1 Distrib 5.5.35-MariaDB，OpenStack 的后台支撑数据库。

KVM：Qemu emulator version 1.7.91，以 KVM 作为底层的虚拟化机制。

Libvirt：1.2.2，虚拟化层接口。

OpenvSwitch：2.0.1，虚拟机网络的管理后端。

6.7 VMware 与 OpenStack 的比较

1. 设计思想

VMware 软件套件是自底向上的架构，下端边界为 ESXi 虚拟机管理器。VMware 的软件套件经过全面测试，都有单一部署框架。VMware 的产品由于其架构的健壮性，很多高规格用户在多数据中心规模的环境中都会使用。VMware 的软件系统是封闭的，软件的发展路线完全遵循 VMware 公司的发展路线。VMware 拥有优秀的文档资料，便捷易用的部署和管理接口。

OpenStack 是一个开源系统，具有巨大的市场动力。其发展是多元化的，拥有很多公司的支持。这也使 OpenStack 的部署、架构实施和维护成本相对较高。其版本更新速度快，但技术支持文档更新滞后。

2. 功能设计

vMotion 是 VMware Sphere 高级功能的基础。虚拟机动态迁移允许将一台虚拟机在开机状态下由一台宿主机迁移到另一台上，这需要共享存储支持。当一台虚拟机由一个宿主机迁移到另一个宿主机时，虚拟机的内存状态和数据都要同步迁移过去。如果是共享存储的情况，虚拟机文件不需要进行迁移，只需变化指向数据存储的链接即可。在加速了迁移速度的同时也减少了复制过程中网络的负载。

KVM 动态迁移允许一个虚拟机由一个虚拟机管理器迁移到另一个，需要共享存储。在动态迁移过程中，不能再对虚拟机进行操作，但是虚拟机内的用户还是可以在虚拟机内部继续进行工作。KVM 虚拟机块迁移不需要共享存储。块迁移时虚拟机的内存状态与数据都将被迁移，但是迁移操作也需要消耗两端的CPU资源并且操作花费时间，较共享存储来说要长一些。

高可用方面，VMware 高可用是在硬件出现问题的时候保证虚拟机的正常工作，如果一个虚拟机出现宕机，该虚拟机能在集群中另外的 ESXi 主机上启动，这也可能造成服务的中断。没有官方声明 OpenStack 支持虚拟机级别的高可用性，这个特性在 Folsom 版本被提出，但是后续又被放弃。目前 OpenStack 拥有孵化项目 Evacuate，其作用是为 OpenStack 提供虚拟机级别高可用支持。

容错方面，VMware 容错机制是指系统通过监控虚拟机的状态和所有变化，将这些变化同步到其他 ESXi 服务器备份虚拟机上，两台虚拟机同时工作，无论哪台虚机出现问题，只要有一台虚拟机正常工作，服务就保持正常工作。OpenStack 中没有针对容错的功能。

3. 应用场景

云计算应用的特点包括：分布式无状态，软件状态失效的切换在应用端，扩展性在应用端。传统应用的特点包括：客户端-服务器架构难以横向扩展，软件状态失效的切换在服务端，扩展性在服务端。传统应用将需要如 Fault Tolerance、VM 级别的高可用性、自动病毒扫描等功能，而云计算应用则不需要，当一台虚拟机出现问题后，新的一台虚拟机将替代它。

在传统服务模式下，服务器必须稳定、精准工作，如果出现问题，必须马上修复，避免服务中断或出错。查错与修复工作是个复杂和漫长的过程。在云计算型应用服务模型中，虚拟机由云平台管理，如果出现错误，可以迅速创建一个虚拟机，把服务移动到新的虚拟机上，删除出错虚拟机。避开了查错与修复工作。

在未来的云应用架构下，VMware 的管理、保护虚拟机的各种功能较云计算应用模式将变得不那么重要。虽然 VMware 具备很多 OpenStack 所没有的功能，但是针对云计算应用，这些功能也将变得不那么重要。

总之，虽然 OpenStack 是免费使用的，但是还需要大量工程资源与领域专家，以及设计架构和搭建部署。其支持很多部署场景，但安装过程不同。VMware 需要花费经费购买权限，相对来说更加容易安装和运行。OpenStack 入门门槛较高，但是随着项目规模的扩大且不必支付高额的费用，更易被用户接受。VMware 虽然在小规模安装时相对容易，但是随着规模扩大，其使用会变得有些困难。

6.8 小结

OpenStack 是虚拟机管理软件，可以用来搭建和管理公有云、私有云和混合云，功能与 VMware vCenter 类似。OpenStack 通过调用具体的虚拟化软件，如 KVM、ESXi 创建虚拟机。OpenStack 是一个开源代码项目，提供标准 API，兼容不同厂家、不同结构的硬件产品，可扩展性强，项目参与者众多，发展非常迅速。OpenStack 基金会的会员有红帽、IBM、惠普、思科、戴尔、英特尔、Google 和华为。

OpenStack 在 2010 年 10 月 21 日正式发布第一个版本 Austin，之后每年发布两个版本。目前 OpenStack 有 7 个主要组件：Compute（计算）代号为"Nova"，Object Storage（对象存储）代号为"Swift"，Identity（身份认证）代号为"Keystone"，Dashboard（仪表盘）代号为"Horizon"，Block Storage（块存储）代号为"Cinder"，Network（网络）代号为"Neutron"，Image Service（映像服务）代号为"Glance"。Nova 负责计算资源、调度、网络、认证等；Keystone 提供了认证和管理用户、账号和角色信息服务；Neutron 是平台的网络管理中心，提供虚拟网络功能；Swift 用于创建可扩展的、冗余的、对象存储；Cinder 提供到虚拟机的永久性块存储卷；Glance 是一套虚拟机映像发现、注册、检索系统；Horizon 提供了一个模块化的，基于 Web 的图形化界面服务门户。

OpenStack 平台中的计算机按功能分为控制节点和计算节点，根据计算机数量和控制节点、计算节点数量和分布的不同，实际工作环境中有最简配置、标准配置和高级配置。VMware vSphere 与 OpenStack 在设计思想、功能设计和应用场景方面有着各自的优势。

深入思考

1. OpenStack 是虚拟化技术吗？它的功能是什么？为什么说 OpenStack 与 KVM 配合使用最好？
2. OpenStack 的主要组件有哪些，分别有什么功能？
3. OpenStack 的各组件配合使用创建虚拟机实例时，工作流程是怎样的？
4. OpenStack 生产环境的配置模式有哪几种，各有什么特点？
5. Keystone 有什么作用？请描述 OpenStack 工作过程中认证是如何进行的。用户、租户、角色、服务、令牌、端点之间有什么关系？
6. Cinder、Swift 和 Glance 的功能分别是什么，有何相似的地方？
7. OpenStack 和 VMware vSphere 功能上有什么差异？虚拟机应用思路有什么区别？

第 7 章
OpenStack 平台的搭建与使用

本章使用 VMware Workstation 创建 5 台虚拟机，模拟现实环境安装配置一个 OpenStack 管理平台。操作系统版本为 Centos 7.0，OpenStack 版本为 Mitaka。

7.1 实验环境资源需求

一个完整的 OpenStack 平台环境至少由 5 台计算机组成，一台用于管理节点，一台用于计算节点，一台用于块存储节点，两台用于对象存储节点。实验的计算机数量、名称和硬件配置平台如图 7.1 所示。

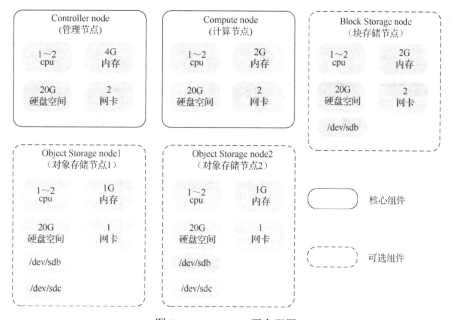

图 7.1 OpenStack 平台配置

7.2 实验环境拓扑

本章的实验平台是在一台 PC 上安装 VMware Workstation 软件，创建 5 台虚拟机模拟工作环境进行实验的。PC 机最低硬件配置为：CPU 为 intel core i7，内存 16G，硬盘剩余空间 150G。操作系统为 Windows 7，64 位。管理节点计算机名称为 controller，计算节点名称为 compute，块存储节点名称为 block，两个对象存储节点名称分别为 object1、object2。外部网络地址段为 172.19.100.0/24。

打开 VMware Workstation 软件，单击"编辑"按钮，选择"虚拟网络编辑器"菜单项，如图 7.2 所示。弹出"虚拟网络编辑器"窗口，添加两个网络 VMnet1 和 VMnet8，将 VMnet8 设置为 NAT 模式，地址段为 10.0.0.0，网关设置为 10.0.0.2，取消 DHCP 服务；VMnet1 设置为 Host 模式，地址段为 172.16.100.0，取消 DHCP 服务，编辑结果如图 7.3 和图 7.4 所示。

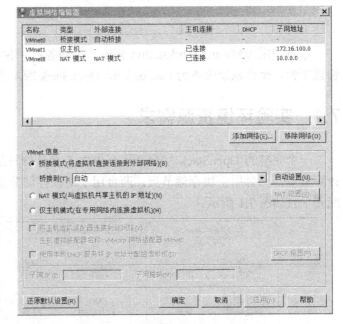

图 7.2 虚拟网络编辑器

图 7.3 虚拟网络编辑器窗口

图 7.4 虚拟机分配两块网卡

5 台虚拟机的网络拓扑如图 7.5 所示，创建 controller、compute 和 block 虚拟机时，分配两块网卡，分别连接在 VMnet8 和 VMnet1 上，object1 和 object2 节点有一块网卡连接在 VMnet1 上。VMnet8 是 OpenStack 平台的管理网络，连接在 VMnet8 的网卡设置静态 IP 地址分别是：controller（10.0.0.10）、compute（10.0.0.11）、block（10.0.0.12）、object1（10.0.0.13）、object2（10.0.0.14）。VMnet1 是外部服务网络，连接在 VMnet1 上的网卡只要 up 起来即可，不设置 IP 地址。

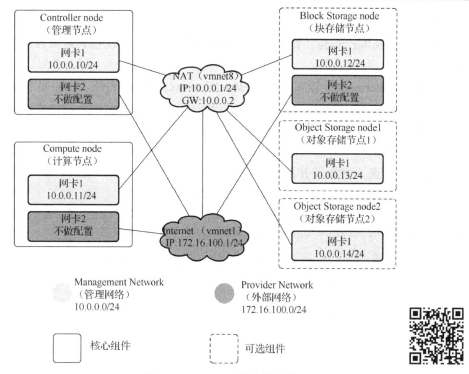

图 7.5 OpenStack 平台网络拓扑

7.3 实验环境配置

（1）使用 VMware Workstation 创建 5 台虚拟机，硬件配置如图 7.1 所示，各个虚拟机分别安装 CentOS 7.0 操作系统（安装光盘映像文件 CentOS-7-x86_64-Everything-1511.ISO 见教学资源文件夹），按照前面所述修改各主机名称。例如：

```
# hostnamectl set-hostname controller
```

（2）如图 7.5 所示，配置连接在 VMnet8 网络上的红色网卡 IP 地址。连接在 VMnet1 网络上的蓝色网卡无须特殊配置，保持网卡激活状态即可。例如：

```
# nmcli connection add type ethernet con-name conn1 ifname eno16777736
# nmcli connection modify conn1 ipv4.method manual ipv4.addresses 10.0.0.10/24 ipv4.gateway 10.0.0.2
# nmcli connection up conn1
```

（3）修改每个服务器的 /etc/hosts 文件，添加内容如下：

```
10.0.0.10    controller
10.0.0.11    compute
10.0.0.12    block
10.0.0.13    object1
10.0.0.14    object2
```

可以先修改 Controller node 的 hosts 文件，再 scp 给其他节点，例如：

```
#scp /etc/hosts compute:/ets/
```

（4）配置 Controller node（管理节点）为时间服务器，并设置其他节点从管理节点同步时间。

① 修改 Controller node（管理节点）的/etc/chrony.conf 配置文件。添加如下内容：

```
allow 10.0.0.0/24
bindcmdaddress 0.0.0.0
local stratum 10
```

启动 chronyd 服务，并设置开机自动启动。

```
# systemctl enable chronyd.service（设置自启动）
# systemctl start chronyd.service（运行服务，restart 是重启服务，stop 停止）
# systemctl status chronyd.service（查看服务是否开启）
```

② 修改其他节点的/etc/chrony.conf 配置文件。添加如下内容：

```
server controller iburst
```

启动 chronyd 服务，并设置开机自动启动。

```
# systemctl enable chronyd.service
# systemctl start chronyd.service
```

③ 检验。

```
# chronyc sources
```

（5）关闭所有节点的防火墙服务。

```
# systemctl disable firewalld
# systemctl stop firewalld
```

（6）配置 yum 源。

① 如果可以上网，删除或移走所有节点的/etc/yum.repo.d 目录下的所有文件，创建新文件 a.repo，内容如下。配置文件中"#"是行注释符号。

```
[OpenStack-mitaka]
name=OpenStack Mitaka Repository
baseurl=http://mirrors.yun-idc.com/centos/7.2.1511/cloud/x86_64/OpenStack-mitaka/    #http://mirrors.yun-idc.com 是国内比较快的 OpenStack 的 yum 源
gpgcheck=0
enabled=1

[base]
name=base
baseurl=http://mirrors.yun-idc.com/centos/7.2.1511/os/x86_64/
enabled=1
gpgcheck=0

[extras]
name=extras
```

```
baseurl=http://mirrors.yun-idc.com/centos/7.2.1511/extras/x86_64/
enabled=1
gpgcheck=0


[updates]
name=updates
baseurl=http://mirrors.yun-idc.com/centos/7.2.1511/updates/x86_64/
enabled=1
gpgcheck=0
```

② 如果不能上网,则在 Controller node(管理节点)添加包含 yum 仓库的磁盘文件,并在管理节点进行如下操作。

- 将系统安装 DVD 映像光盘挂载到/media 目录。

    ```
    # mount /dev/cdrom /media/
    ```

- 安装 vsftpd 服务,并启动服务。

    ```
    # rpm -ivh /media/Packages/vsftpd-3.0.2-10.el7.x86_64.rpm
    # systemctl start vsftpd.service
    # systemctl enable vsftpd.service
    ```

- 创建 yum 仓库磁盘挂载点,并挂载 yum 仓库磁盘。

    ```
    # mkdir /var/ftp/yum
    # echo "/dev/sdb1 /var/ftp/yum/ xfs defaults 0 0" >> /etc/fstab
    # mount -a
    ```

- 恢复 SELinux 上下文。

    ```
    # restorecon -Rv /var/ftp/
    ```

③ 删除或移走所有节点/etc/yum.repos.d 目录中的文件,并在该目录中创建新文件 b.repo,包含如下内容。

```
[OpenStack-mitaka]
name=OpenStack Mitaka Repository
baseurl=ftp://controller/yum/OpenStack-mitaka/
gpgcheck=0
enabled=1


[base]
name=base
baseurl=ftp://controller/yum/base
enabled=1
gpgcheck=0


[extras]
name=extras
baseurl=ftp://controller/yum/extras/
enabled=1
gpgcheck=0
```

```
[updates]
name=updates
baseurl=ftp://controller/yum/updates/
enabled=1
gpgcheck=0
```

(7) 在所有节点安装软件包。

① 更新所有软件包,如果更新了内核,需要重启系统后再继续其他操作。

```
# yum upgrade-y
```

② 安装 OpenStack 客户端。

```
# yum install python-OpenStackclient-y
```

③ 由于 CentOS 或 RHEL 的 SELinux 默认是打开的,因此需要安装 OpenStack-seLinux 包来自动管理与 OpenStack 服务有关的安全策略。

```
# yum install OpenStack-seLinux-y
```

(8) 大多数 OpenStack 服务使用 SQL 数据库存储信息。数据库一般运行在 Controller node(管理节点)。在管理节点安装并配置 MariaDB 数据库组件(MySQL 数据库的另外一个版本)。

① 安装软件包。

```
# yum install mariadb mariadb-server python2-PyMySQL-y
```

② 创建并编辑文件/etc/my.cnf.d/OpenStack.cnf。

```
[mysqld]
...
bind-address = 10.0.0.10     #设置 bind-address 配置项为管理节点的管理 IP 地址。
default-storage-engine = innodb    #支持 UTF-8 字符集。
innodb_file_per_table
max_connections = 4096
collation-server = utf8_general_ci
character-set-server = utf8
```

③ 完成安装。

● 启动数据库服务并设置开机自动启动。

```
# systemctl enable mariadb.service
# systemctl start mariadb.service
# systemctl status mariadb.service
```

● 执行 mysql_secure_installation,设置数据库管理员 root 用户的密码(同用户名)。其他都选默认值。

```
# mysql_secure_installation
```

(9) Telemetry 服务(计费)使用 NoSQL 数据库存储数据。该数据库一般运行在 Controller node(管理节点)上。在管理节点上安装并配置 MongoDB。\

① 安装 MongoDB 软件包。

```
# yum install mongodb-server mongodb -y
```

② 编辑/etc/mongod.conf 文件。
- 配置 bind_ip 项的值为管理节点的管理 IP 地址。

```
bind_ip = 10.0.0.10
```

- 默认情况下 MongoDB 创建 1G 大小的日志文件，并存放于/var/lib/mongodb/journal 目录中。如果想缩小日志文件的大小到 128M，并限制总日志空间为 512M，则需要设置 smallfiles 配置项。

```
smallfiles = true
```

③ 完成安装。

启动 MongoDB 服务并设置开机自动启动。

```
# systemctl enable mongod.service
# systemctl start mongod.service
# systemctl status mongod.service
```

（10）OpenStack 使用消息队列服务进行服务之间的协调和状态信息的同步。消息队列服务通常运行于 Controller node（管理节点）。OpenStack 支持多种消息队列服务，包括 RabbitMQ、Qpid 和 ZeroMQ。大多数 OpenStack 发行版本支持 RabbitMQ。在管理节点安装 RabbitMQ 消息队列服务。

① 安装软件包。

```
# yum install rabbitmq-server-y
```

② 启动消息队列服务并设置开机自动启动。

```
# systemctl enable rabbitmq-server.service
# systemctl start rabbitmq-server.service
# systemctl status rabbitmq-server.service
```

③ 添加 OpenStack 用户。

```
rabbitmqctl add_user OpenStack RABBIT_PASS
```

替换 RABBIT_PASS 为一个合适的密码（可使用用户名作为密码，有助于记忆）。

④ 为 OpenStack 用户赋予读和写的访问权限。

```
rabbitmqctl set_permissions OpenStack ".*"".*"".*"
```

（11）Identity 服务身份认证机制使用 Memcached 缓存令牌。Memcached 服务通常运行于 Controller node（管理节点）。在管理节点安装 Memcached 服务。

- 安装软件包。

```
# yum install memcached python-memcached-y
```

- 启动 Memcached 服务并设置开机自动启动。

```
# systemctl enable memcached.service
# systemctl start memcached.service
# systemctl status memcached.service
```

7.4 安装和配置 Identity Service（身份服务）

本节介绍在 Controller node（管理节点）安装和配置身份服务。

7.4.1 先决条件

在安装和配置 OpenStack 身份服务前，必须创建一个数据库和管理员令牌。
（1）创建数据库，并完成下列操作。
① 使用数据库命令行客户端，以 root 身份登录数据库服务器。

```
# mysql -u root -p
```

② 创建 keystone 数据库。

```
CREATE DATABASE keystone;
```

③ 授予数据库用户 keystone 访问 keystone 数据库的权限。

```
GRANT ALL PRIVILEGES ON keystone.* TO 'keystone'@'localhost' IDENTIFIED BY 'KEYSTONE_DBPASS';
GRANT ALL PRIVILEGES ON keystone.* TO 'keystone'@'%' IDENTIFIED BY 'KEYSTONE_DBPASS';
```

替换 KEYSTONE_DBPASS 为一个合适的密码。
退出数据库。
（2）生成一个随机值，作为管理员的初始化令牌。

```
# openssl rand -hex 10
```

执行结果：89f1084b880929f696a7
"89f1084b880929f696a7"就是以后要使用的 ADMIN_TOKEN。

7.4.2 安装并配置组件

（1）安装软件包。

```
# yum install OpenStack-keystone httpd mod_wsgi -y
```

（2）编辑/etc/keystone/keystone.conf 文件并完成下列操作。
① 在[default]小节，定义管理员初始化令牌。

```
[DEFAULT]
...
admin_token = ADMIN_TOKEN
```

替换 ADMIN_TOKEN 为刚才产生的随机值。
② 在[database]小节，配置数据库访问。

```
[database]
...
connection = mysql+pymysql://keystone:KEYSTONE_DBPASS@controller/keystone
```

替换 KEYSTONE_DBPASS 为刚才设置的密码。

③ 在[token]小节，配置使用 Fernet 技术提供令牌。

```
[token]
...
provider = fernet
```

（3）初始化身份服务数据库（执行结果见图 7.6）。

```
# su -s /bin/sh -c "keystone-manage db_sync" keystone

[root@controller ~ ]# mysql -u keystone -pkeystone -e"use keystone;show tables"
```

初始化 Fernet keys。

```
# keystone-manage fernet_setup --keystone-user keystone --keystone-group keystone
```

```
+--------------------------+
| Tables_in_keystone       |
+--------------------------+
| access_token             |
| assignment               |
| config_register          |
| consumer                 |
| credential               |
| domain                   |
| endpoint                 |
| endpoint_group           |
| federated_user           |
| federation_protocol      |
| group                    |
| id_mapping               |
| identity_provider        |
| idp_remote_ids           |
| implied_role             |
| local_user               |
| mapping                  |
| migrate_version          |
| password                 |
| policy                   |
| policy_association       |
| project                  |
| project_endpoint         |
| project_endpoint_group   |
| region                   |
| request_token            |
| revocation_event         |
| role                     |
| sensitive_config         |
| service                  |
| service_provider         |
| token                    |
| trust                    |
| trust_role               |
| user                     |
| user_group_membership    |
| whitelisted_config       |
+--------------------------+
```

图 7.6　keystone 数据库中的表

7.4.3　配置 Apache HTTP 服务

keystone 用 Apache 监听请求，端口 5000 监听普通用户请求，端口 35357 监听超级用户请求。

（1）编辑/etc/httpd/conf/httpd.conf 文件并配置 ServerName 项为管理节点的主机名。

```
ServerName controller
```

（2）创建/etc/httpd/conf.d/wsgi-keystone.conf 文件，包含下列内容。

```
Listen 5000
Listen 35357

<VirtualHost *:5000>
    WSGIDaemonProcess keystone-public processes=5 threads=1 user=keystone group=keystone display-name=%{GROUP}
    WSGIProcessGroup keystone-public
    WSGIScriptAlias / /usr/bin/keystone-wsgi-public
    WSGIApplicationGroup %{GLOBAL}
    WSGIPassAuthorization On
    ErrorLogFormat "%{cu}t %M"
    ErrorLog /var/log/httpd/keystone-error.log
    CustomLog /var/log/httpd/keystone-access.log combined

<Directory /usr/bin>
        Require all granted
</Directory>
</VirtualHost>

<VirtualHost *:35357>
    WSGIDaemonProcess keystone-admin processes=5 threads=1 user=keystone group=keystone display-name=%{GROUP}
```

```
    WSGIProcessGroup keystone-admin
    WSGIScriptAlias / /usr/bin/keystone-wsgi-admin
    WSGIApplicationGroup %{GLOBAL}
    WSGIPassAuthorization On
    ErrorLogFormat "%{cu}t %M"
    ErrorLog /var/log/httpd/keystone-error.log
    CustomLog /var/log/httpd/keystone-access.log combined

<Directory /usr/bin>
      Require all granted
</Directory>
</VirtualHost>
```

7.4.4 完成安装

启动 Apache HTTP 服务并设置开机自动启动。

```
# systemctl enable httpd.service
# systemctl start httpd.service
# systemctl status httpd.service
# netstat -ntulp
```

执行结果如图 7.7 所示。

```
[root@controller ~]# netstat -ntlpu
Active Internet connections (only servers)
Proto Recv-Q Send-Q Local Address           Foreign Address         State       PID/Program name
tcp        0      0 0.0.0.0:25672           0.0.0.0:*               LISTEN      3751/beam.smp
tcp        0      0 10.0.0.10:27017         0.0.0.0:*               LISTEN      3463/mongod
tcp        0      0 10.0.0.10:3306          0.0.0.0:*               LISTEN      3048/mysqld
tcp        0      0 0.0.0.0:11211           0.0.0.0:*               LISTEN      4572/memcached
tcp        0      0 0.0.0.0:4369            0.0.0.0:*               LISTEN      1/systemd
tcp        0      0 192.168.122.1:53        0.0.0.0:*               LISTEN      1603/dnsmasq
tcp        0      0 0.0.0.0:22              0.0.0.0:*               LISTEN      1343/sshd
tcp        0      0 127.0.0.1:631           0.0.0.0:*               LISTEN      1349/cupsd
tcp        0      0 127.0.0.1:25            0.0.0.0:*               LISTEN      1457/master
tcp6       0      0 :::5000                 :::*                    LISTEN      13315/httpd
tcp6       0      0 :::5672                 :::*                    LISTEN      3751/beam.smp
tcp6       0      0 :::11211                :::*                    LISTEN      4572/memcached
tcp6       0      0 :::80                   :::*                    LISTEN      13315/httpd
tcp6       0      0 :::21                   :::*                    LISTEN      1362/vsftpd
tcp6       0      0 :::22                   :::*                    LISTEN      1343/sshd
tcp6       0      0 ::1:631                 :::*                    LISTEN      1349/cupsd
tcp6       0      0 ::1:25                  :::*                    LISTEN      1457/master
tcp6       0      0 :::35357                :::*                    LISTEN      13315/httpd
udp        0      0 192.168.122.1:53        0.0.0.0:*                           1603/dnsmasq
udp        0      0 0.0.0.0:67              0.0.0.0:*                           1603/dnsmasq
udp        0      0 0.0.0.0:123             0.0.0.0:*                           995/chronyd
udp        0      0 0.0.0.0:323             0.0.0.0:*                           995/chronyd
udp        0      0 0.0.0.0:11211           0.0.0.0:*                           4572/memcached
udp        0      0 0.0.0.0:5353            0.0.0.0:*                           964/avahi-daemon: r
udp        0      0 0.0.0.0:50413           0.0.0.0:*                           964/avahi-daemon: r
udp6       0      0 ::1:323                 :::*                                995/chronyd
udp6       0      0 :::11211                :::*                                4572/memcached
```

图 7.7　查看服务端口

7.4.5 创建临时管理员令牌环境

（1）配置管理员令牌。

```
# export OS_TOKEN=ADMIN_TOKEN
```

替换 ADMIN_TOKEN 为刚才生成的随机值。例如：

```
# export OS_TOKEN=89f1084b880929f696a7
```

（2）配置端点 URL。

```
# export OS_URL=http://controller:35357/v3
```

第 7 章 OpenStack 平台的搭建与使用

（3）配置身份服务 API 版本。

```
# export OS_IDENTITY_API_VERSION=3
```

7.4.6 创建服务实体和 API 端点

身份服务提供一个目录服务及其位置。每一个向 OpenStack 环境添加的服务都需要一个服务实体和一些 API 端点，并将这些信息保存在目录中。

身份服务在 OpenStack 环境中管理一个包含所有服务的目录。服务使用目录定位环境中的其他服务是否可用。

（1）创建身份服务的服务实体（执行结果如图 7.8 所示）。

```
# OpenStack service create --name keystone --description "OpenStack Identity" identity
```

在 OpenStack 环境中，身份服务管理一个与服务相关联 API 端点的目录。服务使用此目录来确定如何与环境中的其他服务通信。

（2）创建身份服务 API 端点（执行结果如图 7.9～图 7.11 所示）。

```
# OpenStack endpoint create --region RegionOne identity public http://controller:5000/v3
# OpenStack endpoint create --region RegionOne identity internal http://controller:5000/v3
# OpenStack endpoint create --region RegionOne identity admin http://controller:35357/v3
```

```
+-------------+----------------------------------+
| Field       | value                            |
+-------------+----------------------------------+
| description | OpenStack Identity               |
| enabled     | True                             |
| id          | 56dbf3962010418cadfe90ceba12403c |
| name        | keystone                         |
| type        | identity                         |
+-------------+----------------------------------+
```

图 7.8 keystone 服务实体信息

```
+-------------+----------------------------------+
| Field       | value                            |
+-------------+----------------------------------+
| enabled     | True                             |
| id          | 95ec46f30272460dbcd08a4ec14d70cd |
| interface   | public                           |
| region      | RegionOne                        |
| region_id   | RegionOne                        |
| service_id  | 56dbf3962010418cadfe90ceba12403c |
| service_name| keystone                         |
| service_type| identity                         |
| url         | http://controller:5000/v3        |
+-------------+----------------------------------+
```

图 7.9 外网身份服务 API 端点信息

```
+-------------+----------------------------------+
| Field       | value                            |
+-------------+----------------------------------+
| enabled     | True                             |
| id          | f22512f8d958491086ca2e8642e3de95 |
| interface   | internal                         |
| region      | RegionOne                        |
| region_id   | RegionOne                        |
| service_id  | 56dbf3962010418cadfe90ceba12403c |
| service_name| keystone                         |
| service_type| identity                         |
| url         | http://controller:5000/v3        |
+-------------+----------------------------------+
```

图 7.10 内网身份服务 API 端点信息

```
+-------------+----------------------------------+
| Field       | Value                            |
+-------------+----------------------------------+
| enabled     | True                             |
| id          | cfb0ac5f292849fb8f2e4ecac3c00911 |
| interface   | admin                            |
| region      | RegionOne                        |
| region_id   | RegionOne                        |
| service_id  | 56dbf3962010418cadfe90ceba12403c |
| service_name| keystone                         |
| service_type| identity                         |
| url         | http://controller:35357/v3       |
+-------------+----------------------------------+
```

图 7.11 管理员身份服务 API 端点信息

7.4.7 创建域、项目、用户和角色

身份服务为每一个 OpenStack 服务提供认证服务。认证服务使用 domain（域）、projects（项目）、tenants（租户）、users（用户）和 roles（角色）的组合。执行结果如图 7.12～图 7.19 所示。

（1）创建 default 域。

```
# OpenStack domain create --description "Default Domain" default
```

```
+-------------+------------------------------------+
| Field       | Value                              |
+-------------+------------------------------------+
| description | Default Domain                     |
| enabled     | True                               |
| id          | 2ced9d9d38644cf68361ee4eefab3194   |
| name        | default                            |
+-------------+------------------------------------+
```

图 7.12 default 域信息

(2) 创建一个管理项目、用户和角色，用于系统中行使管理操作。

① 创建 admin 项目。

```
# OpenStack project create --domain default --description "Admin Project" admin
+-------------+------------------------------------+
| Field       | Value                              |
+-------------+------------------------------------+
| description | Admin Project                      |
| domain_id   | 2ced9d9d38644cf68361ee4eefab3194   |
| enabled     | True                               |
| id          | 2405a0ed8fac481c8411824d59f5c8f1   |
| is_domain   | False                              |
| name        | admin                              |
| parent_id   | 2ced9d9d38644cf68361ee4eefab3194   |
+-------------+------------------------------------+
```

图 7.13 admin 项目信息

② 创建 admin 用户。

```
# OpenStack user create --domain default --password-prompt admin
User Password:              （此处输入设置的用户密码）
Repeat User Password:
+-------------+------------------------------------+
| Field       | value                              |
+-------------+------------------------------------+
| domain_id   | 2ced9d9d38644cf68361ee4eefab3194   |
| enabled     | True                               |
| id          | bcaa8aff173f47dda195cf4f440c8a5d   |
| name        | admin                              |
+-------------+------------------------------------+
```

图 7.14 admin 用户信息

③ 创建 admin 角色。

```
# OpenStack role create admin
+-----------+----------------------------------+
| Field     | Value                            |
+-----------+----------------------------------+
| domain_id | None                             |
| id        | 8177c4dfbf534e2eae19d669e3df12d0 |
| name      | admin                            |
+-----------+----------------------------------+
```

图 7.15 admin 角色信息

④ 添加 admin 角色到 admin 项目和用户。

```
# OpenStack role add --project admin --user admin admin
```

(3) 使用一个 service 项目，用于包含环境中每一个服务的唯一用户。创建 service 项目。

```
# OpenStack project create --domain default --description "Service Project" service
+-------------+------------------------------------+
| Field       | value                              |
+-------------+------------------------------------+
| description | Service Project                    |
| domain_id   | 2ced9d9d38644cf68361ee4eefab3194   |
| enabled     | True                               |
| id          | 1e034af2da8e450d9ceb989086ef303f   |
| is_domain   | False                              |
| name        | service                            |
| parent_id   | 2ced9d9d38644cf68361ee4eefab3194   |
+-------------+------------------------------------+
```

图 7.16 service 项目信息

（4）日常任务一般使用一个非特权项目和用户。创建 demo 项目和用户。

① 创建 demo 项目。

```
# OpenStack project create --domain default --description "Demo Project" demo
```

```
+-------------+----------------------------------+
| Field       | Value                            |
+-------------+----------------------------------+
| description | Demo Project                     |
| domain_id   | 2ced9d9d38644cf68361ee4eefab3194 |
| enabled     | True                             |
| id          | 124340495d044586971fbbcf378a77d1 |
| is_domain   | False                            |
| name        | demo                             |
| parent_id   | 2ced9d9d38644cf68361ee4eefab3194 |
+-------------+----------------------------------+
```

图 7.17　demo 项目信息

② 创建 demo 用户。

```
# OpenStack user create --domain default --password-prompt demo
User Password:                    （此处输入设置的用户密码）
Repeat User Password:
```

```
+-----------+----------------------------------+
| Field     | Value                            |
+-----------+----------------------------------+
| domain_id | 2ced9d9d38644cf68361ee4eefab3194 |
| enabled   | True                             |
| id        | 12cd20511b9641c4b9e1c4d9b5a35e65 |
| name      | demo                             |
+-----------+----------------------------------+
```

图 7.18　demo 用户信息

③ 创建 user 角色。

```
# OpenStack role create user
```

```
+-----------+----------------------------------+
| Field     | Value                            |
+-----------+----------------------------------+
| domain_id | None                             |
| id        | dbb37e4d07af42f0831ef70930366ea3 |
| name      | user                             |
+-----------+----------------------------------+
```

图 7.19　user 用户信息

④ 添加 user 角色到 demo 项目和用户。

```
# OpenStack role add --project demo --user demo user
```

7.4.8　验证操作

在安装其他服务前，验证身份服务是否正常。

（1）由于安全原因，关闭临时认证令牌机制。

编辑/etc/keystone/keystone-paste.ini 文件并移除 [pipeline:public_api]、[pipeline:admin_api] 和[pipeline:api_v3]小节的 admin_token_auth 项。

（2）删除临时环境变量 OS_TOKEN 和 OS_URL。

```
# unset OS_TOKEN OS_URL
```

（3）使用 admin 用户，请求认证令牌（执行结果如图 7.20 所示）。

```
#  OpenStack  --os-auth-url  http://controller:35357/v3  --os-project-
```

```
domain-name default --os-user-domain-name default --os-project-name admin
--os-username admin token issue
```
Password:（此处输入用户 admin 的密码）

```
+------------+----------------------------------------------------------+
| Field      | value                                                    |
+------------+----------------------------------------------------------+
| expires    | 2016-07-27T03:52:18.138414Z                              |
| id         | gAAAAABXmCHiJgLnabJ5MkPU4v1xFnFcU7N10PR5SheZwZGRJ1py5_bCz1ZOCwdF5nMU9SY |
|            | jHoLYUjuU6iXLfUuFXvFTtXcXneT_zz8ywl4OqzYQKLBFOHUNJFHgjDU3mgO_hDkVohRUMY |
|            | anb-k4giSctRTgC-q7J5GTY3Pn9-td6Y1CgngxLqo                |
| project_id | 2405a0ed8fac481c8411824d59f5c8f1                         |
| user_id    | bcaa8aff173f47dda195cf4f440c8a5d                         |
+------------+----------------------------------------------------------+
```

图 7.20　admin 令牌信息

（4）使用 demo 用户，请求认证令牌（执行结果如图 7.21 所示）。

```
# OpenStack --os-auth-url http://controller:5000/v3 --os-project-domain-
name default --os-user-domain-name default --os-project-name demo --os-username
demo token issue
```
Password:（此处输入 demo 的密码）

```
+------------+----------------------------------------------------------+
| Field      | value                                                    |
+------------+----------------------------------------------------------+
| expires    | 2016-07-27T03:52:58.169608Z                              |
| id         | gAAAAABXmCIKzfbp22n5wH9wgxkCF-                           |
|            | XMOpqX_K_NtnsgOfIMyXO8d9a2y31AwSIha2OnOP11Lxl9x6DtyNYYlJBKJQuzVmZ--TSle |
|            | BrNBOcWYVUZFH_GtEj1P4AHrGSjnh7azGDj9bQSq2P9N6EYmlPPXOSLvUTh8V4Ovq9fOO_6 |
|            | ZlRV2E_b-HQ                                              |
| project_id | 124340495d044586971fbbcf378a77d1                         |
| user_id    | 12cd20511b9641c4b9e1c4d9b5a35e65                         |
+------------+----------------------------------------------------------+
```

图 7.21　demo 令牌信息

7.4.9　创建脚本

为 admin 和 demo 的项目与用户创建客户端环境脚本。后续章节将使用这些脚本加载用户凭据。

（1）编辑 admin-poenrc 文件，并添加下列内容。

```
export OS_PROJECT_DOMAIN_NAME=default
export OS_USER_DOMAIN_NAME=default
export OS_PROJECT_NAME=admin
export OS_USERNAME=admin
export OS_PASSWORD=ADMIN_PASS
export OS_AUTH_URL=http://controller:35357/v3
export OS_IDENTITY_API_VERSION=3
export OS_IMAGE_API_VERSION=2
```

替换 ADMIN_PASS 为身份服务中 admin 用户的密码。

（2）编辑 demo-poenrc 文件，并添加下列内容。

```
export OS_PROJECT_DOMAIN_NAME=default
export OS_USER_DOMAIN_NAME=default

export OS_PROJECT_NAME=demo
export OS_USERNAME=demo
export OS_PASSWORD=DEMO_PASS
```

```
export OS_AUTH_URL=http://controller:5000/v3
export OS_IDENTITY_API_VERSION=3
export OS_IMAGE_API_VERSION=2
```

替换 DEMO_PASS 为身份服务中 demo 用户的密码。

7.4.10 使用脚本

(1) 加载 admin-openrc 文件用来填充身份服务中 admin 项目和用户的用户凭据到环境变量。

```
# . admin-openrc
```

(2) 请求认证令牌（执行结果如图 7.22 所示）。

```
# OpenStack token issue
+------------+-------------------------------------------------------------+
| Field      | Value                                                       |
+------------+-------------------------------------------------------------+
| expires    | 2016-07-27T03:56:05.274735Z                                 |
| id         | gAAAAABXmCLFwJOrj9Dq0JgeveMOv6CicNQVYwvbSM8                 |
|            | -lZ3A8Am2Z4f6hnVDmvlcLjQOxJAQ5cn7oAvHp-                     |
|            | z7kmkqSDKJKvImyMX1Di_chPVQXW6GORdKIM0QpRjlZi5olx9px5o9XG5UECwZGf2ekU- |
|            | gLZ1fUxRD814-2ggGNif5uXYS1PZsmDw                            |
| project_id | 2405a0ed8fac481c8411824d59f5c8f1                            |
| user_id    | bcaa8aff173f47dda195cf4f440c8a5d                            |
+------------+-------------------------------------------------------------+
```

图 7.22 获取 admin 令牌信息

7.5 安装和配置 Image Service（映像服务）

本节介绍在 Controller node（管理节点）安装和配置映像服务（glance）。这里使用本地文件系统存储映像。

7.5.1 先决条件

(1) 创建数据库，完成下列步骤。

① 使用数据库命令行客户端，以 root 身份登录数据库服务器。

```
# mysql -u root -p
```

② 创建 glance 数据库。

```
CREATE DATABASE glance
```

③ 授予数据库用户 glance 访问 glance 数据库的权限。

```
GRANT ALL PRIVILEGES ON glance.* TO 'glance'@'localhost' IDENTIFIED BY 'GLANCE_DBPASS';
GRANT ALL PRIVILEGES ON glance.* TO 'glance'@'%' IDENTIFIED BY 'GLANCE_DBPASS';
```

替换 GLANCE_DBPASS 为一个合适的密码。

④ 退出数据库。

```
Mysql -u glance -p
```

(2) 执行 admin 凭据脚本，以便以 admin 身份执行后续命令。

```
# . admin-openrc
```

(3) 创建服务凭据，完成下列操作（执行结果如图 7.23～图 7.27 所示）。

① 创建 glance 用户。

```
# OpenStack user create --domain default --password-prompt glance
User Password:                      （此处输入设置的用户密码）
Repeat User Password:
```

```
+-----------+----------------------------------+
| Field     | value                            |
+-----------+----------------------------------+
| domain_id | 2ced9d9d38644cf68361ee4eefab3194 |
| enabled   | True                             |
| id        | f0af5a9c7ecf4ef79927b3ce619f4c7f |
| name      | glance                           |
+-----------+----------------------------------+
```

图 7.23 glance 用户信息

② 添加 admin 角色到 glance 用户和 service 项目。

```
# OpenStack role add --project service --user glance admin
```

③ 创建 glance 服务实体。

```
# OpenStack service create --name glance --description "OpenStack Image" image
```

```
+-------------+----------------------------------+
| Field       | value                            |
+-------------+----------------------------------+
| description | OpenStack Image                  |
| enabled     | True                             |
| id          | e2cb95e104a448e8a374689006e816c0 |
| name        | glance                           |
| type        | image                            |
+-------------+----------------------------------+
```

图 7.24 glance 服务实体信息

(4) 创建映像服务 API 端点。

```
# OpenStack endpoint create --region RegionOne image public http://controller:9292
```

```
+--------------+----------------------------------+
| Field        | Value                            |
+--------------+----------------------------------+
| enabled      | True                             |
| id           | b0023a02e610473f83aa6d9f4637a0fd |
| interface    | public                           |
| region       | RegionOne                        |
| region_id    | RegionOne                        |
| service_id   | e2cb95e104a448e8a374689006e816c0 |
| service_name | glance                           |
| service_type | image                            |
| url          | http://controller:9292           |
+--------------+----------------------------------+
```

图 7.25 外网映像服务 API 端点信息

```
# OpenStack endpoint create --region RegionOne image internal http://controller:9292
```

```
+--------------+----------------------------------+
| Field        | Value                            |
+--------------+----------------------------------+
| enabled      | True                             |
| id           | 0048956bec4346de8ed95e16261ccf72 |
| interface    | internal                         |
| region       | RegionOne                        |
| region_id    | RegionOne                        |
| service_id   | e2cb95e104a448e8a374689006e816c0 |
| service_name | glance                           |
| service_type | image                            |
| url          | http://controller:9292           |
+--------------+----------------------------------+
```

图 7.26 内网映像服务 API 端点信息

第 7 章 OpenStack 平台的搭建与使用

```
# OpenStack endpoint create --region RegionOne image admin http://controller:9292
+--------------+----------------------------------+
| Field        | value                            |
+--------------+----------------------------------+
| enabled      | True                             |
| id           | 742d504f4de54a5ebb3c17e6e368f9c3 |
| interface    | admin                            |
| region       | RegionOne                        |
| region_id    | RegionOne                        |
| service_id   | e2cb95e104a448e8a374689006e816c0 |
| service_name | glance                           |
| service_type | image                            |
| url          | http://controller:9292           |
+--------------+----------------------------------+
```

图 7.27 admin 映像服务 API 端点信息

7.5.2 安装和配置组件

（1）安装软件包。

```
# yum install OpenStack-glance -y
```

（2）编辑/etc/glance/glance-api.conf 文件并完成下列操作。

① 在[database]小节，配置数据库访问。

```
[database]
...
connection = mysql+pymysql://glance:GLANCE_DBPASS@controller/glance
```

替换 GLANCE_DBPASS 为映像服务数据库用户 glance 的密码。

② 在[keystone_authtoken]和[paste_deploy]小节配置身份服务访问信息。

```
[keystone_authtoken]
...
auth_uri = http://controller:5000
auth_url = http://controller:35357
memcached_servers = controller:11211
auth_type = password
project_domain_name = default
user_domain_name = default
project_name = service
username = glance
password = GLANCE_PASS

[paste_deploy]
...
flavor = keystone
```

替换 GLANCE_DBPASS 为认证服务中 glance 用户的密码。

③ 在[glance_store]小节，配置使用本地系统存储和映像文件的存储路径。

```
[glance_store]
...
stores = file,http
default_store = file
filesystem_store_datadir = /var/lib/glance/images/
```

(3) 编辑/etc/glance/glance-registry.conf 文件并完成下列操作。

① 在[database]小节，配置数据库访问。

```
[database]
...
connection = mysql+pymysql://glance:GLANCE_DBPASS@controller/glance
```

替换 GLANCE_DBPASS 为映像服务数据库用户 glance 的密码。

② 在[keystone_authtoken]和[paste_deploy]小节，配置身份服务访问信息。

```
[keystone_authtoken]
...
auth_uri = http://controller:5000
auth_url = http://controller:35357
memcached_servers = controller:11211
auth_type = password
project_domain_name = default
user_domain_name = default
project_name = service
username = glance
password = GLANCE_PASS

[paste_deploy]
...
flavor = keystone
```

替换 GLANCE_DBPASS 为认证服务中 glance 用户的密码。

(4) 初始化映像服务数据库（执行结果如图 7.28 所示）。

```
# su -s /bin/sh -c "glance-manage db_sync" glance
# mysql -u glance -pglace -e"use glance;show tables"
```

```
+-----------------------------------+
| Tables_in_glance                  |
+-----------------------------------+
| artifact_blob_locations           |
| artifact_blobs                    |
| artifact_dependencies             |
| artifact_properties               |
| artifact_tags                     |
| artifacts                         |
| image_locations                   |
| image_members                     |
| image_properties                  |
| image_tags                        |
| images                            |
| metadef_namespace_resource_types  |
| metadef_namespaces                |
| metadef_objects                   |
| metadef_properties                |
| metadef_resource_types            |
| metadef_tags                      |
| migrate_version                   |
| task_info                         |
| tasks                             |
+-----------------------------------+
```

图 7.28　glance 数据库表信息

7.5.3　完成安装

启动映像服务并设置开机自动启动。

```
# systemctl enable OpenStack-glance-api.service OpenStack-glance-registry.service
```

```
# systemctl start OpenStack-glance-api.service OpenStack-glance-registry.service
# systemctl status OpenStack-glance-api.service OpenStack-glance-registry.service
```

7.5.4 确认安装

使用 CirrOS 映像确认映像服务是否安装正常。CirrOS 是一个小型 Linux 映像，可以用来测试 OpenStack 环境。目前各主流 Linux 系统都提供官方映像文件，感兴趣的读者可到 Linux 官网下载。

（1）执行 admin 凭据脚本，以便以 admin 身份执行后续命令。

```
# . admin-openrc
```

（2）下载映像文件（或从本书配套资源文件夹获取）。

```
# wget http://download.cirros-cloud.net/0.3.4/cirros-0.3.4-x86_64-disk.img
```

（3）上传映像文件到映像服务，使用 qcow2 磁盘格式，bare 容器格式，添加公共可见选项，使所有项目可以访问该映像（执行结果如图 7.29 所示）。

```
# OpenStack image create "cirros" --file cirros-0.3.4-x86_64-disk.img
--disk-format qcow2 --container-format bare --public
```

```
+------------------+------------------------------------------------------+
| Field            | Value                                                |
+------------------+------------------------------------------------------+
| checksum         | ee1eca47dc88f4879d8a229cc70a07c6                     |
| container_format | bare                                                 |
| created_at       | 2016-07-27T03:21:57Z                                 |
| disk_format      | qcow2                                                |
| file             | /v2/images/dce13efb-3846-4d9b-96a3-2905c0fd72e7/file |
| id               | dce13efb-3846-4d9b-96a3-2905c0fd72e7                 |
| min_disk         | 0                                                    |
| min_ram          | 0                                                    |
| name             | cirros                                               |
| owner            | 2405a0ed8fac481c8411824d59f5c8f1                     |
| protected        | False                                                |
| schema           | /v2/schemas/image                                    |
| size             | 13287936                                             |
| status           | active                                               |
| tags             |                                                      |
| updated_at       | 2016-07-27T03:21:58Z                                 |
| virtual_size     | None                                                 |
| visibility       | public                                               |
+------------------+------------------------------------------------------+
```

图 7.29 上传 cirros 映像成功信息

（4）确认映像已经上传并验证属性（执行结果如图 7.30 所示）。

```
# OpenStack image list
```

```
+--------------------------------------+--------+--------+
| ID                                   | Name   | Status |
+--------------------------------------+--------+--------+
| dce13efb-3846-4d9b-96a3-2905c0fd72e7 | cirros | active |
+--------------------------------------+--------+--------+
```

图 7.30 验证映像属性

7.6 安装和配置 Compute Service（计算服务）

使用 OpenStack 计算服务托管和管理云计算系统。OpenStack 计算服务是基础架构即服务（IaaS）系统的重要组成部分。

7.6.1 安装并配置管理节点

本节介绍在 Controller node（管理节点）安装和配置计算服务（nova）。

1. 先决条件

在安装和配置计算服务前，必须创建数据库、服务凭据和 API 端点。

（1）创建数据库并完成下列步骤。

① 使用数据库命令行客户端，以 root 身份登录数据库服务器。

```
# mysql -u root -p
```

② 创建 nova_api 和 nova 数据库。

```
CREATE DATABASE nova_api;
CREATE DATABASE nova;
```

③ 创建数据库用户 nova，并授予数据库用户 nova 访问 nova_api 和 nova 数据库的权限。

```
GRANT ALL PRIVILEGES ON nova_api.* TO 'nova'@'localhost' IDENTIFIED BY 'NOVA_DBPASS';
GRANT ALL PRIVILEGES ON nova_api.* TO 'nova'@'%' IDENTIFIED BY 'NOVA_DBPASS';
GRANT ALL PRIVILEGES ON nova.* TO 'nova'@'localhost' IDENTIFIED BY 'NOVA_DBPASS';
GRANT ALL PRIVILEGES ON nova.* TO 'nova'@'%' IDENTIFIED BY 'NOVA_DBPASS';
```

替换 NOVA_DBPASS 为一个合适的密码。

④ 退出数据库。

（2）执行 admin 凭据脚本，以便以 admin 身份执行后续命令。

```
# . admin-openrc
```

（3）创建服务凭据，并完成下列步骤（执行结果如图 7.31 和图 7.32 所示）。

① 创建 nova 用户。

```
# OpenStack user create --domain default --password-prompt nova
User Password:                    （此处输入设置的用户密码）
Repeat User Password:
```

```
+-----------+----------------------------------+
| Field     | value                            |
+-----------+----------------------------------+
| domain_id | 2ced9d9d38644cf68361ee4eefab3194 |
| enabled   | True                             |
| id        | fcbcdee45e514dd691967aed80ac0a47 |
| name      | nova                             |
+-----------+----------------------------------+
```

图 7.31 创建 nova 用户信息

② 添加 admin 角色到 nova 用户和 service 项目。

```
# OpenStack role add --project service --user nova admin
```

③ 创建 nova 服务实体。

```
# OpenStack service create --name nova --description "OpenStack Compute" compute
```

```
+-------------+----------------------------------+
| Field       | value                            |
+-------------+----------------------------------+
| description | OpenStack Compute                |
| enabled     | True                             |
| id          | cd0c40000a474b96b2b3352d42b4d524 |
| name        | nova                             |
| type        | compute                          |
+-------------+----------------------------------+
```

图 7.32 计算服务实体信息

（4）创建计算服务的 API 端点执行结果如图 7.33～图 7.35 所示。

  # OpenStack endpoint create --region RegionOne compute public http://controller:8774/v2.1/%\(tenant_id\)s

```
+-------------+----------------------------------------+
| Field       | Value                                  |
+-------------+----------------------------------------+
| enabled     | True                                   |
| id          | 7d86a8c41d0942f48cd1f27e759fbf85       |
| interface   | public                                 |
| region      | RegionOne                              |
| region_id   | RegionOne                              |
| service_id  | cd0c40000a474b96b2b3352d42b4d524       |
| service_name| nova                                   |
| service_type| compute                                |
| url         | http://controller:8774/v2.1/%(tenant_id)s |
+-------------+----------------------------------------+
```

图 7.33   外网计算服务 API 端点信息

  # OpenStack endpoint create --region RegionOne compute internal http://controller:8774/v2.1/%\(tenant_id\)s

```
+-------------+----------------------------------------+
| Field       | Value                                  |
+-------------+----------------------------------------+
| enabled     | True                                   |
| id          | af5773cd689047a6a9ba477f556f5db7       |
| interface   | internal                               |
| region      | RegionOne                              |
| region_id   | RegionOne                              |
| service_id  | cd0c40000a474b96b2b3352d42b4d524       |
| service_name| nova                                   |
| service_type| compute                                |
| url         | http://controller:8774/v2.1/%(tenant_id)s |
+-------------+----------------------------------------+
```

图 7.34   内网计算服务 API 端点信息

  # OpenStack endpoint create --region RegionOne compute admin http://controller:8774/v2.1/%\(tenant_id\)s

```
+-------------+----------------------------------------+
| Field       | Value                                  |
+-------------+----------------------------------------+
| enabled     | True                                   |
| id          | 5be820a6cba446b08ea7c42a66ee0271       |
| interface   | admin                                  |
| region      | RegionOne                              |
| region_id   | RegionOne                              |
| service_id  | cd0c40000a474b96b2b3352d42b4d524       |
| service_name| nova                                   |
| service_type| compute                                |
| url         | http://controller:8774/v2.1/%(tenant_id)s |
+-------------+----------------------------------------+
```

图 7.35   admin 计算服务 API 端点信息

2．安装配置组件

（1）安装软件包。

  # yum install OpenStack-nova-api OpenStack-nova-conductor OpenStack-nova-console OpenStack-nova-novncproxy OpenStack-nova-scheduler -y

（2）编辑/etc/nova/nova.conf 文件并完成下列操作。

① 在[DEFAULT]小节，只启用 compute 和 metadata 的 API。

  [DEFAULT]
  ...
  enabled_apis = osapi_compute,metadata

② 在[api_database]和[database]小节，配置数据库访问。

  [api_database]
  ...

```
connection = mysql+pymysql://nova:NOVA_DBPASS@controller/nova_api

[database]
...
connection = mysql+pymysql://nova:NOVA_DBPASS@controller/nova
```

替换 NOVA_DBPASS 为计算服务数据库用户 nova 的密码。

③ 在[DEFAULT]和[oslo_messaging_rabbit]小节配置 RabbitMQ 消息队列访问。

```
[DEFAULT]
...
rpc_backend = rabbit

[oslo_messaging_rabbit]
...
rabbit_host = controller
rabbit_userid = OpenStack
rabbit_password = RABBIT_PASS
```

替换 RABBIT_PASS 为 RabbitMQ 用户 OpenStack 的密码。

④ 在[DEFAULT]和[keystone_authtoken]小节配置身份服务访问信息。

```
[DEFAULT]
...
auth_strategy = keystone

[keystone_authtoken]
...
auth_uri = http://controller:5000
auth_url = http://controller:35357
memcached_servers = controller:11211
auth_type = password
project_domain_name = default
user_domain_name = default
project_name = service
username = nova
password = NOVA_PASS
```

替换 NOVA_PASS 为身份服务中用户 nova 的密码。

⑤ 在[DEFAULT]小节，配置 my_ip 配置项为管理节点的管理接口 IP 地址。

```
[DEFAULT]
...
my_ip = 10.0.0.10
```

⑥ 在[DEFAULT]小节，启用支持 neutron 网络服务。

```
[DEFAULT]
...
use_neutron = True
firewall_driver = nova.virt.firewall.NoopFirewallDriver
```

⑦ 在[vnc]小节，配置 vnc 代理，使用管理节点的管理接口 IP 地址。

```
[vnc]
...
vncserver_listen = $my_ip
vncserver_proxyclient_address = $my_ip
```

⑧ 在[glance]小节，配置映像服务 API 的位置。

```
[glance]
...
api_servers = http://controller:9292
```

⑨ 在[oslo_concurrency]小节，配置锁路径。

```
[oslo_concurrency]
...
lock_path = /var/lib/nova/tmp
```

（3）初始化计算服务数据库。

```
# su -s /bin/sh -c "nova-manage api_db sync" nova
# su -s /bin/sh -c "nova-manage db sync" nova
# mysql -u nova -pnova -h controller -e "use nova;show tables"
# mysql -u nova -pnova -h controller -e "use nova_api;show tables"
```

（4）启动计算服务并设置开机自动运行。

```
# systemctl enable OpenStack-nova-api.service OpenStack-nova-consoleauth.service   OpenStack-nova-scheduler.serviceOpenStack-nova-conductor.service OpenStack-nova-novncproxy.service
# systemctl start OpenStack-nova-api.service OpenStack-nova-consoleauth.service  OpenStack-nova-scheduler.service  OpenStack-nova-conductor.service OpenStack-nova-novncproxy.service
# systemctl status OpenStack-nova-api.service OpenStack-nova-consoleauth.service  OpenStack-nova-scheduler.service  OpenStack-nova-conductor.service OpenStack-nova-novncproxy.service
```

查看服务是否启动成功。

7.6.2 安装和配置计算节点

本章介绍在 Compute node（计算节点）安装和配置计算服务。

如果 Compute node 没有设置 CPU 支持虚拟化，先关闭 Compute 虚拟机，在 VMware Workstation 中编辑 Compute node 的计算机配置，在处理机配置中勾选"虚拟化 Intel VT-x/EPT 或 AMD-V/DVI（V）"复选框，如图 7.36 所示，然后再开机。

1. 安装和配置组件

（1）安装软件包。

```
# yum install OpenStack-nova-compute -y
```

（2）编辑/etc/nova/nova.conf 文件，并完成下列操作。

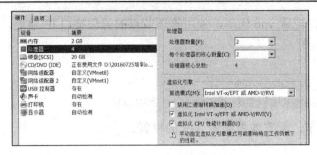

图 7.36 计算节点 CPU 配置

① 在[DEFAULT]和[oslo_messaging_rabbit]小节，配置 RabbitMQ 消息队列访问。

```
[DEFAULT]
...
rpc_backend = rabbit

[oslo_messaging_rabbit]
...
rabbit_host = controller
rabbit_userid = OpenStack
rabbit_password = RABBIT_PASS
```

替换 RABBIT_PASS 为 RabbitMQ 用户 OpenStack 的密码。

② 在[DEFAULT]和[keystone_authtoken]小节，配置身份服务访问信息。

```
[DEFAULT]
...
auth_strategy = keystone

[keystone_authtoken]
...
auth_uri = http://controller:5000
auth_url = http://controller:35357
memcached_servers = controller:11211
auth_type = password
project_domain_name = default
user_domain_name = default
project_name = service
username = nova
password = NOVA_PASS
```

替换 NOVA_PASS 为身份服务用户 nova 的密码。

③ 在[DEFAULT]小节，配置 my_ip 配置项。

```
[DEFAULT]
...
my_ip = MANAGEMENT_INTERFACE_IP_ADDRESS
```

替换 MANAGEMENT_INTERFACE_IP_ADDRESS 为计算节点管理接口的 IP 地址。在本例中，计算节点的管理接口 IP 为 10.0.0.11。

④ 在[DEFAULT]小节，启用支持 neutron 网络服务。

```
[DEFAULT]
...
use_neutron = True
firewall_driver = nova.virt.firewall.NoopFirewallDriver
```

⑤ 在[vnc]小节，启用并配置远程控制访问信息。

```
[vnc]
...
enabled = True
vncserver_listen = 0.0.0.0
vncserver_proxyclient_address = $my_ip
novncproxy_base_url = http://controller:6080/vnc_auto.html
```

注意：如果 controller 不能解析到管理节点的 IP 地址，则需要修改 DNS 或 host 文件。

⑥ 在[glance]小节，配置映像服务 API 的位置。

```
[glance]
...
api_servers = http://controller:9292
```

⑦ 在[oslo_concurrency]小节，配置锁路径。

```
[oslo_concurrency]
...
lock_path = /var/lib/nova/tmp
```

2. 完成安装

（1）检查计算节点是否支持硬件虚拟机化。

```
# egrep -c '(vmx|svm)' /proc/cpuinfo
```

如果结果大于或等于 1，则表示计算节点支持硬件虚拟化。如果等于 0，则表示不支持，那么必须配置 libvirt，使用 Qemu 代替 KVM。

编辑/etc/nova/nova.conf 文件中的[libvirt]小节。

```
[libvirt]
...
virt_type = qemu
```

（2）启动计算服务及其依赖服务，并支持开机自动运行。

```
# systemctl enable libvirtd.service OpenStack-nova-compute.service
# systemctl start libvirtd.service OpenStack-nova-compute.service
# systemctl status libvirtd.service OpenStack-nova-compute.service
```

3. 验证操作

在管理节点进行下列操作。

（1）执行 admin 凭据脚本，以便以 admin 身份执行后续命令。

```
# . admin-openrc
```

（2）通过列出服务组件，确认每一个进程已经成功启动和注册（执行结果如图 7.37 所示）。

```
# OpenStack compute service list
+----+------------------+------------+----------+---------+-------+----------------------------+
| Id | Binary           | Host       | Zone     | Status  | State | Updated At                 |
+----+------------------+------------+----------+---------+-------+----------------------------+
| 1  | nova-consoleauth | controller | internal | enabled | up    | 2016-07-27T08:32:30.000000 |
| 2  | nova-conductor   | controller | internal | enabled | up    | 2016-07-27T08:32:28.000000 |
| 3  | nova-scheduler   | controller | internal | enabled | up    | 2016-07-27T08:32:29.000000 |
| 7  | nova-compute     | compute    | nova     | enabled | up    | 2016-07-27T08:32:29.000000 |
+----+------------------+------------+----------+---------+-------+----------------------------+
```

图 7.37 计算服务列表

7.7 安装配置 Networking Service（网络服务）

OpenStack 的网络架构如图 7.7 所示。Controller 节点安装了 OpenStack-neutron、OpenStack-neutron-ml2、OpenStack-neutron-Linuxbridge 和 Ebtables 组件，Compute 节点安装了 OpenStack-neutron-Linuxbridge、Ebtables 组件。在 Controller 节点创建服务网络 Provider，管理网络 Self-service，再创建一个路由器连接 Provider 和 Self-service。随后在两个节点把一系列服务开启后，得到网络架构拓扑，如图 7.38 所示。

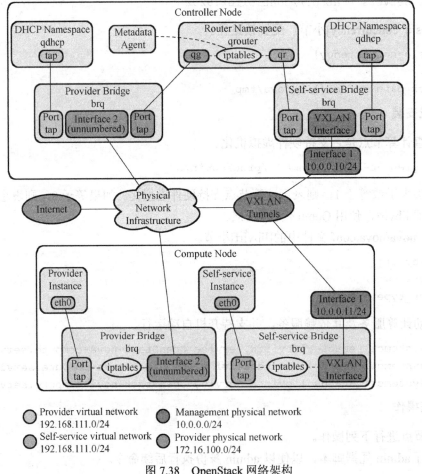

图 7.38 OpenStack 网络架构

创建一个虚拟机 Instance，连接到 Provider 网络，在 Instance 开机时通过 DHCP 获得外网 IP 直接访问外网。创建 Instance 连接到 Self-service 网络，开机时获得内网子网 IP 地址，Instance 与内网内的虚拟机实例通信，通过 vxlan 通道技术，例如：内网 IP 是 192.168.111.X，要与其他 Compute 节点上的虚拟机实例通信，通过管理网段 10.0.0.X 封装数据包在节点之间传递，到节点后拆包发到相应 192.168.111.X 的虚拟机实例上。

内网虚拟机实例访问外网，数据包要先到 Controller 节点，通过 Router 才可以出去。所以说内网外出通信全靠 Controller 节点。因此，管理网络一般使用万兆光纤。外网访问内网虚拟机实例，需要设置一个外网地址给虚拟机实例，这个地址叫浮动 IP 地址。

OpenStack 网络服务管理所有网络方面的内容，包括虚拟网络基础架构（VNI）和接入层方面的物理网络基础架构（PNI）。

7.7.1 安装和配置管理节点

本节将介绍在 Controller node（管理节点）安装和配置网络服务。

1. 先决条件

在配置 OpenStack Networking Service 之前，必须创建数据库、服务凭据和 API 端点。

（1）创建数据库，并完成下列步骤。

① 使用数据库命令行客户端，以 root 身份登录数据库服务器。

```
#mysql -u root -p
```

② 创建 neutron 数据库。

```
CREATE DATABASE neutron;
```

③ 创建数据库用户 neutron，并授予数据库用户 neutron 访问 neutron 数据库的权限。

```
GRANT ALL PRIVILEGES ON neutron.* TO 'neutron'@'localhost' IDENTIFIED BY 'NEUTRON_DBPASS';
GRANT ALL PRIVILEGES ON neutron.* TO 'neutron'@'%' IDENTIFIED BY 'NEUTRON_DBPASS';
```

替换 NEUTRON_DBPASS 为一个合适的密码。

④ 退出数据库。

（2）执行 admin 凭据脚本，以便以 admin 身份执行后续命令。

```
# . admin-openrc
```

（3）创建服务凭据，并完成下列步骤（运行结果如图 7.39 和图 7.40 所示）。

① 创建 neutron 用户。

```
# OpenStack user create --domain default --password-prompt neutron
User Password:                          （此处输入设置的用户密码）
Repeat User Password:
```

② 添加 admin 角色到 neutron 用户和 service 项目。

```
# OpenStack role add --project service --user neutron admin
```

```
+-----------+------------------------------------+
| Field     | value                              |
+-----------+------------------------------------+
| domain_id | 2ced9d9d38644cf68361ee4eefab3194   |
| enabled   | True                               |
| id        | 78f2c76f02b74193b2de68d0672e9e4e   |
| name      | neutron                            |
+-----------+------------------------------------+
```

图 7.39 neutron 用户信息

③ 创建 neutron 服务实体。

`# OpenStack service create --name neutron --description "OpenStack Networking" network`

```
+-------------+----------------------------------+
| Field       | value                            |
+-------------+----------------------------------+
| description | OpenStack Networking             |
| enabled     | True                             |
| id          | bcde4ea5d6d44babb435f798ab3e9056 |
| name        | neutron                          |
| type        | network                          |
+-------------+----------------------------------+
```

图 7.40 neutron 服务实体信息

(4) 创建网络服务的 API 端点（运行结果如图 7.41～图 7.43 所示）。

`# OpenStack endpoint create --region RegionOne network public http://controller:9696`

```
+--------------+----------------------------------+
| Field        | value                            |
+--------------+----------------------------------+
| enabled      | True                             |
| id           | 7c1fa475641441cc86cbf32f1e9cd010 |
| interface    | public                           |
| region       | RegionOne                        |
| region_id    | RegionOne                        |
| service_id   | bcde4ea5d6d44babb435f798ab3e9056 |
| service_name | neutron                          |
| service_type | network                          |
| url          | http://controller:9696           |
+--------------+----------------------------------+
```

图 7.41 外网网络服务 API 端点信息

`# OpenStack endpoint create --region RegionOne network internal http://controller:9696`

```
+--------------+----------------------------------+
| Field        | value                            |
+--------------+----------------------------------+
| enabled      | True                             |
| id           | ad28e3452b8c43a4a2bfef878e2724a1 |
| interface    | internal                         |
| region       | RegionOne                        |
| region_id    | RegionOne                        |
| service_id   | bcde4ea5d6d44babb435f798ab3e9056 |
| service_name | neutron                          |
| service_type | network                          |
| url          | http://controller:9696           |
+--------------+----------------------------------+
```

图 7.42 内网网络服务 API 端点信息

`# OpenStack endpoint create --region RegionOne network admin http://controller:9696`

```
+--------------+----------------------------------+
| Field        | value                            |
+--------------+----------------------------------+
| enabled      | True                             |
| id           | 65ac2f24a50a4f6eae1c0abf836f1c4b |
| interface    | admin                            |
| region       | RegionOne                        |
| region_id    | RegionOne                        |
| service_id   | bcde4ea5d6d44babb435f798ab3e9056 |
| service_name | neutron                          |
| service_type | network                          |
| url          | http://controller:9696           |
+--------------+----------------------------------+
```

图 7.43 admin 网络服务 API 端点信息

2. 安装并配置服务组件

在 Controller node（管理节点）安装和配置网络组件。

（1）安装组件。

```
# yum install OpenStack-neutron OpenStack-neutron-ml2 OpenStack-neutron-Linuxbridge ebtables -y
```

（2）编辑/etc/neutron/neutron.conf 文件并完成下列操作。

① 在[database]小节，配置数据库访问信息。

```
[database]
...
connection = mysql+pymysql://neutron:NEUTRON_DBPASS@controller/neutron
```

替换 NEUTRON_DBPASS 为网络服务数据库用户 neutron 的密码。

② 在[DEFAULT]小节，启用二层模块（ML2）插件、路由服务和重叠地址功能。

```
[DEFAULT]
...
core_plugin = ml2
service_plugins = router
allow_overlapping_ips = True
```

③ 在[DEFAULT]和[oslo_messaging_rabbit]小节，配置 RabbitMQ 消息队列访问信息。

```
[DEFAULT]
...
rpc_backend = rabbit

[oslo_messaging_rabbit]
...
rabbit_host = controller
rabbit_userid = OpenStack
rabbit_password = RABBIT_PASS
```

替换 RABBIT_PASS 为 RabbitMQ 用户 OpenStack 的密码。

④ 在[DEFAULT]和[keystone_authtoken]小节，配置身份服务访问信息。

```
[DEFAULT]
...
auth_strategy = keystone

[keystone_authtoken]
...
auth_uri = http://controller:5000
auth_url = http://controller:35357
memcached_servers = controller:11211
auth_type = password
project_domain_name = default
user_domain_name = default
project_name = service
```

```
username = neutron
password = NEUTRON_PASS
```

替换 NEUTRON_PASS 为身份服务用户 neutron 的密码。

⑤ 在[DEFAULT]和[nova]小节，配置当网络拓扑发生改变时向计算服务发送网络通知。

```
[DEFAULT]
...
notify_nova_on_port_status_changes = True
notify_nova_on_port_data_changes = True

[nova]
...
auth_url = http://controller:35357
auth_type = password
project_domain_name = default
user_domain_name = default
region_name = RegionOne
project_name = service
username = nova
password = NOVA_PASS
```

替换 NOVA_PASS 为身份服务用户 nova 的密码。

⑥ 在[oslo_concurrency]小节，配置锁路径。

```
[oslo_concurrency]
...
lock_path = /var/lib/neutron/tmp
```

3. 配置二层（ML2）模块插件

ML2 插件使用 Linux bridge 机制为云主机建立二层虚拟网络基础。编辑/etc/neutron/plugins/ml2/ml2_conf.ini 文件并完成下列操作。

（1）在[ml2]小节，启用 flat、vlan 和 vxlan 网络。

```
[ml2]
...
type_drivers = flat,vlan,vxlan
```

（2）在[ml2]小节，启用 vxlan 为用户自定义网络。

```
[ml2]
...
tenant_network_types = vxlan
```

（3）在[ml2]小节，启用 Linux bridge 和 layer-2 population 机制。

```
[ml2]
...
mechanism_drivers = Linuxbridge,l layer-2 population
```

（4）在[ml2]小节，启用端口安全扩展驱动。

```
[ml2]
...
```

```
extension_drivers = port_security
```

（5）在[ml2_type_flat]小节，配置 provider 虚拟网络使用 flat 网络。

```
[ml2_type_flat]
...
flat_networks = provider
```

（6）在[ml2_type_vxlan]小节，配置自定义 vxlan 网络的 id 范围。

```
[ml2_type_vxlan]
...
vni_ranges = 1:1000
```

（7）在[securitygroup]小节，启用 ipset 增强安全组的工作效率。

```
[securitygroup]
...
enable_ipset = True
```

4．配置 Linux bridge agent

Linux bridge agent 为云主机和处理安全组建立二层虚拟网络基础。编辑/etc/neutron/plugins/ml2/Linuxbridge_agent.ini 文件并完成下列操作。

（1）在[Linux_bridge]小节，映射 provider 虚拟网络到 provider 物理网络接口。

```
[Linux_bridge]
physical_interface_mappings = provider:PROVIDER_INTERFACE_NAME
```

替换 PROVIDER_INTERFACE_NAME 为 provider 物理网络接口的名字。

（2）在[vxlan]小节，启用 vxlan 覆盖网络，配置处理覆盖网络物理网络接口的 IP 地址。启用 layer-2 population。

```
[vxlan]
enable_vxlan = True
local_ip = OVERLAY_INTERFACE_IP_ADDRESS
l2_population = True
```

替换 OVERLAY_INTERFACE_IP_ADDRESS 为管理节点管理接口的 IP 地址。

（3）在[securitygroup]小节，启用安全组并配置 Linux bridge iptables 防火墙驱动。

```
[securitygroup]
...
enable_security_group = True
firewall_driver = neutron.agent.Linux.iptables_firewall.IptablesFirewallDriver
```

5．配置三层代理

Layer-3（L3）agent 为自定义虚拟网络提供路由和 NAT 服务。编辑/etc/neutron/l3_agent.ini 文件并完成下列操作。

在[DEFAULT]小节，配置 Linux bridge 接口驱动和外部网络网桥。

```
[DEFAULT]
...
```

```
interface_driver = neutron.agent.Linux.interface.BridgeInterfaceDriver
external_network_bridge =
```

6. 配置 DHCP 代理

DHCP 代理为虚拟网络提供 DHCP 服务。编辑/etc/neutron/dhcp_agent.ini 文件并完成下列操作。

在[DEFAULT]小节，配置 Linux bridge 接口驱动，Dnsmasq DHCP 驱动并启用 isolated metadata，以便云主机可以通过 provider 网络访问元数据。

```
[DEFAULT]
...
interface_driver = neutron.agent.Linux.interface.BridgeInterfaceDriver
dhcp_driver = neutron.agent.Linux.dhcp.Dnsmasq
enable_isolated_metadata = True
```

7. 配置元数据代理

Metadata agent（元数据代理）提供配置信息，如云主机的凭据。编辑/etc/neutron/metadata_agent.ini 文件并完成下列操作。

在[DEFAULT]小节，配置元数据主机和共享密钥。

```
[DEFAULT]
...
nova_metadata_ip = controller
metadata_proxy_shared_secret = METADATA_SECRET
```

替换 METADATA_SECRET 为一个合适的密码。

8. 配置计算节点使用 neutron 网络

编辑/etc/nova/nova.conf 文件并完成下列操作。

在[neutron]小节，配置访问参数，启用元数据代理，并配置共享密钥。

```
[neutron]
...
url = http://controller:9696
auth_url = http://controller:35357
auth_type = password
project_domain_name = default
user_domain_name = default
region_name = RegionOne
project_name = service
username = neutron
password = NEUTRON_PASS「

service_metadata_proxy = True
metadata_proxy_shared_secret = METADATA_SECRET
```

替换 NEUTRON_PASS 为身份服务中 neutron 用户的密码。

替换 METADATA_SECRET 为/etc/neutron/metadata_agent.ini 文件中相同的密码。

9. 完成安装

（1）网络服务初始化脚本/etc/neutron/plugin.ini 实际上是一个链接文件，它指向 ML2 插件的配置文件/etc/neutron/plugins/ml2/ml2_conf.ini，如果该链接文件不存在，则需要使用下面的命令创建。

```
# ln -s /etc/neutron/plugins/ml2/ml2_conf.ini /etc/neutron/plugin.ini
```

（2）初始化数据库。

```
# su -s /bin/sh -c "neutron-db-manage --config-file /etc/neutron/neutron.conf --config-file /etc/neutron/plugins/ml2/ml2_conf.ini upgrade head" neutron
# mysql -uneutron -pneutron -hcontroller -e"use neutron;show tables"
```

（3）重启计算节点的 API 服务。

```
# systemctl restart OpenStack-nova-api.service
# systemctl status OpenStack-nova-api.service
```

（4）启动网络服务并配置开机自动运行。

```
# systemctl enable neutron-server.service neutron-Linuxbridge-agent.service neutron-dhcp-agent.service neutron-metadata-agent.service neutron-l3-agent.service
# systemctl start neutron-server.service neutron-Linuxbridge-agent.service neutron-dhcp-agent.service neutron-metadata-agent.service neutron-l3-agent.service
# systemctl status neutron-server.service neutron-Linuxbridge-agent.service neutron-dhcp-agent.service neutron-metadata-agent.service neutron-l3-agent.service
```

7.7.2 安装和配置计算节点

计算节点负责处理云主机的连接性和安全组。在 Compute node（计算节点）完成下列操作。

1. 安装组件

```
# yum install OpenStack-neutron-Linuxbridge ebtables ipset -y
```

2. 配置公共组件

网络服务公共组件配置包括认证机制、消息队列和插件。编辑/etc/neutron/neutron.conf 文件并完成下列操作。

（1）在[database]小节，注释删除所有 connection 配置项。因为计算节点不需要直接访问数据库。

（2）在[DEFAULT]和[oslo_messaging_rabbit]小节，配置 RabbitMQ 消息队列访问信息。

```
[DEFAULT]
...
rpc_backend = rabbit

[oslo_messaging_rabbit]
...
rabbit_host = controller
rabbit_userid = OpenStack
rabbit_password = RABBIT_PASS
```

替换 RABBIT_PASS 为 RabbitMQ 用户 OpenStack 的密码。

（3）在[DEFAULT]和[keystone_authtoken]小节，配置身份服务访问信息。

```
[DEFAULT]
...
auth_strategy = keystone

[keystone_authtoken]
...
auth_uri = http://controller:5000
auth_url = http://controller:35357
memcached_servers = controller:11211
auth_type = password
project_domain_name = default
user_domain_name = default
project_name = service
username = neutron
password = NEUTRON_PASS
```

替换 NEUTRON_PASS 为身份服务中 neutron 用户的密码。

（4）在[oslo_concurrency]小节，配置锁路径。

```
[oslo_concurrency]
...
lock_path = /var/lib/neutron/tmp
```

3. 配置 Linux bridge 代理

Linux bridge 代理为云主机建立二层虚拟网络基础结构并处理安全组。编辑/etc/neutron/plugins/ml2/Linuxbridge_agent.ini 文件并完成下列操作。

（1）在[Linux_bridge]小节，映射 provider 虚拟网络到 provider 物理网络接口。

```
[Linux_bridge]
physical_interface_mappings = provider:PROVIDER_INTERFACE_NAME
```

替换 PROVIDER_INTERFACE_NAME 为 provider 网络的物理网络接口。

（2）在[vxlan]小节，启用 vxlan 覆盖网络，配置处理覆盖网络物理网络接口的 IP 地址。启用 layer-2 population。

```
[vxlan]
enable_vxlan = True
local_ip = OVERLAY_INTERFACE_IP_ADDRESS
l2_population = True
```

替换 OVERLAY_INTERFACE_IP_ADDRESS 为计算节点管理接口的 IP 地址。

（3）在[securitygroup]小节，启用安全组并配置 Linux bridge iptables 防火墙驱动。

```
[securitygroup]
...
enable_security_group = True
firewall_driver = neutron.agent.Linux.iptables_firewall.IptablesFirewallDriver
```

4. 配置计算节点使用 neutron 网络

编辑/etc/nova/nova.conf 文件并完成下列操作。

在[neutron]小节，配置访问参数。

```
[neutron]
...
url = http://controller:9696
auth_url = http://controller:35357
auth_type = password
project_domain_name = default
user_domain_name = default
region_name = RegionOne
project_name = service
username = neutron
password = NEUTRON_PASS
```

替换 NEUTRON_PASS 为身份服务中 neutron 用户的密码。

5. 完成安装

（1）重启计算服务。

```
# systemctl restart OpenStack-nova-compute.service
# systemctl status OpenStack-nova-compute.service
```

（2）启动 Linux bridge 代理并设置开机自动运行。

```
# systemctl enable neutron-Linuxbridge-agent.service
# systemctl start neutron-Linuxbridge-agent.service
# systemctl status neutron-Linuxbridge-agent.service
```

6. 验证操作

（1）执行 admin 凭据脚本，以便以 admin 身份执行后续命令。

```
# . admin-openrc
```

（2）列出加载的扩展模块，确认 neutron-server 服务进程成功启动（执行结果如图 7.44 所示）。

```
# neutron ext-list
```

alias	name
default-subnetpools	Default Subnetpools
network-ip-availability	Network IP Availability
network_availability_zone	Network Availability Zone
auto-allocated-topology	Auto Allocated Topology Services
ext-gw-mode	Neutron L3 Configurable external gateway mode
binding	Port Binding
agent	agent
subnet_allocation	Subnet Allocation
l3_agent_scheduler	L3 Agent Scheduler
tag	Tag support
external-net	Neutron external network
net-mtu	Network MTU
availability_zone	Availability Zone
quotas	Quota management support
l3-ha	HA Router extension
provider	Provider Network
multi-provider	Multi Provider Network
address-scope	Address scope
extraroute	Neutron Extra Route
timestamp_core	Time Stamp Fields addition for core resources
extra_dhcp_opt	Neutron Extra DHCP opts
dns-integration	DNS Integration
security-group	security-group
dhcp_agent_scheduler	DHCP Agent Scheduler
router_availability_zone	Router Availability Zone
rbac-policies	RBAC Policies
standard-attr-description	standard-attr-description
router	Neutron L3 Router
allowed-address-pairs	Allowed Address Pairs
dvr	Distributed Virtual Router

图 7.44　扩展模块信息

(3) 列出代理，确认 neutron 代理成功启动（执行结果如图 7.45 所示）。

```
# neutron agent-list
```

```
+--------------------------------------+--------------------+------------+-------------------+-------+----------------+---------------------------+
| id                                   | agent_type         | host       | availability_zone | alive | admin_state_up | binary                    |
+--------------------------------------+--------------------+------------+-------------------+-------+----------------+---------------------------+
| 0471aa68-41a0-4faf-b8d6-40b4e7d80258 | Linux bridge agent | controller |                   | :-)   | True           | neutron-linuxbridge-agent |
| 22892afb-2220-4265-b3e6-3b7c4472145b | L3 agent           | controller | nova              | :-)   | True           | neutron-l3-agent          |
| 66350ba8-e867-4d6f-ba66-858964783fcb | Metadata agent     | controller |                   | :-)   | True           | neutron-metadata-agent    |
| af22d35a-d1ba-4285-8095-b7668197fd69 | DHCP agent         | controller | nova              | :-)   | True           | neutron-dhcp-agent        |
| cb0efe95-3f4e-4ea2-91fc-24a70659fc1c | Linux bridge agent | compute    |                   | :-)   | True           | neutron-linuxbridge-agent |
+--------------------------------------+--------------------+------------+-------------------+-------+----------------+---------------------------+
```

图 7.45 neutron 代理信息

7. 修改 VMware Workstation 虚拟机和系统配置

因为 VMware Workstation 虚拟机默认开启网卡 MAC 地址检查，该功能将导致云主机与 provider 网络通信异常。物理设备不会出现此异常。因此需要对虚拟机的配置文件做修改。关闭虚拟机网卡的 MAC 地址检查。将所有虚拟机关机，并修改所有虚拟机的 vmx 配置文件，添加如下配置项。

```
ethernet0.checkMACAddress = "FALSE"
ethernet1.checkMACAddress = "FALSE"
```

注意：两个网卡的虚拟机添加两项，一个网卡的虚拟机添加第一项。

如果使用 Linux 版本的 VMware Workstation，还需要将相关网卡设备的权限设置为 666，命令如下。

```
chmod 666 /dev/vmnet*
```

8. 创建 provider 网络

(1) 在管理节点执行 admin 凭据脚本，以便以 admin 身份执行后续命令。

```
# . admin-openrc
```

(2) 创建网络（执行结果如图 7.46 所示）。

```
# neutron net-create --shared --provider:physical_network provider --provider:network_type flat provider
```

```
+---------------------------+--------------------------------------+
| Field                     | Value                                |
+---------------------------+--------------------------------------+
| admin_state_up            | True                                 |
| availability_zone_hints   |                                      |
| availability_zones        |                                      |
| created_at                | 2016-07-28T08:25:42                  |
| description               |                                      |
| id                        | 9e240d5a-1072-4600-93e2-59417ffaba15 |
| ipv4_address_scope        |                                      |
| ipv6_address_scope        |                                      |
| mtu                       | 1500                                 |
| name                      | provider                             |
| port_security_enabled     | True                                 |
| provider:network_type     | flat                                 |
| provider:physical_network | provider                             |
| provider:segmentation_id  |                                      |
| router:external           | False                                |
| shared                    | True                                 |
| status                    | ACTIVE                               |
| subnets                   |                                      |
| tags                      |                                      |
| tenant_id                 | 2405a0ed8fac481c8411824d59f5c8f1     |
| updated_at                | 2016-07-28T08:25:42                  |
+---------------------------+--------------------------------------+
```

图 7.46 网络信息

(3) 在 provider 网络上创建子网（执行结果如图 7.47 所示）。

```
# neutron subnet-create --name provider --allocation-pool start=172.16.100.101,
```

```
end=172.16.100.250 --dns-nameserver 202.106.0.20 --gateway 172.16.100.1
provider 172.16.100.0/24
```

```
+-------------------+------------------------------------------------+
| Field             | value                                          |
+-------------------+------------------------------------------------+
| allocation_pools  | {"start": "172.16.100.101", "end": "172.16.100.250"} |
| cidr              | 172.16.100.0/24                                |
| created_at        | 2016-07-28T08:26:26                            |
| description       |                                                |
| dns_nameservers   | 202.106.0.20                                   |
| enable_dhcp       | True                                           |
| gateway_ip        | 172.16.100.1                                   |
| host_routes       |                                                |
| id                | e20278ab-c67c-4cf2-bd5a-45c5574a024e           |
| ip_version        | 4                                              |
| ipv6_address_mode |                                                |
| ipv6_ra_mode      |                                                |
| name              | provider                                       |
| network_id        | 9e240d5a-1072-4600-93e2-59417ffaba15           |
| subnetpool_id     |                                                |
| tenant_id         | 2405a0ed8fac481c8411824d59f5c8f1               |
| updated_at        | 2016-07-28T08:26:26                            |
+-------------------+------------------------------------------------+
```

图 7.47 子网信息

（4）创建自定义网络（执行结果如图 7.48 和图 7.49 所示）。

① 在管理节点执行 demo 凭据脚本，以便以 demo 身份执行后续命令。

```
# . demo-openrc
```

② 创建网络。

```
# neutron net-create selfservice
```

```
+-------------------------+--------------------------------------+
| Field                   | value                                |
+-------------------------+--------------------------------------+
| admin_state_up          | True                                 |
| availability_zone_hints |                                      |
| availability_zones      |                                      |
| created_at              | 2016-07-28T08:29:24                  |
| description             |                                      |
| id                      | 794ea038-bc61-4910-b7a8-8e3331914730 |
| ipv4_address_scope      |                                      |
| ipv6_address_scope      |                                      |
| mtu                     | 1450                                 |
| name                    | selfservice                          |
| port_security_enabled   | True                                 |
| router:external         | False                                |
| shared                  | False                                |
| status                  | ACTIVE                               |
| subnets                 |                                      |
| tags                    |                                      |
| tenant_id               | 124340495d044586971fbbcf378a77d1     |
| updated_at              | 2016-07-28T08:29:24                  |
+-------------------------+--------------------------------------+
```

图 7.48 自定义网络信息

③ 在自定义网络上创建子网。

```
# neutron subnet-create --name selfservice --dns-nameserver 202.106.0.20
--gateway 192.168.111.1 selfservice 192.168.111.0/24
```

```
+-------------------+------------------------------------------------+
| Field             | value                                          |
+-------------------+------------------------------------------------+
| allocation_pools  | {"start": "192.168.111.2", "end": "192.168.111.254"} |
| cidr              | 192.168.111.0/24                               |
| created_at        | 2016-07-28T08:30:06                            |
| description       |                                                |
| dns_nameservers   | 202.106.0.20                                   |
| enable_dhcp       | True                                           |
| gateway_ip        | 192.168.111.1                                  |
| host_routes       |                                                |
| id                | bfbffe16-ad29-4c4c-9852-9dabbaaae268           |
| ip_version        | 4                                              |
| ipv6_address_mode |                                                |
| ipv6_ra_mode      |                                                |
| name              | selfservice                                    |
| network_id        | 794ea038-bc61-4910-b7a8-8e3331914730           |
| subnetpool_id     |                                                |
| tenant_id         | 124340495d044586971fbbcf378a77d1               |
| updated_at        | 2016-07-28T08:30:06                            |
+-------------------+------------------------------------------------+
```

图 7.49 自定义网络子网信息

9. 创建一个路由器

（1）在管理节点执行 admin 凭据脚本，以便以 admin 身份执行后续命令。

```
# . admin-openrc
```

（2）添加 router:external 选项到 provider 网络。

```
# neutron net-update provider --router:external
```

（3）执行 demo 凭据脚本，以便以 demo 身份执行后续命令。

```
# . demo-openrc
```

（4）创建路由器（执行结果如图 7.50 所示）。

```
# neutron router-create router
```

```
Created a new router:
+-------------------------+--------------------------------------+
| Field                   | Value                                |
+-------------------------+--------------------------------------+
| admin_state_up          | True                                 |
| availability_zone_hints |                                      |
| availability_zones      |                                      |
| description             |                                      |
| external_gateway_info   |                                      |
| id                      | e908e3a1-6299-458d-8052-525b67c9e8e2 |
| name                    | router                               |
| routes                  |                                      |
| status                  | ACTIVE                               |
| tenant_id               | 124340495d044586971fbbcf378a77d1     |
+-------------------------+--------------------------------------+
```

图 7.50　创建路由器

（5）将自定义网络的子网连接到路由器的接口。

```
# neutron router-interface-add router selfservice
```

（6）设置 provider 网络为路由器的网关。

```
# neutron router-gateway-set router provider
```

10. 验证操作

（1）在管理节点执行 admin 凭据脚本，以便以 admin 身份执行后续命令。

```
# . admin-openrc
```

（2）列出网络命名空间。可看到一个以 qrouter 命名的空间和两个以 qdhcp 命名的空间。

```
# ip netns
```

（3）列出路由器端口，查看 provider 网络分配给路由器的网关 IP（执行结果如图 7.51 所示）。

```
# neutron router-port-list router
```

id	name	mac_address	fixed_ips
0db2014c-2337-4d1d-bab5-4d821ac85e8b		fa:16:3e:eb:4e:74	{"subnet_id": "e20278ab-c67c-4cf2-bd5a-45c5574a024e", "ip_address": "172.16.100.102"}
aa1d8967-9e60-437b-8121-942e2423d1d4		fa:16:3e:84:d3:e7	{"subnet_id": "bfbffe16-ad29-4c4c-9852-9dabbaaae268", "ip_address": "192.168.111.1"}

图 7.51　路由器网关 IP

（4）从 provider 网络其他主机 ping 该地址（ping 通结果如图 7.52 所示）。

```
$ ping 172.16.100.102 -c 4
```

```
PING 172.16.100.102 (172.16.100.102) 56(84) bytes of data.
64 bytes from 172.16.100.102: icmp_seq=1 ttl=128 time=1.78 ms
64 bytes from 172.16.100.102: icmp_seq=2 ttl=128 time=0.599 ms
64 bytes from 172.16.100.102: icmp_seq=3 ttl=128 time=0.861 ms
64 bytes from 172.16.100.102: icmp_seq=4 ttl=128 time=1.24 ms
```

图 7.52 ping 命令结果

7.8 安装和配置 Dashboard

Dashboard（Horizon）是一个 Web 界面，可以通过它以管理员或普通用户身份管理 OpenStack 资源和服务。本节介绍在 Controller node（管理节点）安装和配置 Dashboard。

7.8.1 安装和配置组件

1. 安装软件包

```
# yum install OpenStack-dashboard -y
```

2. 编辑/etc/OpenStack-dashboard/local_settings 文件。

（1）配置 dashboard 使用管理节点的 OpenStack 服务。

```
OPENSTACK_HOST = "controller"
```

（2）允许所有客户端访问 dashboard。

```
ALLOWED_HOSTS = ['*', ]
```

（3）配置 memcached 会话存储服务。

```
SESSION_ENGINE = 'django.contrib.sessions.backends.cache' 这句文中没有
CACHES = {
    'default': {
        'BACKEND': 'django.core.cache.backends.memcached.MemcachedCache',
        'LOCATION': 'controller:11211',
    }
}
```

（4）启用身份服务 API 版本 3。

```
OPENSTACK_KEYSTONE_URL = "http://%s:5000/v3" % OPENSTACK_HOST
```

（5）启用支持多域。

```
OPENSTACK_KEYSTONE_MULTIDOMAIN_SUPPORT = True
```

（6）配置 API 版本。

```
OPENSTACK_API_VERSIONS = {
"identity": 3,
"image": 2,
"volume": 2,
}
```

（7）配置 default 为在 dashboard 创建用户的默认域。

```
OPENSTACK_KEYSTONE_DEFAULT_DOMAIN = "default"
```

（8）配置 user 为在 dashboard 创建用户的默认角色。

```
OPENSTACK_KEYSTONE_DEFAULT_ROLE = "user"
```

（9）配置时区。

```
TIME_ZONE = "Asia/Shanghai"
```

7.8.2 完成安装

重启 Web 服务和会话存储服务。

```
# systemctl restart httpd.service memcached.service
# systemctl status httpd.service memcached.service
```

7.8.3 验证操作

使用 http://controller/dashboard 访问 dashboard。
认证使用 admin 或 demo 用户，域为 default。

7.9 安装和配置 Block Storage Service（块存储服务）

Block Storage service（Cinder）为云主机提供块存储设备（云硬盘）。

7.9.1 安装和配置管理节点

本节介绍在管理节点安装配置块存储服务。

1. 先决条件

在安装和配置块存储服务之前，必须创建数据库、服务凭据和 API 端点。
（1）创建数据库，并完成下列操作步骤。
① 使用数据库命令行客户端，以 root 身份登录数据库服务器。

```
# mysql -u root -p
```

② 创建 cinder 数据库。

```
CREATE DATABASE cinder;
```

③ 创建数据库用户 cinder，并授予数据库用户 cinder 访问 cinder 数据库的权限。

```
GRANT ALL PRIVILEGES ON cinder.* TO 'cinder'@'localhost' IDENTIFIED BY 'CINDER_DBPASS';
GRANT ALL PRIVILEGES ON cinder.* TO 'cinder'@'%' IDENTIFIED BY 'CINDER_DBPASS';
```

替换 CINDER_DBPASS 为一个合适的密码。
④ 退出数据库。

（2）执行 admin 凭据脚本，以便以 admin 身份执行后续命令。

```
# . admin-openrc
```

（3）创建服务凭据，并完成下列步骤（执行结果如图 7.53～图 7.55 所示）。

① 创建 cinder 用户。

```
# OpenStack user create --domain default --password-prompt cinder
User Password:                              （此处输入设置的用户密码）
Repeat User Password:
```

```
+-----------+------------------------------------+
| Field     | Value                              |
+-----------+------------------------------------+
| domain_id | 2ced9d9d38644cf68361ee4eefab3194   |
| enabled   | True                               |
| id        | 6e4036adc8644c9a8d4504bf31419e93   |
| name      | cinder                             |
+-----------+------------------------------------+
```

图 7.53 cinder 用户信息

② 添加 admin 角色到 cinder 用户和 service 项目。

```
# OpenStack role add --project service --user cinder admin
```

③ 创建 cinder 和 cinderv2 服务实体。

```
# OpenStack service create --name cinder --description "OpenStack Block Storage" volume
```

```
+-------------+----------------------------------+
| Field       | Value                            |
+-------------+----------------------------------+
| description | OpenStack Block Storage          |
| enabled     | True                             |
| id          | 644cbd29dd9c4eaabb7f23d87fcae831 |
| name        | cinder                           |
| type        | volume                           |
+-------------+----------------------------------+
```

图 7.54 块存储服务实体 cinder 信息

```
# OpenStack service create --name cinderv2 --description "OpenStack Block Storage" volumev2
```

```
+-------------+----------------------------------+
| Field       | Value                            |
+-------------+----------------------------------+
| description | OpenStack Block Storage          |
| enabled     | True                             |
| id          | 7346aaa6ae6e4f2eab8e2e9923243bb3 |
| name        | cinderv2                         |
| type        | volumev2                         |
+-------------+----------------------------------+
```

图 7.55 块存储服务实体 cinderv2 信息

（4）创建块存储服务 API 端点（输出结果如图 7.56～图 7.61 所示）。

```
# OpenStack endpoint create --region RegionOne volume public http://controller:8776/v1/%\(tenant_id\)s
```

```
+--------------+----------------------------------+
| Field        | Value                            |
+--------------+----------------------------------+
| enabled      | True                             |
| id           | 5950edc0575940f49f480734578e3ea4 |
| interface    | public                           |
| region       | RegionOne                        |
| region_id    | RegionOne                        |
| service_id   | 644cbd29dd9c4eaabb7f23d87fcae831 |
| service_name | cinder                           |
| service_type | volume                           |
| url          | http://controller:8776/v1/%(tenant_id)s |
+--------------+----------------------------------+
```

图 7.56 外网 volume 块存储服务 API 信息

```
# OpenStack endpoint create --region RegionOne volume internal http://controller:8776/v1/%\(tenant_id\)s
```

```
+-------------+-------------------------------------------+
| Field       | Value                                     |
+-------------+-------------------------------------------+
| enabled     | True                                      |
| id          | 7cb02dc8954c451e80762ff78b793953          |
| interface   | internal                                  |
| region      | RegionOne                                 |
| region_id   | RegionOne                                 |
| service_id  | 644cbd29dd9c4eaabb7f23d87fcae831          |
| service_name| cinder                                    |
| service_type| volume                                    |
| url         | http://controller:8776/v1/%(tenant_id)s   |
+-------------+-------------------------------------------+
```

图 7.57　内网 volume 块存储服务 API 信息

```
# OpenStack endpoint create --region RegionOne volume admin http://controller:8776/v1/%\(tenant_id\)s
```

```
+-------------+-------------------------------------------+
| Field       | Value                                     |
+-------------+-------------------------------------------+
| enabled     | True                                      |
| id          | ae1a4ff5eb6e4e81827387061e47325c          |
| interface   | admin                                     |
| region      | RegionOne                                 |
| region_id   | RegionOne                                 |
| service_id  | 644cbd29dd9c4eaabb7f23d87fcae831          |
| service_name| cinder                                    |
| service_type| volume                                    |
| url         | http://controller:8776/v1/%(tenant_id)s   |
+-------------+-------------------------------------------+
```

图 7.58　admin 的 volume 块存储服务 API 信息

```
# OpenStack endpoint create --region RegionOne volumev2 public http://controller:8776/v2/%\(tenant_id\)s
```

```
+-------------+-------------------------------------------+
| Field       | Value                                     |
+-------------+-------------------------------------------+
| enabled     | True                                      |
| id          | 17427218ed5e4bc192ba1d2663f285d8          |
| interface   | public                                    |
| region      | RegionOne                                 |
| region_id   | RegionOne                                 |
| service_id  | 7346aaa6ae6e4f2eab8e2e9923243bb3          |
| service_name| cinderv2                                  |
| service_type| volumev2                                  |
| url         | http://controller:8776/v2/%(tenant_id)s   |
+-------------+-------------------------------------------+
```

图 7.59　外网 volumev2 块存储服务 API 信息

```
# OpenStack endpoint create --region RegionOne volumev2 internal http://controller:8776/v2/%\(tenant_id\)s
```

```
+-------------+-------------------------------------------+
| Field       | value                                     |
+-------------+-------------------------------------------+
| enabled     | True                                      |
| id          | edf11b306d8243edbf1e7c34efefdf7b          |
| interface   | internal                                  |
| region      | RegionOne                                 |
| region_id   | RegionOne                                 |
| service_id  | 7346aaa6ae6e4f2eab8e2e9923243bb3          |
| service_name| cinderv2                                  |
| service_type| volumev2                                  |
| url         | http://controller:8776/v2/%(tenant_id)s   |
+-------------+-------------------------------------------+
```

图 7.60　内网 volumev2 块存储服务 API 信息

```
# OpenStack endpoint create --region RegionOne volumev2 admin http://controller:8776/v2/%\(tenant_id\)s
```

```
+-------------+-------------------------------------------+
| Field       | value                                     |
+-------------+-------------------------------------------+
| enabled     | True                                      |
| id          | 267f2828356a494f95c14e858423a6ca          |
| interface   | admin                                     |
| region      | RegionOne                                 |
| region_id   | RegionOne                                 |
| service_id  | 7346aaa6ae6e4f2eab8e2e9923243bb3          |
| service_name| cinderv2                                  |
| service_type| volumev2                                  |
| url         | http://controller:8776/v2/%(tenant_id)s   |
+-------------+-------------------------------------------+
```

图 7.61　admin 的 volumev2 块存储服务 API 信息

2. 安装和配置组件

（1）安装软件包。

```
# yum install OpenStack-cinder -y
```

（2）编辑/etc/cinder/cinder.conf 文件并完成下列操作。

① 在[database]小节，配置数据库访问。

```
[database]
...
connection = mysql+pymysql://cinder:CINDER_DBPASS@controller/cinder
```

替换 CINDER_DBPASS 为数据库用户 cinder 的密码。

② 在[DEFAULT]和[oslo_messaging_rabbit]小节，配置 RabbitMQ 消息队列访问信息。

```
[DEFAULT]
...
rpc_backend = rabbit

[oslo_messaging_rabbit]
...
rabbit_host = controller
rabbit_userid = OpenStack
rabbit_password = RABBIT_PASS
```

替换 RABBIT_PASS 为 RabbitMQ 用户 OpenStack 的密码。

③ 在[DEFAULT]和[keystone_authtoken]小节，配置身份服务访问信息。

```
[DEFAULT]
...
auth_strategy = keystone

[keystone_authtoken]
...
auth_uri = http://controller:5000
auth_url = http://controller:35357
memcached_servers = controller:11211
auth_type = password
project_domain_name = default
user_domain_name = default
project_name = service
username = cinder
password = CINDER_PASS
```

替换 CINDER_PASS 为身份服务用户 cinder 的密码。

④ 在[DEFAULT]小节，配置 my_ip 配置项为管理节点管理接口的 IP 地址。

```
[DEFAULT]
...
my_ip = 10.0.0.10
```

⑤ 在[oslo_concurrency]小节，配置锁路径。

```
[oslo_concurrency]
...
lock_path = /var/lib/cinder/tmp
```

（3）初始化块存储的数据库。

```
# su -s /bin/sh -c "cinder-manage db sync" cinder
# mysql -ucinder -pcinder -hcontroller -e"use cinder;show tables"
```

3．配置计算组件使用块存储

编辑/etc/nova/nova.conf 文件，添加下列内容。

```
[cinder]
os_region_name = RegionOne
```

4．完成安装

（1）重启计算组件的 API 服务。

```
# systemctl restart OpenStack-nova-api.service
# systemctl status OpenStack-nova-api.service
```

（2）启动块存储服务并设置开机自动运行。

```
# systemctl enable OpenStack-cinder-api.service OpenStack-cinder-scheduler.service
# systemctl start OpenStack-cinder-api.service OpenStack-cinder-scheduler.service
# systemctl status OpenStack-cinder-api.service OpenStack-cinder-scheduler.service
```

7.9.2 安装和配置一个存储节点

本节介绍为块存储节点安装配置块存储服务。块存储节点服务器需要至少额外添加一块新磁盘，如/dev/sdb。

1．先决条件

（1）安装支持软件包。

① 安装 LVM 软件包。

```
# yum install lvm2 -y
```

② 启动 LVM Metadata 服务并配置开机自动运行。

```
# systemctl enable lvm2-lvmetad.service
# systemctl start lvm2-lvmetad.service
# systemctl status lvm2-lvmetad.service
```

（2）创建 LVM 物理卷/dev/sdb。

```
# pvcreate /dev/sdb
```

（3）创建 LVM 卷组 cinder-volumes。

第7章 OpenStack 平台的搭建与使用

```
# vgcreate cinder-volumes /dev/sdb
```

（4）为了提升系统工作效率，使其 LVM 只扫描 cinder 使用的设置。编辑/etc/lvm/lvm.conf 文件，并完成下列操作。

在 devices 小节添加过滤器允许"/dev/sda"（如果系统安装时使用 LVM 机制则需要允许 sda）和"/dev/sdb"，并拒绝所有其他设备。

```
filter = [ "a/sda/", "a/sdb/", "r/.*/"]
```

2．安装和配置组件

（1）安装软件包。

```
# yum install OpenStack-cinder targetcli python-keystonemiddleware -y
```

（2）编辑/etc/cinder/cinder.conf 文件并完成下列操作。

① 在[database]小节，配置数据库访信息。

```
[database]
...
connection = mysql+pymysql://cinder:CINDER_DBPASS@controller/cinder
```

替换 CINDER_DBPASS 为数据库用户 cinder 的密码。

② 在[DEFAULT]和[oslo_messaging_rabbit]小节，配置 RabbitMQ 消息队列访问信息。

```
[DEFAULT]
...
rpc_backend = rabbit

[oslo_messaging_rabbit]
...
rabbit_host = controller
rabbit_userid = OpenStack
rabbit_password = RABBIT_PASS
```

替换 RABBIT_PASS 为 RabbitMQ 用户 OpenStack 的密码。

③ 在[DEFAULT]和[keystone_authtoken]小节，配置身份服务访问信息。

```
[DEFAULT]
...
auth_strategy = keystone

[keystone_authtoken]
...
auth_uri = http://controller:5000
auth_url = http://controller:35357
memcached_servers = controller:11211
auth_type = password
project_domain_name = default
user_domain_name = default
project_name = service
username = cinder
password = CINDER_PASS
```

替换 CINDER_PASS 为身份服务用户 cinder 的密码。

④ 在[DEFAULT]小节，配置 my_ip 配置项。

```
[DEFAULT]
...
my_ip = MANAGEMENT_INTERFACE_IP_ADDRESS
```

替换 MANAGEMENT_INTERFACE_IP_ADDRESS 为块存储节点管理接口的 IP 地址。在本例中为 10.0.0.12。

⑤ 在[lvm]小节，配置 LVM 后端驱动，使用 cinder-volumes 卷，使用 iSCSI 协议和适当的 iSCSI 服务。

```
[lvm]
...
volume_driver = cinder.volume.drivers.lvm.LVMVolumeDriver
volume_group = cinder-volumes
iscsi_protocol = iscsi
iscsi_helper = lioadm
```

⑥ 在[DEFAULT]小节，启用 LVM 后端。

```
[DEFAULT]
...
enabled_backends = lvm
```

⑦ 在[DEFAULT]小节，配置映像服务 API 的位置。

```
[DEFAULT]
...
glance_api_servers = http://controller:9292
```

⑧ 在[oslo_concurrency]小节，配置锁路径。

```
[oslo_concurrency]
...
lock_path = /var/lib/cinder/tmp
```

3. 完成安装

启动块存储卷服务及其依赖服务，并设置开机自动运行。

```
# systemctl enable OpenStack-cinder-volume.service target.service
# systemctl start OpenStack-cinder-volume.service target.service
# systemctl status OpenStack-cinder-volume.service target.service
```

4. 验证操作

（1）在管理节点执行 admin 凭据脚本，以便以 admin 身份执行后续命令。

```
# . admin-openrc
```

（2）列出服务组件确认每个进程成功启动（执行结果如图 7.62 所示）。

```
# cinder service-list
```

第 7 章 OpenStack 平台的搭建与使用

```
+------------------+------------+------+---------+-------+----------------------------+-----------------+
|     Binary       |    Host    | Zone | Status  | State |        Updated_at          | Disabled Reason |
+------------------+------------+------+---------+-------+----------------------------+-----------------+
| cinder-scheduler | controller | nova | enabled |   up  | 2016-07-29T03:33:25.000000 |        -        |
| cinder-volume    | block@lvm  | nova | enabled |   up  | 2016-07-29T03:33:19.000000 |        -        |
+------------------+------------+------+---------+-------+----------------------------+-----------------+
```

图 7.62　cinder 服务进程信息

7.10　Horizon 操作

使用浏览器登录 OpenStack 管理界面,在地址栏输入地址 http://controller/dashboard,弹出登录窗口如图 7.63 所示。系统安装过程中已经创建了两个用户:一个是系统管理员 admin,密码为 admin,登录后是 OpenStack 系统管理界面;另一个是普通用户 demo,密码为 demo,操作界面是普通用户界面。

OpenStack 使用的基本模式是:管理员 admin 登录后,首先创建项目,为项目分配硬件资源;再创建用户,连接普通用户和项目。然后用户登录 OpenStack 界面,在项目内创建和管理虚拟机。

在图 7.63 所示登录窗口以 demo 用户登录后的操作界面如图 7.64 所示。

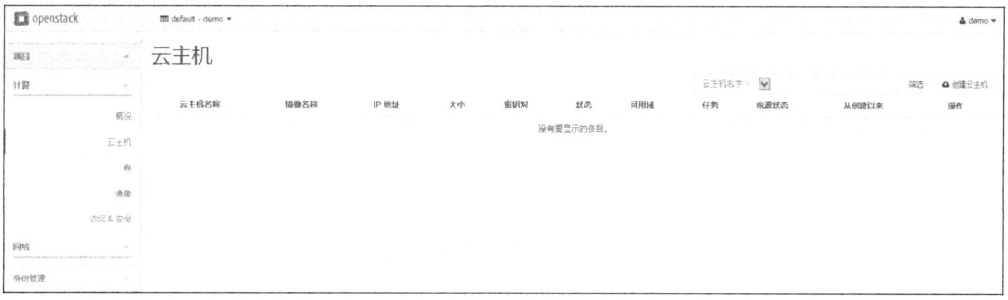

图 7.63　OpenStack 登录窗口

图 7.64　普通用户界面

单击"创建云主机"按钮,弹出虚拟机参数输入页面,如图 7.65 所示,输入虚拟机实例名称、可用区域和虚拟机实例数量,单击"下一步"按钮。

弹出选择虚拟机映像页面,在下拉列表中选择"cirros"(该映像在安装 Glance 组建时已经上传),单击"下一步"按钮,如图 7.66 所示。

弹出选择虚拟机硬件配置页面,选择一种虚拟机配置,OpenStack 系统安装后就已有 5 种虚拟机配置,包括:tiny、small、medium、large、huge,每种配置的 CPU、内存、硬盘都不同(在可用列表中可见具体参数值)。这 5 种虚拟机配置都可以进行修改,也可以自己创建一种新的配置。本例选定"m1.tiny",单击"下一步"按钮,如图 7.67 所示。

弹出虚拟机网络设置页面,OpenStack 系统安装时创建了两个网络,一个是外网 provider,另一个是内网 selfservice。如果选择 provider 网,虚拟机实例创建后将直接获得外网 DHCP 服务提供的一个外网 IP,直接可以访问外网;如果选择 selfservice 网,内网 DHCP 分配虚拟机实例一个内网 IP，这里就是 192.168.111.X 网段的 IP。这里选择 selfservice，单击"下一步"按钮，如图 7.68 所示。

图 7.65　输入虚拟机参数

图 7.66　选择虚拟机映像

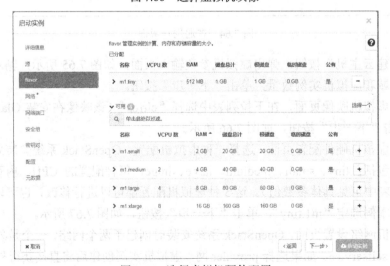

图 7.67　选择虚拟机硬件配置

第 7 章　OpenStack 平台的搭建与使用

图 7.68　虚拟机网络设置

弹出创建结果列表，如图 7.69 所示，可见列表里创建了一台云主机，名称为 aaa，映像名称为 cirros，硬件配置是 m1.tiny，IP 地址是 192.168.111.3。

图 7.69　已创建虚拟机列表

单击云主机名 aaa，选择控制台页，进入虚拟机实例控制台，输入用户名 cirros，密码"cwin（:"，进入系统。输入命令 ip addr 看到虚拟机实例的 IP 地址，如图 7.70 所示。

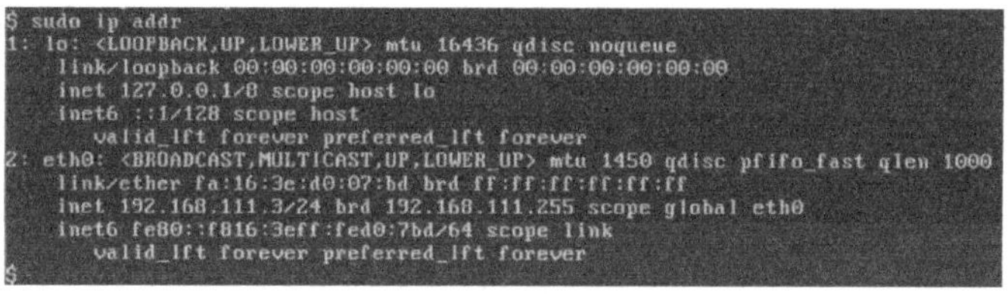

图 7.70　虚拟机控制台

ping 外网网关的 IP 地址为 172.16.100.1，由于路由器起了作用，所以可以 ping 通，如图 7.71 所示。

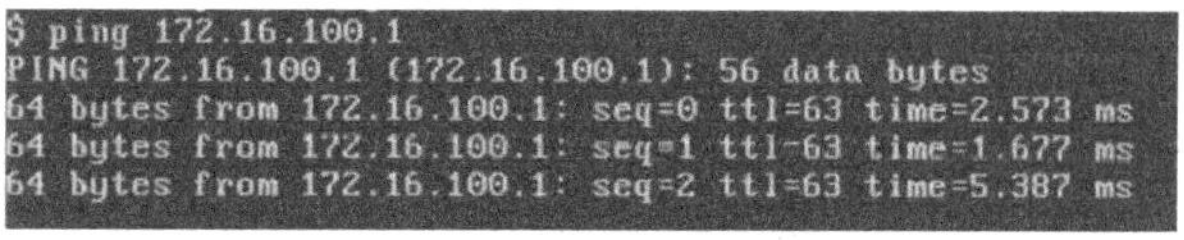

图 7.71　ping 外网网关

但 172.16.100.X 网段的计算机 ping 不通该虚拟机实例，如果允许外网计算机访问虚拟机实例，则必须先设置该虚拟机实例的浮动 IP，如图 7.72 所示（浮动 IP 是安装时已设置的 provider 网段地址），单击"关联"按钮。

在云主机列表中可看到虚拟机实例 aaa 的 IP 添加了浮动 IP：172.16.100.103，如图 7.73 所示。

图 7.72　设置虚拟机的浮动 IP 地址

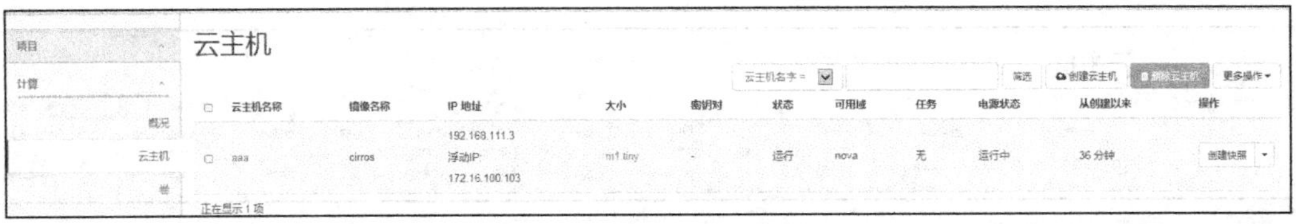

图 7.73　浮动 IP 连接添加

在"访问&安全"子页面中添加规则，允许外界 ICMP 协议和 TCP 协议访问 selfservice 网，如图 7.74 所示。

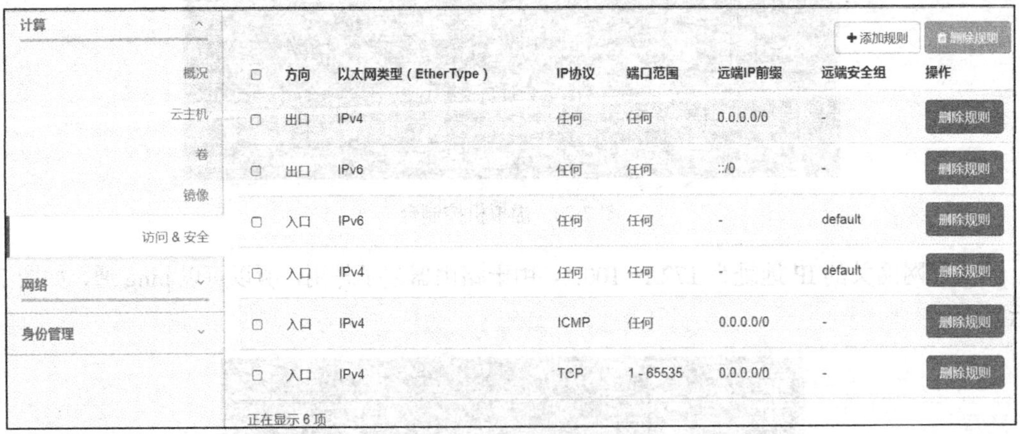

图 7.74　添加网络规则

在外网 ping 该虚拟机实例，就可以 ping 通了，如图 7.75 所示。

图 7.75　外网 ping 本虚拟机实例

此时网络拓扑如图 7.76 所示，内网通过路由器连接外网，虚拟机实例 aaa 连接在内网上。

图 7.76　网络拓扑

7.11　自动化部署

通过以上安装步骤可见 OpenStack 的安装门槛相对较高，由于初学者对 OpenStack 的操作还不是很了解，错误不易排查，这给初学者的学习但来了一定的困难。其实，Fuel 是一个可以用来快速实现 OpenStack 安装的工具，用户不需要过多了解 OpenStack 各个组件之间的关系，只需鼠标轻轻一点，就可以完成对 OpenStack 的安装。其还有诸多功能，如 OpenStack 健康检查、查看节点日志等。

Fuel 是 Mirantis 服务集成商开发的一套 OpenStack 安装工具。Mirantis 是一家 OpenStack 服务集成商，在 OpenStack 社区贡献排名前 5（其他分别是 Red Hat、HP、IBM 和 Rackspace）。Fuel 是一个 OpenStack 端至端一键部署工具，功能包括：使用 PXE 方式引导节点服务器，使用 DHCP 功能给节点服务器分配 IP 地址，检查节点业务是否健康，记录工作日志，使用 Puppet 方式配置节点服务器。Fuel 的最新版本为 9.0。Mirantis OpenStack 6.1 拥有基于 Centos 6.5 和 ubuntu 的版本，从 7.0 版本开始只有 ubuntu 版本。因为 Redhat 不允许 Mirantis 出版基于红帽版本的自动化安装工具。红帽以前为 Mirantis 的股东，由于公司发展方向的分歧导致两家公司分道扬镳，红帽出品了自己的自动化部署工具 Packstack。目前，国内流行的版本就是 Mirantis OpenStack 6.1，操作系统是 Centos 6.5，Opnestack 版本是 Juno。

Fuel 拥有以下几个优点：节点的自动发现和预校验；配置简单、快速；支持多种操作系统和发行版，支持 HA 部署；对外提供 API，对环境进行管理和配置，如动态添加计算/存储节点；自带健康检查工具；支持 Neutron，如 GRE 和 Namespace，子网可以配置具体使用的物理网卡等。

Fuel 安装的第 1 步是规划 OpenStack 集群，使用多少台服务器，多少台 Controler 节点、Compute 节点、Cinder 节点及 Swift 节点。Fuel 默认各服务器节点有 5 块网卡，形成 5 个网络：部署网络、存储网络、公共网络、私有网络和管理网络。部署网络用于 PXE 启动部署 OpenStack 环境，私有网络用于 OpenStack 节点之间通信，管理网络用于 OpenStack 内部各个组件之间通信,存储网络专用于存储,公共网络用于与外网互访。实际情况下,这些网络可以合并,如一个网络既可以是管理网络,也可以是存储网络。第 2 步是安装一台 Fuel Master 服务器用于配置和安装 OpenStack 各服务器软件。第 3 步设置其他各个节点服务器为 PXE 启动方式后启动节点,服务器会自动获得 IP 地址,从 Fuel 服务器上获得系统软件并启动,此时 Fuel Master 服务器可以识别到这些服务器。第 4 步设置这些节点服务器在平台中的角色,是 Controller 节点还是 Compute 节点等。第 5 步启动安装,这种方式叫推送安装。剩下的工作就是等待,200 台以下的集群大约需要安装 3 个小时。第 4 步检查安装结果。具体安装步骤可查看相关文档。

值得一提的是 2016 年 4 月,德国大众汽车公司选择了 OpenStack 服务商 Mirantis 的软件用于其所有的数据中心,当时 VMware 和红帽都参加了竞争,VMware 还是大众汽车的现有合作伙伴。大众汽车本可以选择继续无限期使用 VMware 的软件,这次却选择使用一个免费开源软件 OpenStack,使用 KVM 替代 VMware。OpenStack 将成为它旗下某款汽车品牌的标准化平台。Mirantis 将协助大众汽车基于 OpenStack 打造新一代私有云,有望支持各类客户端应用,并连接大众汽车内部员工、经销商和供应商,增加主要的企业功能,确保各类应用的效能和安全性。

同时这也是大型公司转向采用 OpenStack 而不是采用 VMware 构建私有云的另一个新案例。据 451 Research 预测称,至 2017 年,OpenStack 的市场规模或达到 25 亿美元。

Mirantis 公司的一体化安装软件可在本书配套的资源文件夹中获取。

7.12 小结

OpenStack 平台环境的安装较繁琐,最小平台架构由 5 个节点组成:管理节点、计算节点、块存储节点各一台,两台对象存储节点。每个节点的任务不同,安装的软件也不同。各节点软件安装完成后,还需要调试节点之间相互协作。

搭建 OpenStack 平台首先要规划平台的规模,确定节点数量,设计管理网络、存储网络等,再安装调试软件。本章搭建的平台有 5 个节点,所有节点安装 CentOS 7.0 操作系统,外接服务网络的网卡不做设置,只保持激活。为每个节点取名后修改 hosts 文件,同步时间,关闭防火墙,配置 yum 源,更新 Linux 内核,安装 OpenStack 客户端,安装 MariaDB、MongoDB、RabbitMQ 组件和 Memcached 服务。

在管理节点上安装和配置 Identity Service(身份服务):创建数据库和管理员令牌,安装并配置组件,配置 Apache HTTP 服务,创建临时管理员令牌,创建服务实体和 API 端点,创建域、项目、用户和角色。然后安装和配置 Image Service(映像服务):创建数据库、用户、项目、角色、服务实体和服务 API 端点;安装和配置组件。在管理节点和计算节点都安装和配置 Compute Service(计算服务):在管理节点上创建数据库、用户、项目、角色、服务实体和服务 API 端点;在两个节点上安装配置组件。在管理节点和计算节点安装配置网络服务。最后在 Controller node(管理节点)安装和配置 Dashboard。在块存储上安装和配置 Block Storage 服务。然后就可以使用浏览器登录 OpenStack 管理界面,创建和管理虚拟机了。

Fuel 是 Mirantis 服务集成商开发的一套 OpenStack 安装工具,安装时输入相应参数后系统可自动完成安装,方便快捷。

深入思考

1. 设置本地安装源有什么好处？如果是一个实验室的多台计算机，能否只设置一个本地安装源？

2. MongoDB 是一个什么样的软件？它与 MySQL 有什么关系？

3. 为什么第一步安装 Keystone 组件？为什么要创建项目、域、用户、角色？为什么要添加角色到用户和项目？

4. OpenStack 平台中各计算机都有什么作用？

5. OpenStack 网络中，外网和内网的作用是什么？浮动 IP 有什么作用？

6. 内网虚拟机实例与外网进行数据交换都必须经过 Control 节点吗？为什么？

7. 块服务如何使用？请在控制台自行实验。

第 8 章

大数据概述

8.1 大数据简介

8.1.1 大数据的定义

"大数据"指的是大量数据的集合,可以从数据量来区分和判断。

维基百科对"大数据"的定义为:巨量资料(BigData)或称大数据指的是所涉及的资料量规模巨大。由于数量太大,想要通过目前主流软件工具,在合理时间把这些数据采集、管理、处理、整理成为帮助企业经营决策的资讯,是无法做到的。百度百科对"大数据"的定义是:大数据(BigData)是指无法在可承受的时间范围内,用常规软件工具进行捕捉、管理和处理的数据集合。

"大数据"并没有明确的界限,它的标准是可变的。"大数据"在今天的不同行业中的范围可以从(TB)到(PB),但在 20 年前,1GB 的数据已然是大数据了。可见,随着计算机软、硬件技术的发展,符合大数据标准的数据集容量也会增长。其数据集规模已经超过了传统数据库软件获取、存储、分析和管理能力。

8.1.2 大数据的结构类型

"大数据"的数据结构类型包括以下 4 种。

1. 结构化数据

结构化数据包括预定义的数据类型、格式和结构的数据。例如,关系型数据库中的数据。

2. 半结构化数据

半结构化数据是具有可识别的模式并可解析的文本数据文件。例如,自描述和具有定义模式的 XML 数据文件。

3. 准结构化数据

准结构化数据是具有不规则数据格式的文本数据,使用工具可进行格式化。例如,包含不一致的数据值和格式化的网站点击数据。

4. 非结构化数据

非结构化数据是没有固定结构的数据,通常保存为不同类型的文件。例如,文本文档、图片、音频和视频。

8.1.3 大数据的特征

"大数据"的特征包括：Volume（数据量大）、Variety（类型繁多）、Value（价值密度低）、Velocity（速度快），如图 8.1 所示。

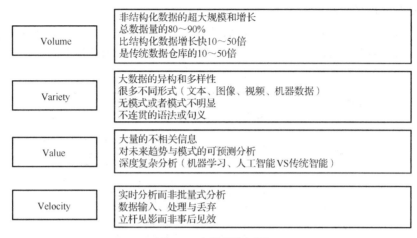

图 8.1 大数据特征图

1. Volume（数据量大）

目前各类机构存储数据的数量正在急速增长。存储的数据包括环境数据、财务数据、医疗数据、监控数据、商务数据等。数据量从（TB）级别、（PB）级别升级到（ZB）级别。随着数据量的不断增加，可处理、理解和分析的数据比例却在不断下降。

2. Variety（类型繁多）

随着传感器、智能设备及社交协作技术的激增，数据也变得更加复杂。数据的来源有很多，包括网页、互联网日志文件、音频、视频、图片、电子邮件、文档、地理位置信息、主动和被动的传感器数据等。不仅包含传统的关系型数据，还包括半结构化和非结构化的数据。这些多类型的数据对数据的处理能力提出了更高要求。

3. Value（价值密度低）

价值密度的高低与数据总量的大小成反比。以视频为例，1 部 1 小时的视频，在连续不断地监控中，可发现的有用数据可能仅有 1～2 秒。如何通过强大的机器算法更迅速地完成数据的价值"提纯"，成为目前大数据背景下亟待解决的难题。

4. Velocity（速度快）

速度快、时效高是大数据处理技术区分于传统海量数据处理技术的最显著特征。在海量的、价值密度低的数据面前，要求处理数据的效率大幅提升。

8.1.4 大数据的处理技术

按照"大数据"处理的实时性，"大数据"可分为实时大数据处理和离线大数据处理两种。实时大数据处理一般用于金融、移动和互联网 B2C 产品等，往往要求在数秒内返回上亿行数据的分析,从而达到不影响用户体验的目的。要满足这样的需求,可以采用传统关系型数据库组成并行处理集群,或采用内存计算平台、HDD 架构,这些无疑都需要比较高的软、硬件成本。对于大多数反馈时间要求不是那么严苛的应用,如离线统计分析、机器学习、搜索引擎的反向索引计算、推荐引擎的计算等,应采用离线分析的方式,通过数据采集工具将日志数据导入专用的分析平台。

"大数据"处理的一般过程为:大数据采集、大数据预处理、大数据存储与管理、大数据分析与挖掘、大数据展现与应用。"大数据"处理的关键技术就是在处理大数据的各个阶段使用到的相关技术。各个阶段的对应技术如图 8.2 所示。

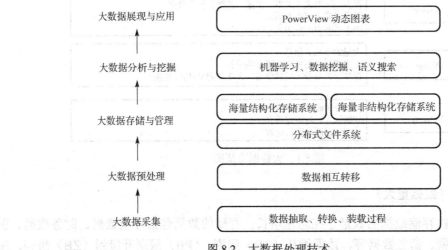

图 8.2 大数据处理技术

1. 大数据采集技术

"大数据采集系统"一般分为大数据智能感知层和基础支撑层。大数据智能感知层相关技术,是指对海量数据的智能化识别、定位、跟踪、接入、传输、信号转换、监控、初步处理和管理的技术。智能感知层主要包括:RFID 射频数据采集体系、社交网络交互数据采集体系、移动互联网数据采集体系、数据传感体系、网络通信体系、传感适配体系、智能识别体系,以及这些体系的软、硬件资源接入系统。

基础支撑层提供大数据服务平台所需的虚拟服务器,结构化、半结构化及非结构化数据的数据库,物联网络资源等基础支撑环境。主要技术包括:分布式虚拟存储技术,大数据获取、存储、组织、分析和决策操作的可视化接口技术,大数据的网络传输与压缩技术,大数据隐私保护技术等。

2. 大数据预处理技术

"大数据预处理技术"主要完成对已接收数据的抽取、清洗等操作。

(1)抽取:获取的数据可能具有多种结构和类型,数据抽取过程可以将这些复杂的数据转化为单一的或者便于处理的结构和类型,以达到快速分析和处理的目的。

(2)清洗:大数据并不全是有价值的,有些数据并不是人们所关心的内容,或是完全错误的干扰项,因此要对数据过滤、去噪,提取出有效的数据。

3. 大数据存储与管理技术

"大数据存储与管理技术"是解决大数据的存储、表示、处理、可靠性及有效传输等关键问题的技术，包括如下技术。

（1）新型数据库技术。数据库分为关系型数据库、非关系型数据库及数据库缓存系统。关系型数据库包含了传统关系数据库系统和 NewSQL 数据库。非关系型数据库主要指的是 NoSQL 数据库，分为键值数据库、列存数据库、图存数据库及文档数据库等类型。

（2）大数据安全技术。大数据安全技术包括数据销毁、透明加解密、分布式访问控制、数据审计、隐私保护和推理控制、数据真伪识别和取证、数据持有完整性验证等技术。

4. 大数据分析与挖掘技术

"数据挖掘"就是从大量的、不完全的、有噪声的、模糊的、随机的实际应用数据中，提取隐含在其中的，人们事先不知道的，但又是有潜在价值的信息和知识的过程。数据挖掘算法能以很高的速度处理大量数据，通过分割、集群、孤立点分析，以及其他各种方法精炼数据挖掘价值。数据挖掘涉及的技术方法很多，包括多种分类法。

（1）根据挖掘任务可分为：分类或预测模型发现，数据总结、聚类、关联规则发现，序列模式发现，依赖关系或依赖模型发现，异常和趋势发现等。

（2）根据挖掘对象可分为：关系数据库、面向对象数据库、空间数据库、时态数据库、文本数据库、多媒体数据库、异质数据库、遗产数据库及互联网 Web 数据库。

（3）根据挖掘方法可分为：机器学习方法、统计方法、神经网络方法和数据库方法。在机器学习中可细分为归纳学习方法（决策树、规则归纳等）、基于范例学习法、遗传算法等。在统计方法中可细分为回归分析（多元回归、自回归等）、判别分析（贝叶斯判别、费歇尔判别、非参数判别等）、聚类分析（系统聚类、动态聚类等）、探索性分析（主元分析法、相关分析法等）等。

（4）根据数据挖掘目的可分为：可视化分析技术，数据可视化无论对于普通用户或是数据分析专家，都是最基本的功能，据图像化可以让数据自己说话，让用户直观地感受到结果；预测性分析技术，可以让分析师根据图像化分析和数据挖掘的结果做出一些前瞻性判断；语义引擎技术，需要采用人工智能技术从数据中主动地提取信息，语言处理技术包括机器翻译、情感分析、舆情分析、智能输入、问答系统等；数据质量和数据管理技术，数据质量与管理是管理的最佳实践，透过标准化流程和机器对数据进行的处理可以确保获得一个预设质量的分析结果。

大数据分析与挖掘技术还包括改进已有数据挖掘和机器学习技术，开发数据网络挖掘、特异群组挖掘、图挖掘等新型数据挖掘技术，突破基于对象的数据连接、相似性连接等大数据融合技术及用户兴趣分析、网络行为分析、情感语义分析等面向领域的大数据挖掘技术。

5. 大数据展现与应用技术

大数据技术将隐藏于海量数据中的信息和知识挖掘出来，为社会经济活动提供依据，提高各个领域的运行效率，提高整个社会经济的集约化程度。在我国，大数据技术重点应用于商业智能、政府决策、公共服务三大领域，如应用于商业智能技术、政府决策技术、电信数据信息处理与挖掘技术、电网数据信息处理与挖掘技术、气象信息分析技术、环境监测技术、警务云应用系统（道路监控、视频监控、网络监控、智能交通、反电信诈骗、指挥调度等公安信息系统)、大规模基因序列分析比对技术、Web 信息挖掘技术、多媒体数据并行化处理技术、影视制作渲染技术及其他行业的云计算和海量数据处理应用技术等。

8.2 大数据处理系统

8.2.1 大数据处理系统的功能

"大数据处理系统"是一套软、硬件结合的系统,把大数据汇聚起来,加以分析和处理,将其中有价值的信息分析出来,使用户可以把握事物的全局、预测未来的变化发展趋势等。"大数据处理系统"可以帮助人们有效掌握收集、分析和利用数据。系统具有如下功能。

1. 海量数据存储

"大数据处理系统"能够存储随时间变化不断增大的数据,多种数据类型的数据,结构化、半结构化和非结构化的数据,能够存储很大的数据个体,也可以存储很小的数据个体。

2. 高速处理

系统满足用户对响应速度的要求。在数据规模不断增大、数据量短时间内快速增长时,处理速度不受影响。

3. 并行服务快速开发

系统必须提供并行服务的开发框架,让开发人员能够依据此框架迅速开发出面向大数据的程序代码,并可在动态分布的集群上实现并行计算。

4. 可在廉价机器搭建的集群上运行

实现廉价是大数据处理系统需要达到的重要目标之一。系统可以安装并运行在廉价的机器上,还具有将规模庞大的廉价机器组成集群并协调工作的功能。

8.2.2 大数据处理系统的特性

根据大数据处理系统的功能,要求大数据系统具备以下特性。

1. 实用性

系统必须具有实用性,既可以满足几个节点构成的小规模集群,也可以满足拥有上万节点的大规模集群。系统在一个节点上安装完后,可以同构地快速复制到多个节点上。系统可以在单节点上模拟独立运行和伪分布运行,以便程序的开发和调试。还可以在开源的通信系统上建立开源的操作系统。其必须支持多种协议格式,允许用户基于这些协议与系统进行交互。

2. 可靠性

减少单点故障及其对整个系统的影响。当核心节点出现故障时,能够迅速切换到备份节点;当计算节点出现故障时,控制节点可将任务分发到邻近节点上。

3. 安全性

数据是系统中最重要的核心资产,不允许因节点故障而造成丢失,同时还要确保数据的完整性。

4. 可扩展性

系统应允许集群内节点的增加和减少，主控节点应该可以感知到节点数量的变化；当原节点因老化而被替换时，需提供方法将节点的数据迁移到新节点上且不破坏数据的完整性；用户可以根据内容类型的不同，采用不同的编码方式来新增数据类型。

5. 完整性

指系统功能的完整性。大数据系统必须具有大数据采集、存储、开发、分析、控制、呈现等涉及大数据处理全生命周期的子系统或功能模块，能够让用户基于大数据系统完成其应用。

8.2.3 云计算与大数据处理系统

按照提供服务层次和类别的不同，云计算可分为三类，分别是：基础设施即服务（IaaS）、平台即服务（PaaS）、软件即服务（SaaS）。大数据处理系统属于其中的 PaaS。

PaaS 为用户提供计算平台系统、编程语言的运行环境、数据库、Web 服务器等。把开发环境作为一种服务来提供。用户可以使用中间商的设备开发和运行自己的程序，并通过互联网及其服务器传输到其他用户手中。PaaS 公司在网上提供各种开发和分发应用的解决方案，如虚拟服务器和操作系统，开发出的应用调用了 PaaS 平台的 API，运行时使用了 PaaS 平台的软、硬件资源，以及数据资源。节省了用户在硬件上的开销，也使处于分散工作场地的用户之间的合作变得更加容易。如果用户使用阿里云的大数据服务，可以在其提供的平台上使用提供的 API，使用 JAVA 编程环境编写商务数据统计软件，在进行数据统计分析时，由阿里云的大数据处理系统进行数据处理。

当然，用户也可以构建自己的私有大数据处理系统。搭建一个服务器集群，安装大数据处理软件，如 Hadoop，使用命令行方式，或者调用 Hadoop 的 API 对静态大数据文件进行处理，或者安装 Spark 软件，对前台的动态数据流进行实时处理。

8.3 大数据处理系统实例

8.3.1 Google 大数据处理系统

Google 拥有全球最强大的搜索引擎，为全球用户提供基于海量数据的实时搜索服务。Google 为了解决海量数据的存储和快速处理问题，设计了一种简单而又高效的大数据处理系统，让多达百万台计算机协同工作，共同完成海量数据的存储和快速处理。Google 的大数据处理系统的核心技术包括：Google 文件系统（GFS）、分布式计算编程模式（MapReduce）和分布式结构化数据存储系统（BigTable）。GFS 提供大数据的存储访问服务，MapReduce 实现并行计算，BigTable 管理和组织结构化大数据。

1. GFS

GFS 是一个可扩展的分布式文件系统，用于大型的、分布式的、对大量数据进行访问的应用。它与 MapReduce 及 BigTable 结合得非常紧密，是基础的底层系统，可以运行于价格较低的普通硬件上，提供容错功能。GFS 将整个系统的节点分为 Client（客户端）、Master（主服务器）和 ChunkServer（数据块服务器）三类。

Client 是 GFS 提供给应用程序的访问接口，是一组专用接口，不遵守 POSIX 规范，以库文件的形式提供。应用程序将直接调用这些库函数，并与该库链接在一起。

Master 是 GFS 的管理节点，在逻辑上只有一个，其保存系统的元数据，负责整个文件系统的管理，是 GFS 文件系统的调度中心。

ChunkServer 负责存储。数据以文件的形式存储在 ChunkServer 上，ChunkServer 可以有多个，其数目直接决定了 GFS 系统的规模。GFS 将文件按照固定大小进行分块，默认分块大小是 64MB，每一块称为一个 Chunk（数据块），每个 Chunk 都有一个对应的索引号（Index）。

客户端在访问 GFS 时，首先访问 Master 主服务器，获取将要与之进行交互的 ChunkServer 信息，然后直接访问 ChunkServer 完成数据存取。GFS 实现了控制流和数据流的分离。Client 与 Master 之间只有控制流，而无数据流，这降低了 Master 的负载。Client 与 ChunkServer 之间直接传输数据流，同时由于文件被分成多个 Chunk 进行分布式存储，Client 可以同时访问多个 ChunkServer，使 GFS 系统的 I/O 高度并行，系统整体性能得到提高。

GFS 的这种设计模式，在实现大数据存储与处理的目标的同时，做到了在一定规模下使成本降到最低，且保证了系统的可靠性及其他性能。

2．MapReduce

MapReduce 是处理大数据的并行编程模式，用于大数据（大于 1TB）的并行计算。Map（映射）、Reduce（化简）是从函数式编程语言和矢量编程语言中借鉴来的，这种编程模式适用于非结构化和结构化的海量数据的搜索、挖掘、分析和智能机器学习。

与传统的分布式程序相比，MapReduce 封装了并行处理、容错处理、本地化计算、负载均衡等细节。在 x86 计算机构成的巨大集群中，使用 MapReduce 提供的接口，把计算处理代码自动分发到集群中的其他计算节点进行并行处理，可以获得极高的运算性能。

MapReduce 的运行模型由多个 Map 函数操作和多个 Reduce 函数操作构成。将需要处理的数据分组，一个 Map 函数操作一组数据。每个 Map 操作都针对不同的原始数据，因此 Map 与 Map 之间是互相独立的，这使得它们可以充分并行化。一个 Reduce 操作就是对 Map 所产生的一部分中间结果进行合并操作，每个 Reduce 所处理的 Map 中间结果互不交叉，所有 Reduce 产生的最终结果经过简单连接就形成了完整的结果集，因此 Reduce 也可以在并行环境下执行。

例如，用 MapReduce 计算一个大型文本文件中各个单词出现的次数，Map 的输入参数指明了需要处理哪部分数据，用"[在文本中的起始位置，需要处理的数据长度]"表示，经过 Map 处理，形成了一批中间结果"[单词，出现次数]"。而 Reduce 函数则是把中间结果进行处理，将相同单词出现的次数进行累加，得到每个单词总的出现次数。

Map 是把原始数据的键值"S<k,v>"变成"S<k1,v1>"的另一个键值对，这种转换关系与 Map 的函数处理有关。假设 Map 函数处理的原始键值对是"<序号，语句>"，而输出的键值对是"<单词，单词在语句中出现的次数>"，这就说明 Map 函数的算法对语句按单词进行拆分，并给出单词在语句中的出现次数。

Reduce 在操作前，系统会先将 Map 的中间结果进行同类项的合并处理。也就是说，Reduce 处理原始键值对"<k,[v1,v2,v3...]>"，而输出的键值对就要看 Reduce 函数的算法对这些 v 值进行了怎样的处理。例如，对某个单词在文章中出现的次数进行计算，那么就将这个单词在所有语句中出现的次数相加，最终输出的是"<单词,在文章中出现的次数>"。

3. BigTable

BigTable 是一个为管理大规模结构化数据而设计的分布式存储系统,可以扩展到 PB 级数据和上千台服务器。Google 的很多数据,包括 Web 索引、卫星图像数据等在内的海量结构化和半结构化数据都存储在 BigTable 中。

BigTable 是通过一个行关键字、一个列关键字和一个时间戳进行索引的。BigTable 对存储在其中的数据不做任何解析,一律将其看成字符串,具体的数据结构实现由用户自行处理。

行:可以是任意的字符串,但是大小不能超过 64KB。BigTable 通过行关键字的字典顺序组织数据。表中的每个行都可以动态分区,每个分区称为一个 Tablet,Tablet 是数据分布和负载均衡调整的最小单位。

列:列关键字组成的集合称为"列族"。列族是访问控制的基本单位。列族在使用之前必须先创建,然后才能在列族中任何的列关键字下存放数据。列族创建后,其中的任何一个列关键字下都可以存放数据。列关键字的命名语法为"列族:限定词"。列族的名称必须是可打印的字符串,而限定词的名称可以是任意的字符串。

时间戳:在 BigTable 中,表的每一个数据项都可以包含同一份数据的不同版本。不同版本的数据通过时间戳来索引。BigTable 时间戳的类型是 64 位整型。数据项中,不同版本的数据按照时间戳倒序排序,即最新的数据排在最前面。

BigTable 由客户端、主服务器和子表服务器三个部分构成。锁打开以后,客户端就可以和子表服务器进行通信。主服务主要进行一些元数据的操作,以及解决子表服务器之间的负载调度问题,实际的数据是存储在子表服务器上的。

主服务器的作用包括新子表分配、子表服务器的状态监控和子服务器之间的负载均衡。子表服务器上的操作主要涉及子表的定位、分配及子表数据的最终存储。

8.3.2 Hadoop

2003—2006 年,Google 发表了四篇关于分布式文件系统、并行计算、数据管理和分布式资源管理的文章,奠定了大数据处理系统发展的基础。基于这些文章,开源组织 Hadoop 逐步复制 Google 的大数据处理系统,从此 Hadoop 云计算平台开始流行。

Hadoop 是一个开源分布式计算平台。用户可以利用 Hadoop 轻松地组织计算机资源,从而搭建自己的分布式计算平台,并且可以充分利用集群的计算和存储能力,完成海量数据的处理。Hadoop 已广泛地被企业用于搭建大数据库系统。据不完全统计,全球已经有数以万计的 Hadoop 系统被安装和使用,中国移动、百度、阿里巴巴都在大规模地使用 Hadoop 系统。随着互联网的不断发展,新的业务模式还将不断涌现,Hadoop 的应用也会从互联网领域向电信、电子商务、银行、生物制药等领域拓展。

目前,Hadoop 已经成为 Apache 组织大力推进的项目。项目包括基础部分和配套部分,两个部分又包含着众多子项目。子项目就是有特定功能的软件,要使用某个功能就必须先安装这个软件。Hadoop 系统软件安装后,基础部分的所有内容都已安装,HDFS 和 MapReduce 功能已经具备,如果要使用配套部分的功能,如 HBase,则还得另外安装特定软件包。

对应于大数据处理的各个阶段,Hadoop 也有相应的组件进行处理。Hadoop 的各个组件还分为基础部分和配套部分。

1. 基础部分

HadoopCommon：是支撑 Hadoop 的公共部分，包括文件系统、远程过程调用 RPC 和序列化函数库等。

HDFS：可以提供高吞吐量的可靠分布式文件系统，是 Google GFS 的开源实现。

MapReduce：是大型分布式数据处理模型，是 Google MapReduce 的开源实现。

2. 配套部分

HBase：支持结构化数据存储的分布式数据库，是 Google BigTable 的开源实现。

Hive：提供数据摘要和查询功能的数据仓库。

Pig：在 MapReduce 上构建的一种脚本式开发方式，大大简化了 MapReduce 的开发工作。

Cassandra：由 Facebook 支持的开源、可扩展分布式数据库，是 Amazon 库层架构 Dynamo 的全分布和 Google BigTable 的列式数据存储模型的有机结合。

Chukwa：用来管理大型分布式系统的数据采集系统。

Zookeeper：用于解决分布式系统中的一致性问题，是 Google Chubby 的开源实现。

8.4 大数据应用

"大数据"最本质的应用就在于预测，即从海量数据中分析出一定的特征，进而预测未来可能会发生什么，包括：体育赛事预测、股票市场预测、市场物价预测、用户行为预测、人体健康预测、疾病疫情预测、灾害灾难预测、环境变迁预测、交通行为预测、能源消耗预测等。"大数据"有数据量大、数据多样性等特征，实际是将各个维度的数据进行综合分析进而进行一定的预测。简单地讲，就是通过大量数据找规律，找到规律再根据规律和当下的数据推测将要发生的事情。当大量的数据被整合到大型数据库中后，预测的广度和精度都会大规模的提高。例如，当一个数据库从不同的数据来源获得了用户使用手机的时间和地点、信用卡购物、银行卡电子收费系统、使用 QQ 等聊天工具的对象、QQ 好友关系图、在新浪微博、腾讯微博的收听及被收听关系图谱、交纳的水、电、燃气费等各方面的数据，数据分析师就能通过匹配获得用户生活的不同侧面。通过大数据与数据分析可以发现其中的关联。在数据足够"大"的情况下，生活中几乎所有的需求都可能会被预测出来。

"大数据"应用已经开始并将继续影响人们的生活，下面是几个经典的大数据应用实例。

8.4.1 精准广告投放

如果用户曾使用浏览器在淘宝、京东等购物网站上购买了一本关于孕产的书籍，可以发现在之后十个月左右的时间里，浏览器两侧的广告栏里将不断出现与孕产相关的产品，如营养食品、孕妇用药、胎心监测仪等，登录原来的购物网站，也会在其首页向用户推荐这类产品。十个月之后，以上这些广告有可能就变成了婴儿用品广告。

以前，用户可能会厌烦广告推送，但现在对于这类广告，大部分用户却欣然接受，因为其推荐的产品正是用户所需要的。这实际上就是大数据应用的一个简单案例。用户浏览的商品已经被浏览器和电商记录，通过对这些浏览记录进行大数据分析，就可以推测出用户需求，为不同需求的用户推送其需要的广告产品。

精准广告投放仅仅是大数据应用的最初级阶段。因为其所涉及的数据范围并不广泛，分析原理也相对简单。

8.4.2 精密医疗卫生体系

通过分析大量用户的搜索记录，如"咳嗽"、"发烧"等特定词条，谷歌公司能准确预测美国冬季流感传播趋势。与官方机构相比，谷歌公司可以提前一到两周预测流感爆发，预测结果与官方数据的相关性高达97%。2009年，在甲型H1N1流感爆发的几周前，谷歌的工程师们公开发表了一篇论文，不仅预测流感即将爆发，其预测还精确到美国的特定地区，这让人们感到十分震惊。准确预测流感疫情，说起来并不复杂，谷歌公司一直致力于对用户检索数据的分析。用户求医问药等搜索数据可谓海量，把这些数据拿来与美国疾控中心往年记录的实际流感病例信息相比对，就可做出相对准确的预测。

"大数据"还可以提供个性化的医疗服务。过去看病，医生只能对人们当下的身体情况做出判断，而在"大数据"的帮助下，将来的诊疗可以对一个患者的累计历史数据进行分析，并结合遗传变异、对特定疾病的易感性和对特殊药物的反应等关系，实现个性化的医疗。还可以在患者发生疾病症状前，提供早期的检测和诊断。

8.4.3 个性化教育

在传统的教育模式下，分数就是一切，同一个班的学生将使用同样的教材，听同一位老师讲课，课后完成同样的作业。然而，每个学生个体是有差异的，在这个模式下，不可能真正做到"因材施教"。举例来说，一个学生考试成绩为88分，这个数字能代表什么呢？88分背后是这个学生的家庭背景、努力程度、学习态度、智力水平等，把这些信息与88分联系在一起，就形成了"数据"关联。"大数据"因其数据来源的广度，有能力去关注每一个个体学生的微观表现，如他们在什么时候开始看书，在什么样的讲课方式下兴趣更高，在什么时候学习什么科目效果最好，在回答不同类型的题目上停留的时间分别有多少等。这些数据对其他个体都没有意义，是高度个性化表现特征的体现。同时，这些数据的产生完全是过程性的，且是在学生不自知的情况下被观察、收集的，只需要一定的观测技术与设备的辅助，不会影响学生任何的日常学习与生活，因此它的采集也是最自然、真实的。

在"大数据"的支持下，教育将有可能呈现另外的特征：弹性学制、个性化辅导、社区和家庭学习……大数据支撑下的教育，就是要发现每一个个体的特点，挖掘每一个个体的学习能力和天分。

8.4.4 交通行为预测

基于用户和车辆的定位数据，分析人、车出行的个体和群体特征，进行交通行为的预测。交通部门可预测不同时间、不同道路的车流量，从而进行车辆智能调度，或应用潮汐车道。用户则可以根据预测结果选择拥堵几率更低的道路。

百度基于地图应用的LBS预测涵盖范围更广。春运期间可预测人们的"迁徙"趋势，指导火车线路和航线的设置，节假日可预测景点的人流量，指导人们的景区选择，平时还有百度热力图来告诉用户城市商圈、动物园等地点的人流情况，指导用户出行和商家的选点选址。

Google的无人驾驶汽车团队利用机器学习算法创造路上行人的模型。无人驾驶汽车行驶的每一英里路程的情况都会被记录下来，汽车电脑记录这些数据，并分析各种不同的对象在不同的环境中如何表现。有些司机的行为可能会被设置为固定变量（如"绿灯亮，汽车行"），但是汽车电脑不会生搬硬套这种逻辑，而是从实际的司机行为中进行学习。

谷歌公司已经建立了 70 万英里的行驶数据，这将有助于谷歌汽车根据自己的学习经验来调整行为。

8.4.5 数据安全

"大数据"包含包罗万象的数据，其中不少数据涉及个人的职位、年龄、身体状况、消费水平、旅行习惯等隐私。那么，在大数据时代，个人隐私能够得到保护吗？这需要国家相关部门实时推进隐私保护，企业主动落实隐私保护责任，使得大数据产业在飞速发展的同时，不会对大众的隐私保护构成威胁。

在"大数据"产业中，有两个基本的做法：一是符号化，指识别用户的时候，识别的仅仅是一个"符号"，这个符号与真实信息并不相关。例如，系统通过一定的算法能够知道多次登录的是同一个用户，但并没有办法反推出这个人是谁，因此，电话、住址等信息都无法与本人关联起来。二是用户特征，用户特征意味着在大数据时代企业感兴趣的往往是这个用户的特征，而不是家庭地址、电话号码等真正敏感的信息。例如，系统需要了解本科以上学历、月收入 10000 元以上、已婚等这样一个群体，只需要找出符合这些特征的人的特性，并不关心这个人是谁，这样或许不会对人们的隐私构成威胁。

当然，"大数据"的隐私保护问题有赖于政府推动、企业自律与个人安全意识的提高。

8.5 小结

"大数据"的数据量非常大，大到目前主流软件无法处理，必须发展新的技术来处理。"大数据"的数据类型包括：结构化数据、半结构化数据、准结构化数据和非结构化数据。其特征为：Volume（数据量大）、Variety（类型繁多）、Value（价值密度低）、Velocity（速度快）。

"大数据"的处理分为实时大数据处理和离线大数据处理，处理过程为：采集、预处理、存储与管理、分析与挖掘、展现与应用。"大数据处理系统"是一套软、硬件结合的系统，可以存储海量数据，进行高速处理，可以快速开发出并行服务，运行在价格相对低廉的机器所搭建的集群上。"大数据处理系统"需要具备实用性、可靠性、安全性、可扩展性和完整性等特点。Google 大数据处理系统和 Hadoop 大数据处理系统是当前比较成熟的大数据处理系统。大数据处理可以从海量数据里分析出规律，建立数学模型，根据当前数据信息预测未来事件。

深入思考

1. 什么是"大数据"？"大数据"的数据类型和特征有哪些？
2. 为什么数据量越来越大，数据价值密度越来越低？
3. "大数据"处理的过程有哪些步骤？每个步骤都对应了哪些具体技术？
4. 什么是大数据分析？大数据的挖掘任务有哪些？挖掘方法有哪些？
5. "大数据处理系统"的功能是什么？有哪些特性？其与云计算有什么关系？
6. 请比较 Google 大数据系统与 Hadoop 大数据系统的异同。
7. "大数据"应用的原理是什么？请举出大数据应用的几个例子。

第 9 章

Hadoop 大数据技术

9.1　Hadoop 概述

9.1.1　Hadoop 简介

Hadoop 由 Apache 开源软件基金会开发，是一个运行于大规模 x86 普通服务器集群上的，用于大数据存储、计算、分析的分布式存储系统和分布式运算框架。用户可以在不了解分布式计算底层细节的情况下，开发分布式程序，充分利用计算机集群高速运算和存储。Hadoop 是专为离线和大规模数据分析而设计的，不适合对几个记录随机读写的在线事务处理模式。"Hadoop"的由来是源于其创作者儿子的一个毛绒玩具的名字，如图 9.1 所示。

Hadoop 不是一个单机软件，其目的是对大量数据进行分布式处理，也就是多台计算机同时处理，所以，要由多台计算机一起安装并开启 Hadoop 服务，相互配合共同工作，完成对海量数据的处理。在 Hadoop 软件平台上开发和运行处理海量数据的并行应用程序比较容易，因为有很多分布式并行执行工作由 Hadoop 软件完成，编程者需要完成的编程量比较小且不需要了解分布式计算底层细节。Hadoop 以一种可靠、高效、可伸

图 9.1　Hadoop 由来

缩的方式进行数据处理：Hadoop 是可靠的，其在设计时就预先考虑了计算元素和存储失败的情况，因此系统维护了多个工作数据副本，以确保能够针对失败的节点重新进行分布处理；Hadoop 是高效的，它以并行的方式工作，通过并行处理加快处理速度；Hadoop 还是可伸缩的，能够处理 PB 级数据。此外，Hadoop 运行于 x86 计算机上，因此成本比较低，任何人都可以使用。

Hadoop 有如下特点：① 可以通过 x86 计算机组成的服务器集群来分发及处理数据，这些服务器集群节点总数可达数千个，大大降低了高性能服务成本。② Hadoop 自动维护数据的多份复制，在任务失败后可自动重新部署计算任务，体现了工作可靠性和弹性扩容能力，不会因为某个服务器节点失效导致工作不能正常进行。③ 能高效率地存储和处理拍字节（1PB=1024TB）的数据，通过分发数据，Hadoop 可以在数据所在的节点上并行地处理这些数据，使得处理速度非常快。例如，要搜索一个 10TB 的大型文件，使用传统方式需要很长时间。在 Hadoop 上采用并行执行机制，计算机集群内的节点共同工作，可以大大提高工作效率。④ Hadoop 文件不会被频繁的写入和修改，机柜内的数据传输速度大于机柜间的数据传输速度，海量数据下移动计算比移动数据更高效。

Hadoop 2.0 的核心由三部分组成：分布式文件系统（HDFS）、分布式运算框架（MapReduce）、

资源管理系统（YARN）。HDFS 可对文件系统数据进行流式访问，适用于批量数据的处理；可为应用程序提供高吞吐率的数据访问，适用于大数据集的应用中；HDFS 采用"一次写多次读"的访问模型，简化了数据一致性问题；其使用多副本实现高可靠性，可运行在 x86 服务器集群上。MapReduce 源自于函数式语言，主要通过"Map（映射）"和"Reduce（化简）"这两个步骤并行处理大规模的数据集。首先，系统把数据集分成多个数据分片，Map 会对每个分片的每一个元素进行指定的操作，多个 Map 操作可以是高度并行的，创建多个新的列表保存 Map 的处理结果。Map 工作完成之后，系统对新生成的多个列表进行清理和排序（Shuffle），然后对这些新创建的列表进行 Reduce 操作，就是对列表中的元素根据 Key 值进行适当的合并。YARN 是 Hadoop 2.0 中的资源管理系统，是一个通用的资源管理模块，可对各类应用程序进行资源管理和调度。总之，HDFS 为海量的数据提供了存储，则 MapReduce 为海量的数据提供了计算，YARN 负责调度。

Hadoop 是使用 Java 语言编写的框架，适合运行在 Linux 生产平台上。其应用程序也可以使用其他语言编写，如 C++。

企业使用 Hadoop，实现了低成本、缩短数据处理时间的目的，同时可以在大数据中发掘商业价值，利用 Hadoop 的分布式运行框架迅速搭建起自己的分布式运算系统，还可以利用 Hadoop 的分布式文件系统，快速搭建自己的分布式存储服务。

9.1.2 Hadoop 编年史

Hadoop 从出现至今已有十余年，经过了由简单技术雏形到完整技术架构的发展历程。

2002 年 10 月，Doug Cutting 和 Mike Cafarella 创建了开源网页爬虫项目 Nutch。

2003 年 10 月，在纽约第 19 届 ACM Symposium on Operating Systems Principles（国际计算机学会操作系统原理专题讨论会）上，Google 发表了 *The Google File System*。

2004 年 07 月，Doug Cutting 和 Mike Cafarella 在 Nutch 中实现了类似 GFS 的功能，即后来 HDFS 的前身。

2004 年 10 月，在旧金山第 6 届 USENIX Operating Systems Design and Implementation 会议上，Google 发表了 *Google MapReduce*，作者是 Jeffrey Dean 和 Sanjay Ghemawat，基于 GFS，汲取了函数式编程的设计思想，把计算移动到数据。

2005 年 02 月，Mike Cafarella 在 Nutch 中实现了 MapReduce 的最初版本。

2005 年 12 月，开源搜索项目 Nutch 移植到新的框架，使用 MapReduce 和 NDFS 运行，实现在 20 个节点的稳定运行。

2006 年 01 月，Doug Cutting 加入雅虎，雅虎提供了一个专门的团队和资源将 Hadoop 发展成一个可在网络上运行的系统。

2006 年 02 月，Apache Hadoop 项目正式启动以支持 MapReduce 和 HDFS 的独立发展。

2006 年 02 月~05 月，雅虎的网格计算团队采用 Hadoop 建设了第一个 Hadoop 集群，用于开发。在 188 个节点上（每个节点 10GB）运行排序测试集，花费 47.9h，在 500 个节点上运行排序测试集需要 42h。

2006 年 04 月，第一个 Apache Hadoop 发布。

2006 年 11 月，研究集群增加到 600 个节点。

2006 年 11 月，在西雅图第 7 届 USENIX Operating Systems Design and Implementation 会

议上，Google 发表了 *Google Bigtable*，作者为 Fay Chang 和 Jeffrey Dean，基于 GFS。这推进了 HBase 的创建。

图 9.2 是 Hadoop 框架的核心组件与 Google 大数据平台的对照图。可以看到，HDFS 对应 GFS，MapReduce 是相同的，HBase 对应 BigTable。

2006 年 12 月，排序测试集在 20 个节点上运行了 1.8h，100 个节点上运行了 3.3h，500 个节点上运行了 5.2h，900 个节点上运行了 7.8h。

2007 年 04 月，研究集群增加到 1000 个节点。

2007 年 10 月，第一个 Hadoop 用户组会议召开，社区贡献开始急剧上升。

2007 年 10 月，百度开始使用 Hadoop 做离线处理。

2007 年 11 月，中国移动开始在"大云"研究中使用 Hadoop 技术。

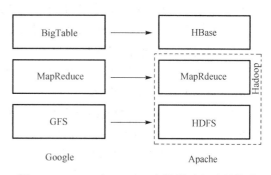

图 9.2 Hadoop 与 Google 大数据平台对照关系

2008 年 01 月，淘宝开始投入研究基于 Hadoop 的系统"云梯"，并将其用于处理与电子商务相关的数据。

2008 年 01 月，Hadoop 成为 Apache 顶级项目。

2008 年 02 月，雅虎运行了世界上最大的 Hadoop 应用，宣布其搜索引擎产品部署在一个拥有 1 万个内核的 Hadoop 集群上。

2008 年 04 月，Hadoop 在 900 个节点上运行 1TB 排序测试集仅需 209s，成为世界最快。

2008 年 06 月，Hadoop 的第一个 SQL 框架"Hive"成为了 Hadoop 的子项目。

2008 年 08 月，第一个 Hadoop 商业化公司 Cloudera 成立。

2008 年 10 月，研究集群每天装载 10TB 的数据。

2008 年 11 月，Apache Pig 的最初版本发布。

2009 年 03 月，17 个集群总共需要 24000 台机器。

2009 年 03 月，Cloudera 推出世界上首个 Hadoop 发行版"CDH"平台，完全由开放源码软件组成。

2009 年 04 月，赢得每分钟排序，59s 内排序 500GB（在 1400 个节点上）和 173min 内排序 100TB 数据（在 3400 个节点上）。

2009 年 05 月，雅虎的团队使用 Hadoop 对 1TB 的数据进行排序只花了 62s。

2009 年 06 月，Cloudera 的工程师 Tom White 编写的 *Hadoop 权威指南* 出版，后被誉为 Hadoop 圣经。

2009 年 07 月，Hadoop Core 项目更名为 Hadoop Common。MapReduce 和 HDFS 成为 Hadoop 项目的独立子项目。Avro 和 Chukwa 成为 Hadoop 新的子项目。

2009 年 08 月，Hadoop 创始人 Doug Cutting 加入 Cloudera 担任首席架构师。

2009 年 10 月，首届 Hadoop World 大会在纽约召开。

2010 年 05 月，Avro 和 HBase 脱离 Hadoop 项目，成为 Apache 顶级项目。IBM 提供了基于 Hadoop 的大数据分析软件 InfoSphere BigInsights，包括基础版和企业版。

2010 年 09 月，Hive 数据仓库、Pig 数据分析平台脱离 Hadoop，成为 Apache 顶级项目。

2010 年～2011 年，扩大的 Hadoop 社区忙于建立大量的新组件（Crunch、Sqoop、Flume、Oozie 等）来扩展 Hadoop 的使用场景和可用性。

2011 年 01 月，ZooKeeper 管理工具脱离 Hadoop，成为 Apache 顶级项目。

2011 年 03 月，Apache Hadoop 获得 Media Guardian Innovation Awards。Platform Computing 宣布在 Symphony 软件中支持 Hadoop MapReduce API。

2011 年 04 月，SGI（Silicon Graphics International）基于 SGI Rackable 和 CloudRack 服务器产品线提供 Hadoop 优化的解决方案。

2011 年 05 月，Mapr Technologies 公司推出分布式文件系统和 MapReduce 引擎 MapR Distribution for Apache Hadoop。

2011 年 05 月，HCatalog 1.0 发布，该项目由 Hortonworks 在 2010 年 3 月提出，HCatalog 主要用于解决数据存储和元数据的问题，主要解决 HDFS 的瓶颈，提供了一个存储数据状态信息的空间，这使得数据清理和归档工具可以很容易的完成处理工作。

2011 年 05 月，EMC 为用户推出了一种新的基于开源 Hadoop 解决方案的数据中心设备 GreenPlum HD，以满足用户日益增长的数据分析需求，并加快利用开源数据分析软件。Greenplum 是 EMC 在 2010 年 7 月收购的一家开源数据仓库公司。

2011 年 05 月，在收购了 Engenio 之后，NetApp 推出与 Hadoop 应用结合的产品 E5400 存储系统。

2011 年 06 月，Calxeda 公司发起了"开拓者行动"，一个由 10 家软件公司组成的团队将为基于 Calxeda 即将推出的 ARM 系统上芯片设计的服务器提供支持。并为 Hadoop 提供低功耗服务器技术。数据集成供应商 Informatica 发布了旗舰产品，产品设计初衷是为了处理当今事务和社会媒体所产生的海量数据，同时支持 Hadoop。

2011 年 07 月，雅虎和硅谷风险投资公司 Benchmark Capital 创建了 Hortonworks 公司，旨在让 Hadoop 更加可靠，并让企业用户更容易安装、管理和使用 Hadoop。

2011 年 08 月，Cloudera 公布了一项有益于合作伙伴生态系统的计划——创建一个生态系统，以便硬件供应商、软件供应商及系统集成商可以共同探索如何使用 Hadoop 更好地洞察数据。Dell 与 Cloudera 联合推出 Hadoop 解决方案 Cloudera Enterprise。Cloudera Enterprise 基于 Dell PowerEdge C2100 机架服务器及 Dell PowerConnect 6248 以太网交换机。

2012 年 03 月，企业所必须的重要功能 HDFS NameNode HA 被加入到 Hadoop 主版本中。

2012 年 08 月，另外一个重要的企业适用功能 YARN 成为 Hadoop 子项目。

2012 年 10 月，第一个 Hadoop 原生 MPP 查询引擎 Impala 加入到了 Hadoop 生态圈。

2014 年 02 月，Spark 逐渐代替 MapReduce 成为 Hadoop 的默认执行引擎，并成为 Apache 基金会顶级项目。

2015 年 02 月，Hortonworks 和 Pivotal 抱团提出"Open Data Platform"的倡议，受到传统企业如 Microsoft、IBM 等企业的支持，但其他两大 Hadoop 厂商 Cloudera 和 MapR 拒绝参与。

2015 年 10 月，Cloudera 公布继 HBase 后的第一个 Hadoop 原生存储替代方案 Kudu。

2015 年 12 月，Cloudera 发起的 Impala 和 Kudu 项目加入 Apache 孵化器。

2016 年 01 月，Hadoop 发布了 2.7.2 的稳定版，已经从传统的 Hadoop 三驾马车 HDFS、MapReduce 和 HBase 社区发展为 60 多个相关组件组成的庞大生态，其中包含在各大发行版中的组件就有至少 25 个，包括数据存储、执行引擎、编程和数据访问框架等。整个组件集合称为 Hadoop 生态系统。具体内容如图 9.3 所示。

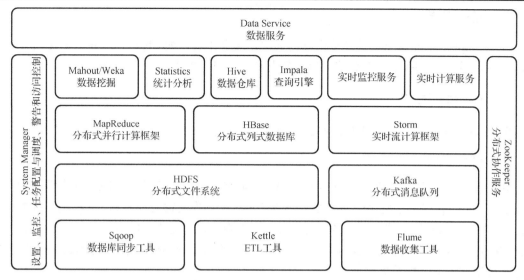

图 9.3 Hadoop 生态框架图

9.1.3 Hadoop 架构

Hadoop 2.0 将资源管理部分从 MapReduce 中独立出来变成通用框架 YARN 后，就从 Hadoop 1.0 的三层结构演变成了现在的四层架构，如图 9.4 所示。

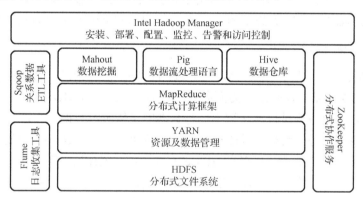

图 9.4 Hadoop 的四层架构

1. 底层（存储）

Hadoop 的底层为分布式文件系统 HDFS，HDFS 已经成为大数据磁盘存储的实际标准，用于海量日志类大文件的在线存储。HDFS 的架构和功能基本固化，如 HA、异构存储、本地数据短路访问等重要特性已经实现。

2. 中间层（资源及数据管理）

随着 Hadoop 集群规模的增大及对外服务的扩展，如何有效、可靠地共享利用资源是管理层需要解决的问题。从 MapReduce 1.0 发展来的 YARN 成为了 Hadoop 2.0 通用资源管理平台。

3. 上层（MapReduce、Impala、Spark 等计算引擎）

组件有 MapReduce、Impala、Spark 等，实现预测性数据分析，主要依靠机器学习类任务，如逻辑回归等，关注计算模型的先进性和计算能力。

4. 顶层（服务）

基于 MapReduce、Spark 等计算引擎的高级封装及工具，如 Mahout、Pig、Hive 等。服务层是包装底层引擎的编程 API 细节，为业务人员提供更高抽象的访问模型。

9.1.4 Hadoop 组件

Hadoop 生态系统中的其他组件各自实现不同的功能。

1. Pig 和 Hive

开发人员直接使用 Hadoop API 容易出错，也限制了 Java 程序员在 Hadoop 上编程的灵活性。于是 Hadoop 提供了两个解决方案，使得 Hadoop 编程变得更加容易。Pig 是一种编程语言，简化了 Hadoop 常见的工作任务，其可实现加载数据、表达转换数据及存储最终结果。Pig 内置的操作使得半结构化数据变得有意义（如日志文件）。同时 Pig 可扩展使用 Java 中添加的自定义数据类型并支持数据转换。

Hive 在 Hadoop 中扮演着数据仓库的角色。Hive 添加数据的结构在 HDFS 上，并允许使用类似于 SQL 语法进行数据查询。与 Pig 一样，Hive 的核心功能是可扩展的。

Hive 适用于数据仓库任务和静态的结构及需要经常分析的工作。Hive 与 SQL 相似，促使其成为 Hadoop 与其他 BI 工具结合的理想工具。Pig 赋予开发人员在大数据领域更多的灵活性，并允许开发者编写简洁的脚本用于转换数据流，以便嵌入到较大的应用程序中。Pig 相比 Hive 更加轻量，主要优势是相比于直接使用 Hadoop Java APIs 可大幅削减代码量。

2. HBase、Sqoop 及 Flume

Hadoop 核心是一套批处理系统，数据加载进 HDFS，进行处理，然后检索。通常互动和随机存取数据是有必要的。HBase 作为面向列的数据库，运行在 HDFS 之上，其是以 Google BigTable 为蓝本，项目目标是快速在数十亿行数据中定位所需数据，并访问它。HBase 利用 MapReduce 处理内部的海量数据。同时 Hive 和 Pig 都可以与 HBase 组合使用，Hive 和 Pig 还为 HBase 提供了高层语言支持，使得在 HBase 上进行数据统计处理变得非常简单。

但为了授权随机存储数据，HBase 也做出了一些限制，例如，Hive 与 HBase 的性能比原生在 HDFS 之上的 Hive 要慢 4～5 倍。同时 HBase 大约可存储 PB 级的数据，与之相比 HDFS 的容量限制达到 30PB。HBase 不适合用于点对点分析，其更适合整合大数据作为大型应用的一部分，包括日志、计算及时间序列数据。

在获取数据与输出数据时可以使用 Sqoop 和 Flume 改进数据的互操作性。Sqoop 从关系数据库导入数据到 Hadoop，并可直接导入到 HFDS 或 Hive。Flume 直接将流数据或日志数据导入 HDFS。

Hive 通过 SQL 语句处理众多类型的数据库，数据库工具通过 JDBC 或 ODBC 数据库驱动程序连接。

3. ZooKeeper 和 Oozie

随着越来越多的项目加入 Hadoop，并成为集群系统运作的一部分，大数据处理系统需要负责协调工作的成员。随着计算节点的增多，集群成员需要彼此同步并了解去哪里访问服务和如何配置，ZooKeeper 负责完成这项工作。

在 Hadoop 执行的任务有时候需要将多个 MapReduce 作业连接到一起，任务之间可能相互联系，彼此依赖。Oozie 组件提供了管理工作流程和依赖的功能，无须开发人员再编写定制解决方案。

4．Ambari

Ambari 项目可帮助系统管理员部署和配置 Hadoop，升级集群及监控服务。还可通过 API 集成其他的系统管理工具。

5．Whirr

Whirr 是一套运行于云服务的类库（包括 Hadoop），可提供高度的互补性。Whirr 相对中立，同时支持 Amazon EC2 和 Rackspace 服务。

6．Mahout

需求的不同导致相关的数据数量和类别多种多样，对于这些数据的分析也需要采取多样化的方法。Mahout 提供了一些可扩展的机器学习算法的实现，旨在帮助开发人员方便快捷地创建智能应用程序。Mahout 包含许多实现，如集群、分类、推荐过滤、频繁子项挖掘等。

7．Spark

Spark 是一个通用计算引擎，可对大规模数据进行快速分析。Spark 建立在 HDFS 之上，而不依赖于 MapReduce，其使用了自己的数据处理框架。Spark 通常的使用场景包括：实时查询、事件流处理、迭代计算、复杂操作与机器学习等。

9.2 HDFS 概述

9.2.1 HDFS 简介

Hadoop 分布式文件系统（Hadoop Distributed File System，HDFS）是一个高度容错性的分布式文件系统，适合部署在价格相对低廉的计算机上。HDFS 在 Linux 文件系统之上又构建了一个文件系统，用户能够以文件的形式存储数据。HDFS 能提供高吞吐量的数据访问，非常适合大规模数据集上的应用。

HDFS 是一个树形文件系统，可以创建、删除、移动和重命名文件和目录。HDFS 系统由一组计算机节点组成，这些节点包括：一个 NameNode 提供元数据服务，NameNode 是一个中心服务器，负责管理整个文件系统的命名空间，控制所有文件操作，还管理着文件的数据块列表等元数据；多个 DataNode 提供存储块，负责管理数据存储，存储在 HDFS 中的文件被分成块，然后将这些块复制到多个 DataNode 计算机中，块的大小（默认为 64MB）和复制块的数量由系统配置文件决定。HDFS 架构如图 9.5 所示。

HDFS 集群中 NameNode 和 DataNode 以"管理者—工作者"模式运行，NameNode 是管理者，DataNode 是工作者。NameNode 管理文件系统的命名空间，维护着文件系统树及整棵树内所有的文件和目录。这些信息以两个文件形式永久保存在本地磁盘上：文件系统映像文件 FsImage 和编辑日志文件 Editlog。NameNode 也记录着每个文件中各个块所在的数据节点信息，但并不永久保存块的位置信息,这些信息在系统启动时由数据节点重建。实际的数据读写并没有经过 NameNode,NameNode 上只有 DataNode 块的文件映射的元数据。当外部客户机发送请求要求操作文件时,NameNode 会以块标识及该块的第一个副本的 DataNode IP 地址作为响应。

图 9.6 是 HDFS 文件操作过程。用户要求对 HDFS 中的一个文件进行读操作,由 NameNode 把该文件的元数据返回给用户,用户根据元数据中记载的文件数据块所在 DataNode 节点地址,访问 DataNode 获得实际文件数据。

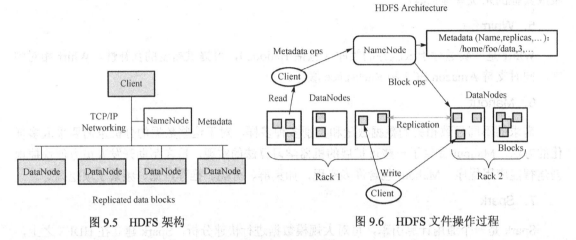

图 9.5　HDFS 架构　　　　　　　图 9.6　HDFS 文件操作过程

Hadoop 集群包含一个 NameNode 和大量 DataNode。DataNode 通常以机架的形式组织,机架通过一个交换机将所有系统连接起来。DataNode 响应来自 HDFS 客户机的读/写请求,还响应来自 NameNode 的创建、删除和复制块的命令。NameNode 依赖来自每个 DataNode 的定期心跳消息。每条消息都包含一个块报告,NameNode 可以根据这个报告验证块映射和其他文件系统元数据。如果 DataNode 不能发送心跳消息,NameNode 将采取修复措施,重新复制在该节点上丢失的块。

DataNode 是文件系统的工作节点。其根据需要存储并检索数据块(受客户端或 NameNode 调度),定期向 NameNode 发送存储块列表。没有 NameNode,文件系统将无法使用。事实上,如果运行 NameNode 服务的机器毁坏,文件系统上所有的文件将会丢失,因为系统不知道如何根据 DataNode 的块来重建文件。因此,对 NameNode 实现容错非常重要,Hadoop 为此提供了两种机制。

第一种机制是备份文件系统映像文件 FsImage 和编辑日志文件 Editlog 中各个块所在的数据节点信息。Hadoop 可以通过配置使 NameNode 在多个文件系统上保存这些文件。这些操作是实时同步的。一般的配置是将持久状态写入本地磁盘的同时,写入一个远程挂载的网络文件系统(NFS)。

另一种方法是运行一个辅助 NameNode,定期编辑日志合并命名空间映像,防止编辑日志过大。因为执行合并操作需要占用大量 CPU 时间与内存,辅助 NameNode 一般在另一台单独的物理计算机上运行。辅助 NameNode 保存合并后的命名空间映像的副本,在 NameNode 发生故障时启用。由于辅助 NameNode 保存的状态总是滞后于主节点,所以在主节点全部失效时,难免会丢失部分数据。此时可以把存储在 NFS 上的 NameNode 数据复制到辅助 NameNode,作为新的主 NameNode 运行。

9.2.2 HDFS 工作特性

1. 数据副本

HDFS 能够可靠地在一个大集群中跨机器存储超大文件。HDFS 将每个文件存储成一系列的数据块。除最后一个，所有的数据块都是同样大小的。为了容错，文件的所有数据块都会有对应的副本，如图 9.7 所示。每个文件的数据块大小和副本系数都是可配置的。副本系数可以在文件创建的时候指定，也可以在创建后改变。HDFS 中的文件都是一次性写入的，并且严格要求在任何时候只能有一个写入者。

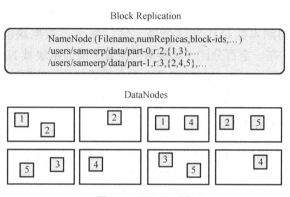

图 9.7　HDFS 副本

NameNode 管理数据块的复制，周期性地从集群中的每个 DataNode 接收心跳信号和块状态报告（Block Report）。接收到心跳信号意味着该 DataNode 节点工作正常。块状态报告包含 DataNode 上所有数据块的列表。

副本的存放是 HDFS 可靠性和性能的关键。优化的副本存放策略是 HDFS 区分于其他大部分分布式文件系统的重要特性。这种特性需要做大量的调优与经验的积累。HDFS 采用了一种称为机架感知（Rack Aware）的策略来改进数据的可靠性、可用性和网络带宽的利用率。大型 HDFS 实例一般运行在跨越多个机架的计算机组成的集群上，不同机架上的两台机器之间的通信需要经过交换机。在大多数情况下，同一个机架内的两台机器间的带宽会比不同机架的两台机器间的带宽大。

通过机架感知，NameNode 可以确定每个 DataNode 所属的机架 ID。一个简单但没有优化的策略就是将副本存放在不同的机架上。这样可以有效防止当整个机架失效时引起的数据丢失，并且允许在读取数据的时候充分利用多个机架的带宽。这种策略设置可以将副本均匀分布在集群中，有利于当组件失效情况下的负载均衡和数据可靠。但是，因为这种策略的一个写操作需要传输数据块到多个机架，其需要花费的时间和资源占用率增加了。

副本系数默认为 3，HDFS 的存放策略是将文件的第一个副本存放在本地机架的节点上，第二个副本存放在同一机架的另一个节点上，第三个副本存放在不同机架的节点上。这种策略减少了机架间的数据传输，提高了写操作的效率。机架发生错误的几率远比节点的错误几率小得多，所以这个策略不会影响数据的可靠性与可用性。因为数据块只存放在两个（而不是三个）不同的机架上，所以减少了读取数据时需要的网络传输总带宽。在这种策略下，副本并不是均匀分布在不同的机架上。文件副本保存在一个节点上，第二个副本分布在同一个机架的不同服务器上，其他副本均匀分布在剩下的机架中，这一策略在不损害数据可靠性和读取性能的情况下改进了写的性能。

为了降低整体的带宽消耗和读取延时，HDFS 会尽量让读取程序读取离它距离最近的副本。如果在读取程序的同一个机架上有一个副本，那么就读取该副本。如果一个 HDFS 集群跨越多个数据中心，那么客户端也将首先读本地数据中心的副本。

2．安全模式

NameNode 启动后进入安全模式，处于安全模式的 NameNode 不会进行数据块的复制。在安全模式下，NameNode 从所有的 DataNode 接收心跳信号和块状态报告。块状态报告包括了某个 DataNode 所有的数据块列表，每个数据块都有一个指定的最小副本数。当 NameNode 检测确认某个数据块的副本数目达到这个最小值，那么该数据块就会被认为是副本安全（Safely Replicated）的。在一定百分比（此参数可配置）的数据块被 NameNode 检测确认是安全后（另需 30 秒等待时间），NameNode 将退出安全模式状态。然后确定还有哪些数据块的副本没有达到指定数目，并将这些数据块复制到其他 DataNode 上。

3．文件系统元数据的持久化

NameNode 上保存着 HDFS 命名空间（文件系统的数据）。对于任何对文件系统元数据产生修改的操作，NameNode 都会使用一种称为 Editlog 的事务日志记录下来。例如，在 HDFS 中创建一个文件，NameNode 就会在 Editlog 中插入一条记录来表示。同样，修改文件的副本系数也将向 Editlog 插入一条记录。NameNode 在本地操作系统的文件系统中存储这个 Editlog。整个文件系统的命名空间，包括数据块到文件的映射、文件的属性等，都存储在一个名为 FsImage 的文件中，这个文件也是存放在 NameNode 所在的本地文件系统上。

NameNode 在内存中保存着整个文件系统的命名空间（FsImage）和文件数据块映射（BlockMap）的映像。这个关键的元数据结构设计紧凑，只用一个 4G 内存的 NameNode 就可以支撑大量的文件和目录。当 NameNode 启动时，系统从硬盘中读取 Editlog 和 FsImage，将所有 Editlog 中的事务作用在内存中的 FsImage 上，并将这个新版本的 FsImage 从内存中保存到本地磁盘上，然后删除旧的 Editlog。整个过程称为一个检查点（Checkpoint）。在当前实现中，检查点只发生在 NameNode 启动时，将来或将实现支持周期性的检查点。

DataNode 将 HDFS 数据以文件的形式存储在本地的文件系统中，其并不知道有关 HDFS 文件的信息，DataNode 把每个 HDFS 数据块存储在本地文件系统的一个单独的文件中。DataNode 并不在同一个目录创建所有的文件，实际上，DataNode 用"试探"的方法来确定每个目录的最佳文件数目，并且在适当的时候创建子目录。在同一个目录中创建所有的本地文件并不是最优的选择，这是因为本地文件系统可能无法高效地在单个目录中支持大量的文件。当一个 DataNode 启动时会扫描本地文件系统，产生这些本地文件对应的所有 HDFS 数据块的列表，然后作为报告发送到 NameNode，这个报告就是块状态报告。

4．健壮性

HDFS 的主要目标就是即使在出错的情况下也要保证数据存储的可靠性。常见的三种出错情况是：NameNode 出错、DataNode 出错和网络割裂（Network Partitions）。

每个 DataNode 节点周期性地向 NameNode 发送心跳信号。网络割裂可能导致一部分 DataNode

与 NameNode 失去联系。NameNode 通过心跳信号的缺失来检测这一情况，并将这些近期不再发送心跳信号的 DataNode 标记为宕机，不会再将新的 I/O 请求发给它们。任何存储在宕机 DataNode 上的数据将不再有效。DataNode 的宕机可能会引起数据块的副本系数低于指定值，NameNode 不断地检测这些需要复制的数据块，一旦发现就启动复制操作。在下列情况下，可能需要重新复制：某个 DataNode 节点失效、某个副本遭到损坏、DataNode 上的硬盘错误或文件的副本系数增大。

出现以上错误将有可能影响 HDFS 的性能，但数据不会发生丢失或破坏。

5．集群均衡

HDFS 的架构支持数据均衡策略。如果某个 DataNode 节点上的空闲空间低于特定的临界点，按照均衡策略，系统会自动地将数据从这个 DataNode 移动到其他空闲的 DataNode。当某个文件的请求突然增加时，也可能启动一个计划，创建该文件的新副本，同时重新平衡集群中的其他数据。

6．数据完整性

从某个 DataNode 获取的数据块有可能是损坏的，损坏可能是由于 DataNode 的存储设备错误、网络错误或软件 Bug 造成的。HDFS 客户端软件实现了对 HDFS 文件内容的校验和检查。当客户端创建一个新的 HDFS 文件，将计算这个文件包含的每个数据块的校验和，并将校验和作为一个单独的隐藏文件保存在同一个 HDFS 命名空间下。当客户端获取文件内容后，系统将检验从 DataNode 获取的数据与相应的文件中的校验和是否匹配，如果不匹配，客户端可以选择从其他 DataNode 获取该数据块的副本。

7．元数据磁盘错误

FsImage 和 Editlog 是 HDFS 的核心数据结构。如果这些文件损坏，整个 HDFS 实例都将失效。因此，NameNode 可以配置成支持维护多个 FsImage 和 Editlog 的副本。任何对 FsImage 或 Editlog 的修改，都将同步到其副本上。这种多副本的同步操作可能会降低 NameNode 每秒处理的命名空间事务数量。这个代价是可以接受的，因为即使 HDFS 的应用是数据密集的，也不会是元数据密集的。当 NameNode 重启时将选取最近完整的 FsImage 和 Editlog 来使用。

NameNode 是 HDFS 集群中的单点故障（Single Point of Failure）所在。如果 NameNode 机器发生故障，需要人工干预。目前，自动重启或在另一台机器上做 NameNode 故障转移的功能并未实现。

8．数据组织

HDFS 支持大文件，需要处理大规模数据集的应用适用于 HDFS。这些应用只写入数据一次，但却读取一次或多次，并且读取速度需要满足流式读取的需要。所以，HDFS 支持文件"一次写入多次读取"。一个典型的数据块大小是 64MB，因此，HDFS 中的文件总是按照 64M 被切分成不同的块，每个块尽可能地存储在不同的 DataNode 中。

9．客户端缓存

客户端创建文件的请求其实并没有立即发送给 NameNode，事实上，在开始阶段 HDFS 客户端会先将文件数据缓存到本地的一个临时文件，应用程序的写操作被透明地重定向到这个临时文件。当这个临时文件累积的数据量超过一个数据块的大小,客户端才会联系 NameNode。NameNode 将文件名插入文件系统的层次结构中,并且分配一个数据块给文件。然后返回 DataNode 的标识符和目标数据块给客户端。接着客户端将这块数据从本地临时文件上传到指定的 DataNode 上。当文件关闭时,在临时文件中剩余的没有上传的数据也会传输到指定的 DataNode 上。随后,客户端通知 NameNode 文件已经关闭。此时 NameNode 才将文件创建操作提交到日志里进行存储。如果 NameNode 在文件关闭前宕机了,该文件将会丢失。网络应用需要进行文件的流式写入,如果不采用客户端缓存,网络速度的变化和网络堵塞将对吞吐量造成比较大的影响。

10. 流水线复制

当客户端向 HDFS 文件写入数据时,开始是写入到本地的临时文件中。假设该文件的副本系数设置为 3,当本地临时文件累积到一个数据块的大小时,客户端会从 NameNode 获取一个 DataNode 列表用于存放副本。然后客户端开始向第一个 DataNode 传输数据,DataNode 将接收一小部分(4 KB)数据,写入本地磁盘,并同时传输该部分到列表中的第二个 DataNode 节点。第二个 DataNode 也是如此,并同时传给第三个 DataNode。最后,第三个 DataNode 接收数据并存储在本地。因此,DataNode 能流水线式地从前一个节点接收数据,并同时转发给下一个节点,数据以流水线的方式从前一个 DataNode 复制到下一个。

11. 可访问性

HDFS 提供了多种访问方式。用户可以通过 Java API 接口访问,也可以通过 C 语言的封装 API 访问,还可以通过浏览器的方式访问 HDFS 中的文件。

HDFS 以文件和目录的形式组织用户数据,其提供了一个命令行的接口(DFSShell),让用户与 HDFS 中的数据进行交互,命令的语法与用户熟悉的其他 Shell(如 Bash、CSH)工具类似。例如,创建一个名为 "/foodir" 的目录,命令为:Hadoop dfs -mkdir /foodir 。DFSAdmin 命令用来管理 HDFS 集群。这些命令只有 HDSF 的管理员才能使用。例如,将集群置于安全模式,命令为:Hadoop dfsadmin-safemode enter。

12. 存储空间回收

当用户或应用程序删除某个文件时,这个文件并没有立刻从 HDFS 中删除。实际上,HDFS 会将这个文件重命名转移到 "/trash" 目录。只要文件还在 "/trash" 目录中,该文件就可以被迅速恢复。文件在 "/trash" 中保存的时间是可配置的,当超过这个时间时,NameNode 就会将该文件从命名空间中删除。删除文件后,该文件相关的数据块将被释放。注意,从用户删除文件到 HDFS 空闲空间的增加之间会有一定时间的延迟。

如果用户想恢复被删除的文件,可以通过浏览 "/trash" 目录找回该文件。"/trash" 目录仅仅保存被删除文件的最后副本。在该目录上 HDFS 会应用一个特殊策略来自动删除文件,除了一点,"/trash" 与其他目录没有什么区别。目前,默认的策略是 "/trash" 中保留时间超过 6 小时的文件将会被删除。

13. 通信协议

所有的 HDFS 通信协议都是建立在 TCP/IP 协议之上的。客户端通过一个可配置的 TCP

端口连接到 NameNode,通过 Client Protocol 与 NameNode 交互。而 DataNode 使用 DataNode Protocol 与 NameNode 交互。Client Protocol 和 DataNode Protocol 是由一个远程过程调用(RPC)模型抽象并封装而来的。在设计上,NameNode 不会主动发起 RPC,而是响应来自客户端或 DataNode 的 RPC 请求。

9.2.3 文件读取过程

图 9.8 显示了在读取文件时,客户端与 HDFS、NameNode 和 DataNode 之间的数据流向与工作顺序。

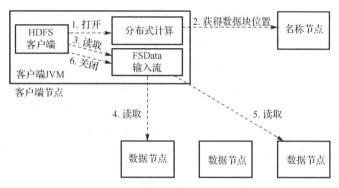

图 9.8 HDFS 文件读取原理

其读取过程如下。

(1)使用 HDFS 提供的客户端开发库 Client,向远程的 NameNode 发起 RPC 请求。

(2)NameNode 将视不同情况返回文件的部分或全部 Block 列表,对于每个 Block,NameNode 都会返回带有该 Block 复制的 DataNode 地址。

(3)客户端开发库 Client 将选取距离客户端最接近的 DataNode 读取 Block。如果客户端本身就是 DataNode,那么将从本地直接获取数据。

(4)读取完当前 Block 数据后,关闭与当前 DataNode 的连接,并为读取下一个 Block 寻找最佳的 DataNode。

(5)当读取完列表的 Block 后,且文件读取还没有结束,客户端开发库会继续向 NameNode 获取下一批的 Block 列表。

(6)读取完一个 Block 都会进行 Checksum 验证,如果读取 DataNode 时出现错误,客户端会通知 NameNode,然后从下一个拥有该 Block 复制的 DataNode 继续读取。

9.2.4 文件写入过程

图 9.9 说明了 HDFS 文件如何创建一个新文件写入数据,最后关闭该文件,同时需要考虑数据一致性。

写入文件的过程相比读取文件的过程稍复杂,其步骤如下。

(1)使用 HDFS 提供的客户端开发库 Client,向远程的 NameNode 发起 RPC 请求。

NameNode 检查要创建的文件是否已经存在,创建者是否有权限进行操作,若成功则会为文件创建一个记录,否则客户端会抛出异常。

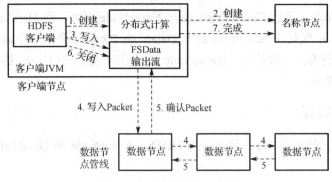

图 9.9　HDFS 文件写入原理

（2）当客户端开始写入文件时，开发库将文件切分成多个 Packets，并在内部以数据队列"Data Queue"的形式管理这些 Packets，并向 NameNode 申请新的 Block，获取用来存储备份的合适的 DataNodes 列表，列表的大小根据 NameNode 中 Replication 的设置而定。

（3）开始以 Pipeline（管道）的形式将 Packet 写入所有的备份中。开发库把 Packet 以流的方式写入第一个 DataNode，该 DataNode 将该 Packet 存储后，再将其传递给在此 Pipeline 中的下一个 DataNode，直到传递到最后一个 DataNode，这种写数据的方式呈流水线的形式。

（4）最后一个 DataNode 成功存储后会返回一个 ACK Packet，在 Pipeline 里传递至客户端，在客户端的开发库内部维护着"ACK Queue"，成功收到 DataNode 返回的 ACK Packet 后会从"ACK Queue"移除相应的 Packet。

（5）如果传输过程中，有某个 DataNode 出现了故障，那么当前的 Pipeline 会被关闭，出现故障的 DataNode 会从当前的 Pipeline 中移除，剩余的 Block 将在剩下的 DataNode 中继续以 Pipeline 的形式传输，同时 NameNode 会分配一个新的 DataNode，保持 Replicas 设定的数量。

9.3　MapReduce 工作原理

MapReduce 是一种编程模型，用于大规模数据集的并行运算。"Map"和"Reduce"是从函数式编程语言和矢量编程语言中借鉴的。编程人员即使不会使用分布式并行编程，使用此平台编写程序也可以直接运行在分布式系统上。

Hadoop 中 MapReduce 程序运行包括 3 个步骤：Map（主要分解并行的任务）、Shuffle（排序和压缩，主要为了提高 Reduce 的效率）和 Reduce（将处理后的结果汇总）。

1. Map

Map 以并行方式对输入的文件集进行操作，所以第一步（FileSplit）就是把文件集分割成多个子集。如果单个的文件大到影响查找效率，将被分割成一些小的文件。需要强调的是，分割这一步是不知道输入文件的内部逻辑结构的。例如，以行为逻辑分割的文本文件将被以任意的字节界限分割，所以这个具体分割方式要由用户自己指定。然后每个文件分割体都会对应地有一个新的 Map 任务。

当单个 Map 任务开始时，将对每个配置过的任务开启一个新的输出流（Writer），这个输出流会读取文件分割体。Hadoop 中的类 InputFormat 用于分析输入文件并产生键值对（Key/Value）。

Hadoop 中的 Mapper 类是一个可以由用户实现的类，经过 InputFormat 类分析的键值对（Key/Value）都传给 Mapper 类，这样用户提供的 Mapper 类就可以进行真正的 Map 操作。

当 Map 操作的输出被收集后，它们会被 Hadoop 中的 Partitioner 类以指定的方式区别写入输出文件里。

2. Shuffle

Shuffle 过程可以分为两个阶段：Mapper 端的 Shuffle 和 Reducer 端的 Shuffle。由 Mapper 产生的数据并不会直接写入磁盘，而是先存储在内存中，当内存中的数据达到设定阈值时，再把数据写到本地磁盘，并同时进行 Sort（排序）、Combine（合并）、Partition（分片）等操作。Sort 操作是把 Mapper 产生的结果按字母顺序进行排序；Combine 操作是把 Key 值相同的相邻记录进行合并；Partition 操作涉及如何把数据均衡地分配给多个 Reducer，直接关系到 Reducer 的负载均衡。其中 Combine 操作不一定进行，因为在某些场景其不适用，但为了使 Mapper 的输出结果更加紧凑，大部分情况下都会使用。

Mapper 和 Reducer 通常运行在不同的节点上，运行在同一个节点上的情况很少，并且 Reducer 的数量总是比 Mapper 数量少，所以 Reducer 端总是要从其他多个节点上下载 Mapper 的结果数据，这些数据也需要进行相应的 Sort、Combine、Partition 处理才能更好地被 Reducer 处理，这些处理过程就是 Reducer 端的 Shuffle。

3. Reduce

当一个 Reduce 任务开始时，其输入数据分散在各个节点上 Map 的输出文件里。在分布式的模式下，需要先把这些文件复制到本地文件系统上。当所有的数据都被复制到 Reduce 任务所在的机器上时，Reduce 任务会把这些文件合并到一个文件中。然后将这个文件合并分类，使得相同 Key 的键值对可以排在一起。接下来的 Reduce 操作就相对简单了，顺序地读入这个文件，将 Key（键）所对应的 Values（值）传给 Reduce 方法后再读取一个 Key。

最后，输出是由每个 Reduce 任务的输出文件组成，格式可以由 JobConf.setOutputFormat 类指定。图 9.10 是统计一个文件中单词出现频率的例子，该文件相对庞大，需要计算机集群并行处理，这个例子也说明了 MapReduce 的工作过程。

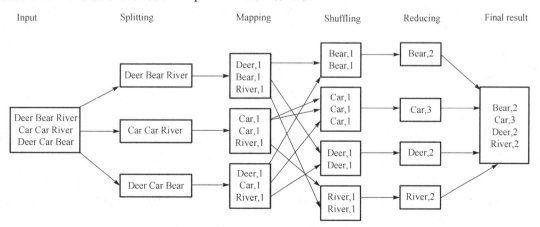

图 9.10　MapReduce 程序运行过程

9.4 Shuffle 过程

Shuffle 是 MapReduce 中的一个核心过程，在节点中的数据交换起着关键的作用，此过程跨越 Map 与 Reduce 两端。

9.4.1 Map 端

每个 Map 任务都有一个内存缓冲区，用来存储 Map 的输出结果，当缓冲区即将写满时就需要将缓冲区的数据以一个临时文件的方式存放到磁盘，当整个 Map 任务结束后再对磁盘中这个 Map 任务产生的所有临时文件合并，生成最终正式的输出文件，然后等待 Reduce 任务执行。图 9.11 是 Map 端的 Shuffle 过程。整个流程大致分为如下 4 步。

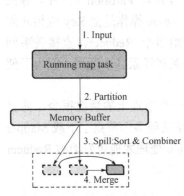

图 9.11　Map 端的 Shuffle 过程

（1）在 Map 任务执行时，其输入数据来源于 HDFS 的 Block，在 MapReduce 概念中，Map 任务只读取 Split。Split 与 Block 的对应关系默认是一对一，也可能是多对一。

（2）在经过 Mapper（执行 Map 的对象）操作后，Mapper 的输出是一个 Key/Value 对，输出到内存中的缓冲区，该缓存区呈环形，即写满后从头再写。MapReduce 提供 Partitioner 接口，它的作用就是根据 Key 或 Value 及 Reduce 的数量决定当前的这对输出数据最终应该交由哪个 Reduce 任务处理。默认对 Key 值进行哈希操作后，再以 Reduce 任务数量取模。默认的取模方式只是为了平均 Reduce 的处理能力，如果用户自己对 Partitioner 有所需求，可以自行编程并设置到 Job 上。

（3）环形内存缓冲区是有大小限制的，默认大小为 100MB。当 Map 任务的输出结果很多时，就可能"撑爆"内存，所以需要在一定条件下将缓冲区中的数据临时写入磁盘，然后重新利用这块缓冲区。这个从内存向磁盘写数据的过程称为 Spill（溢写）。溢写由单独线程完成，不影响向缓冲区写 Map 结果的线程。溢写线程运行时不应影响 Map 的结果输出，所以整个缓冲区有溢写的比例（spill.percent），这个比例默认为 0.8，也就是当缓冲区的数据达到阈值（buffer size * spill percent = 100MB * 0.8 = 80MB）时，溢写线程启动，锁定 80MB 的内存，执行溢写过程。Map 任务的输出结果还可以向剩下的 20MB 内存中写入，互不影响。

当溢写线程启动后，需要对这 80MB 空间内的 Key 做排序（Sort）。排序是 MapReduce 模型默认的行为，这里的排序也是对序列化字节做的排序。

因为 Map 任务的输出需要发送到不同的 Reduce 端，而内存缓冲区没有对发送到相同 Reduce 端的数据进行合并，那么这种合并应该体现在磁盘文件中。从官方文件上也可以看到，写到磁盘中的溢写文件对不同的 Reduce 端的数值做过合并。如果有很多个 Key/Value 对需要发送到某个 Reduce 端，那么需要将这些 Key/Value 值拼接到一起，减少与 Partition（将在后面章节讲解）相关的索引记录，这是溢写过程中一个很重要的细节。

在针对每个 Reduce 端合并数据时，有些数据的值应该合并到一起，这个过程叫 Combine。如果 Client 设置过 Combiner 类，那么现在就可以使用 Combiner 类。将有相同 Key 的 Key/Value

对的 Value 相加，减少溢写到磁盘的数据量。Combiner 会优化 Map 的中间结果，所以其在整个模型中会多次使用。Combiner 的输出是 Reducer 的输入，绝不能改变最终的计算结果。所以，Combiner 只应用于 Reduce 的输入 Key/Value 与输出 Key/Value 类型完全一致，且不影响最终结果的场景，如累加、最大值等。Combiner 的使用需要慎重，如果用好将对 Job 的执行效率有所帮助，反之将影响 Reduce 的最终结果。

（4）每次溢写会在磁盘上生成一个溢写文件，如果 Map 的输出结果很大，有多次这样的溢写发生，相应磁盘上就会有多个溢写文件存在。当 Map 任务完成时，内存缓冲区中的数据也将全部溢写到磁盘中，形成一个溢写文件。最终磁盘中至少有一个这样的溢写文件存在（如果 Map 的输出结果很少，当 Map 执行完成时，只会产生一个溢写文件），因为最终的文件只有一个，所以需要将这些溢写文件归并到一起，这个过程就称为 Merge（归并排序）。因为 Merge 是将多个溢写文件合并到一个文件，所以也可能有相同的 Key 存在，在这个过程中如果 Client 设置过 Combiner，则也会使用 Combiner 来合并相同的 Key。在 Merge 过程中提供一个基于区间的分片方法（Partion），该方法将合并后的文件按大小分区，保证后一个分区的数据在 Key 值上均大于前一分区。最后形成一个文件，文件前一个部分是分区信息，后一部分是 Merge 后的文件内容，每一个分区分配给一个 Reducer。

至此，Map 端的所有工作都已结束，最终生成的这个文件将存放在 Reduce 节点可达到的某个本地目录内。每个 Reduce 任务不断地通过 RPC 从 YARN 处获取 Map 任务是否完成的信息，如果 Reduce 任务得到通知，获知某台 Map 节点上的 Map 任务执行完成，Shuffle 的后半段过程将启动。

9.4.2 Reduce 端

Reduce 节点在 Reduce 任务执行之前不断地获取当前 Job 里每个 Map 任务的最终结果，然后对从不同地方获取的数据不断地执行 Merge（归并排序），最终形成一个文件作为 Reduce 任务的输入文件。

Shuffle 在 Reduce 端的过程也可用图 9.12 中所示的三点来概括。当前 Reduce Copy 数据的前提是要从 YARN 获得已执行结束的 Map 任务。在 Reducer（执行 Reduce 的对象）运行前，所有的时间都是在获取数据，不断执行 Merge。Reduce 端的 Shuffle 过程如下。

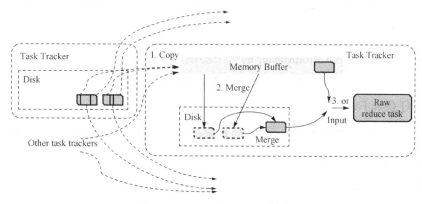

图 9.12　Reduce 端 Shuffle 过程

（1）Copy 过程，简单地获取数据。Reduce 进程启动数据 Copy 线程（Fetcher），通过 HTTP

方式请求 Map 任务所在的 TaskTracker 获取 Map 任务的输出文件。因为 Map 任务早已结束，所以这些文件就归 TaskTracker 管理在本地磁盘中。

（2）Merge（归并排序）阶段。这里的 Merge 和 Map 端的 Merge 动作相似，但针对的是不同 Map 端 Copy 来的数值。Copy 的数据会首先放入内存缓冲区，缓冲区大小基于 JVM 的 Heap Size 设置，因为 Shuffle 阶段 Reducer 不运行，所以应将绝大部分内存分配给 Shuffle 使用。这里需要强调的是，Merge 有 3 种形式：内存到内存、内存到磁盘和磁盘到磁盘。默认情况下第 1 种形式不启用。当内存中的数据量到达一定阈值，就启动内存到磁盘的 Merge。与 Map 端类似，这也是溢写的过程，如果这个过程中用户设置了 Combiner，那 Combiner 也将被启用，然后在磁盘中生成众多溢写文件。第 2 种 Merge 方式一直在运行，直到 Map 端的数据处理完后才结束，然后启动第 3 种磁盘到磁盘的 Merge 方式生成最终的文件。

（3）Reduce 的输入文件。不断地 Merge 后，最后将生成一个"最终文件"。这个文件可能存在于磁盘上，也可能存在于内存中。对于用户来说，希望内容存放于内存中，直接作为 Reduce 的输入，但默认情况下，这个文件存放在磁盘中。Reduce 的输入文件确定后，Reduce 端的 Shuffle 就结束了。接下来执行 Reduce，结果保存到 HDFS 中。

9.5 YARN 架构任务调度

MapReduce 任务流程是从客户端提交任务开始，直到任务运行结束的一系列流程，MapReduce 运行时任务调度由 YARN 提供，所以需要 MapReduce 相关服务和 YARN 相关服务进行协同工作。

9.5.1 MRv2（MapReduce Version 2）的基本组成

1. Client

Client 用于向 YARN 集群提交任务，是 MapReduce 用户和 YARN 集群通信的唯一途径，通过 ApplicationClient Protocol（RPC 协议的一个实现）与 YARN 的 ResourceManager 通信。客户端还可以对任务状态进行查询或清除任务等，可以通过 MRClient Protocol（RPC 协议的一个实现）与 MRAppMaster 进行通信，直接监控和控制作业，减轻 ResourceManager 的负担。

2. MRAppMaster

MRAppMaster 为 ApplicationMaster 的一个实现，负责监控和调度一整套 MR 任务流程，每个 MR 任务只产生一个 MRAppMaster，MRAppMaster 只负责任务管理，不负责资源的调配。

3. Map 任务和 Reduce 任务

用户定义的 Map 函数和 Reduce 函数的实例化只能运行在 YARN 给定的资源限制下，由 MRAppMaster 和 NodeManage 协同管理和调度。

9.5.2 YARN 的基本组成

YARN 是一个新的资源管理平台，可以监控和调度整个集群资源，并负责管理集群所有任务的运行和任务资源的分配，其基本组成如下。

1. Resource Manager（RM）

运行于 NameNode，是整个集群的资源调度器，其包括两个组件：ResourceSchedule（资源调度器）和 ApplicationsManager（应用程序管理器）。

ResourceSchedule：当应用程序注册需要运行时，ResourceSchedule 接受 ApplicationMaster 的资源申请，根据当时的资源和限制进行资源分配，产生一个 Container 资源描述（详见如下第 4 点）。

ApplicationsManager：负责管理整个集群运行的所有任务，包括应用程序的提交、与 ResourcSchedule 协商启动和监控 ApplicationMaster；ApplicationMaster 任务失败时，在其他节点重启。

2. NodeManager

运行于 DataNode，监控并管理单个节点的计算资源，并定时向 RM 汇报节点的资源使用情况，当节点上有任务时，负责创建 Container，监控其运行状态及最终销毁。

3. ApplicationMaster（AM）

负责对一个任务流程的调度、管理，包括任务注册、资源申请，以及和 NodeManager 通信以开启和清除任务等。

4. Container

YARN 架构下对运算资源的一种描述，封装了某个节点的多维度资源，包括 CPU、RAM、Disk 和 Network 等。当 AM 向 RM 申请资源时，RM 分配的资源以 Container 表示，Map 任务和 ReduceTask 只能在所分配的 Container 描述限制中运行。

9.5.3 YARN 架构下 MapReduce 的任务流程

YARN 架构下的 MapReduce 任务运行流程分为两个部分：① 客户端向 ResourceManager 提交任务，ResourceManager 通知相应的 NodeManager 启动 MRAppMaster；② MRAppMaster 启动成功后调度整个任务的运行，直到任务完成。详细步骤如图 9.13 所示。

（1）Client 向 ResourceManager 提交任务。

（2）ResourceManager 分配该任务的第一个 Container，并通知相应的 NodeManager 启动 MRAppMaster。

（3）NodeManager 接收命令后，开辟一个 Container 资源空间，并在 Container 中启动相应的 MRAppMaster。

（4）MRAppMaster 启动后，先向 ResourceManager 注册，再由 MRAppMaster 调度任务运行，重复步骤（5）～（8），直到任务结束。用户可以直接通过 MRAppMaster 监控任务的运行状态。

（5）MRAppMaster 以轮询的方式向 ResourceManager 申请任务运行所需的资源。资源是要处理的文件所在 DataNode 上的资源。

（6）一旦 ResourceManager 配给了资源，MRAppMaster 便会与相应的 NodeManager 通信，让 NodeManager 划分 Container 并启动相应的任务（MapTask 或 ReduceTask）。

（7）NodeManager 准备好运行环境，启动任务。

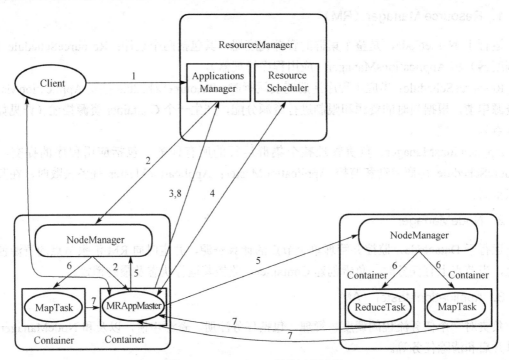

图 9.13 MapReduce 任务运行流程

(8)各任务运行,并定时通过 RPC 协议向 MRAppMaster 汇报运行状态和进度。MRAppMaster 也会实时地监控任务的运行,当发现某个 Task 假死或失败时,清除该 Task,重新启动任务。

任务完成,MRAppMaster 向 ResourceManager 通信,注销并关闭。

9.6 Hadoop 应用领域

根据 Hadoop 平台的结构特点和工作原理可知,Haoop 平台适合在以下场合使用。

(1)复杂的数据

业务数据不适合基于行列的数据库结构的情况。数据可能来源于多种格式,如多媒体数据、图像数据、文本数据、实时数据、传感器数据等。当有新的数据来源时,可能会有新的数据格式出现。MapReduce 可以存放和分析各种原始数据格式。

(2)超大规模数据

很多公司仅仅因为数据存放成本过高就放弃了很多有价值的数据。新的数据来源使得问题更为严重,新的系统和用户带来比以往更多的数据。Hadoop 的创新构架使用低成本的常规服务器储存和处理海量的数据。

(3)新的分析手段

海量复杂数据分析需要使用新的方法。新的算法包括自然语言分析、模式识别等。只有 Hadoop 的构架才能方便、高效地使用新的算法来处理和分析海量数据。

以下应用领域不适合运行,但随着技术的不断发展,相信在今后的使用中会有所改进。

(1)低时间延迟的数据访问

要求低时间延迟数据访问的应用,如几十毫秒范围,不适合在 HDFS 上运行。HDFS 是为高数据吞吐量应用优化的，这可能会以高时间延迟为代价。

（2）大量的小文件

由于 NameNode 将文件系统的元数据存储在内存中，因此该文件系统所能存储的文件总数受限于 NameNode 的内存容量。每个文件、目录和数据块的存储信息大约占 150 字节。因此，举例来说，如果有一百万个文件，且每个文件占一个数据块，那至少需要 300 MB 的内存。尽管存储上百万个文件是可行的，但是存储数十亿个文件已经超出了当前硬件的能力。

（3）多用户写入，任意修改文件

HDFS 中的文件可能只有一个 Writer，且写入操作总是将数据添加在文件的末尾。它不支持具有多个写入者的操作，也不支持在文件的任意位置进行修改。

在实际的工作环境中，Haddop 的 MapReduce 分布式处理框架常用于分布式检索、分布式排序、Web 访问日志分析、反向索引构建、文档聚类、机器学习、数据分析、基于统计的机器翻译和生成整个搜索引擎的索引等大规模数据处理工作，在很多国内外知名互联网公司都得到了广泛的应用。

9.7 小结

Hadoop 是一个分布式并行运算和存储开源软件，用于大数据存储、分析和运算。其运行在 x86 计算机集群上，运行可靠、高效、平台可伸缩。Hadoop 2.0 的核心组件有：分布式文件系统 HDFS、分布式运算框架 MapReduce、资源管理系统 YARN。在核心组件之外还发展了 60 多个具有不同功能的组件，统称 Hadoop 生态系统。

HDFS 搭建在一批安装了 Linux 操作系统的计算机节点上，在 Linux 文件系统上又构建了一个树形文件系统。HDFS 上的文件内容分块存储，每个块默认是 64M，就是一个文件。HDFS 有一个 NameNode 和多个 DataNode，目录名、文件名、文件内容块表都保存在 NameNode 上，文件内容块都保存在 DataNode 上。用户访问文件需要先在 NameNode 上查看文件由哪些文件块组成，这些块保存在哪些 DataNode 上，再从 DataNode 上读取这些数据块。为保证数据的可靠性和读写效率，数据块默认在不同 DataNode 保存 3 份副本，设计了安全模式、元数据持久化、集群均衡、完整性机制、客户端缓存、流水线复制、存储空间回收等方法。

MapReduce 是大数据并行运算模式和编程方法，由 3 个步骤组成：Map 任务是分解并行的任务；Shuffle 任务是排序和压缩，主要为了提高 Reduce 的效率；Reduce 任务是把处理后的结果再汇总起来。其中 Shuffle 由 Hadoop 平台完成，用户不需要考虑。用户编程只要考虑 Map 和 Reduce 的具体业务逻辑。Shuffle 也可以说是 Hadoop 实现并行操作的核心。Shuffle 在 Map 端和 Reduce 端均有任务执行。

MapReduce 任务流程由 YARN 控制，用户提交一个任务，ResourceManager 通知相应的 NodeManager 启动 MRAppMaster，MRAppMaster 向 ResourceManager 申请资源，通知资源 NodeManager 启动任务，任务完成，MRAppMaster 再通知 ResourceManager 结果。MapReduce 适合于方便、高效地使用新的算法来处理和分析海量数据。

深入思考

1. Hadoop 的核心组件有哪些？
2. 请详细阐述 Hadoop 的框架结构。
3. Hadoop 生态系统有哪些组件？分别有什么作用？
4. HDFS 有几个 NameNode？作用是什么？如果 NameNode 崩溃，能否恢复？如何提高 NameNode 的可靠性？
5. HDFS 副本的默认数量是多少？副本数量是不是越多越好？
6. 请描述 HDFS 系统读取数据文件的过程，在该过程中用户从 NameNode 获取了什么？从 DataNode 获取了什么？
7. 请描述 HDFS 系统数据存放策略，这种策略如何保证数据处理的效率？如何保证可靠性？
8. DataNode 向 NameNode 发送的心跳信号包含哪些内容？有什么作用？如果 NameNode 无法接收到某个 DataNode 的心跳信号，会如何处理？
9. MapReduce 的 3 个阶段分别完成了什么任务？
10. Shuffle 在 Map 端的输出是什么？请描述该输出的结构。
11. 描述在 YARN 结构下 MapReduce 的工作流程，ResourceManager 和 NodeManager 的任务分别是什么？其与 NameNode 和 DataNode 有什么关系？为什么？
12. MapReduce 适合的任务有哪些？不适合的任务有哪些？

第 10 章

Hadoop 平台的搭建和使用

本章使用一台 PC 创建两台虚拟机模拟 Hadoop 工作环境，两台虚拟机是 Hadoop 集群中的两台工作服务器，一台是 HadoopMaster（192.168.1.100），另一台是 HadoopSlave（192.168.1.101）。HadoopMaster 节点包含 NameNode、SecondNameNode 和 Resource Manager。HadoopSlave 节点包含 DataNode 和 NodeManager。这个平台可以展示 Hadoop 平台的功能和特性，如果使用两台物理机也可以搭建这个平台。实际工作环境下，HadoopMaster 是集群的管理节点，HadoopSlave 节点是集群的计算节点。计算节点可以动态加入集群，这样在运算负载增加时，可以通过添加计算机的方式提高整个集群的处理能力。

10.1 Linux 系统配置

1．创建虚拟机安装 Linux 系统

实验需要计算机的最低配置：CPU 为 Intel core i7，内存为 8G，硬盘空间为 100G。在实验使用的计算机的 BIOS 设置中打开 VT-x 功能，安装 64 位的 Windows 7 操作系统，安装 VMware Workstation 10。使用 VMware Workstation 创建两台虚拟机：HadoopMaster 和 HadoopSlave，安装操作系统 Centos6.5，硬件配置如图 10.1 所示。

设备	摘要
内存	1 GB
处理器	2
硬盘(SCSI)	20 GB
CD/DVD (IDE)	正在使用文件 D:\20160725培训o...
网络适配器	NAT
USB 控制器	存在
声卡	自动检测
打印机	存在
显示器	自动检测

图 10.1　虚拟机硬件配置

两台虚拟机安装时创建用户 zkpk，密码为 zkpk。root 密码设置为 zkpk。虚拟机开机后默认用户是 zkpk，输入密码进入 Linux 界面。

以下操作步骤需要在 HadoopMaster 和 HadoopSlave 节点上分别完成，都使用 root 用户，从当前用户切换 root 用户的命令如下。

```
su root
```

输入密码 zkpk。

本节所有的命令操作都在终端环境进行，打开终端的操作如图 10.2 所示。

终端打开后的命令行窗口如图 10.3 所示。

2．配置时钟同步

（1）配置自动时钟同步

该项操作同时需要在 HadoopSlave 节点进行配置。

使用 Linux 命令配置如下。

```
# crontab -e
```

该命令是 vi 编辑命令，按 i 进入插入模式，输入下面一行代码（*之间和前后都有空格），然后按下 Esc 键，输入 wq 保存退出。

```
0 1 * * * /usr/sbin/ntpdate cn.pool.ntp.org
```

（2）手动同步时间

直接在 Terminal 运行下面的命令。

```
# usr/sbin/ntpdate cn.pool.ntp.org
```

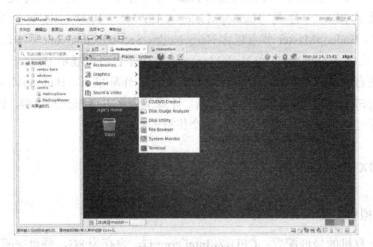

图 10.2　进入终端

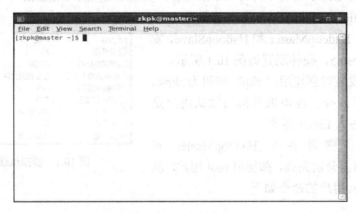

图 10.3　命令行窗口

3. 配置主机名

（1）HadoopMaster 节点

先输入以下命令改变主机名称，但系统重启后修改会失效。

```
# hostname master
```

如果要使改变长久生效，必须修改/etc/sysconfig/network 配置文件。可以使用 gedit 编辑，也可以使用 vi 编辑器（gedit 和 vi 都可以编辑配置文件）。

```
# gedit /etc/sysconfig/network
```

添加的配置信息如下。这样就把 HadoopMaster 节点的主机名彻底修改为了 master。

```
NETWORKING=yes  #启动网络
HOSTNAME=master #主机名
```

检测主机名是否修改成功的命令如下，在操作之前需要关闭当前终端，重新打开一个终端。

```
# hostname
```

命令执行完成，将看到如图 10.4 所示的命令输出。

图 10.4　命令输出

（2）HadoopSlave 节点

使用 gedit 编辑主机名。

```
# gedit /etc/sysconfig/network
```

配置信息如下。将 HadoopSlave 节点的主机名修改为 slave。

```
NETWORKING=yes  #启动网络
HOSTNAME=slave  #主机名
```

输入以下命令修改节点名称。

```
# hostname slave
```

检测主机名是否修改成功的命令如下，在操作之前需要关闭当前终端，重新打开一个终端。

```
# hostname
```

命令执行完成，将看到如图 10.5 所示的命令输出。

图 10.5　命令输出

4．使用 setup 命令配置网络环境

设置 HadoopMaster 节点和 HadoopSlave 节点的 IP 地址。

在 HadoopMaster 终端执行下面的命令。

```
# setup
```

将出现如图 10.6 所示的网络设置窗口，使用光标键移动选择"Network configuration"，按下回车键进入。

使用光标键移动选择,如图 10.7 所示,进行网卡设置,按下回车键进入。

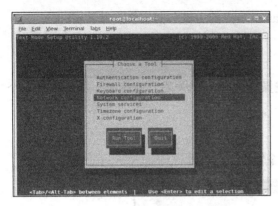 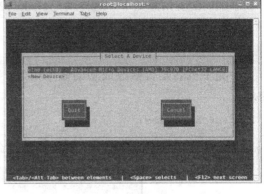

图 10.6　网络设置　　　　　　　　　图 10.7　设置网卡

如图 10.8 所示,输入各项内容。

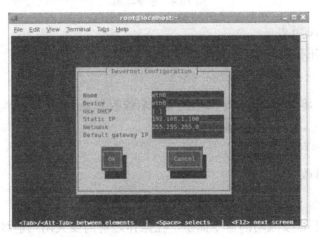

图 10.8　输入 IP 地址

重启网络服务。

```
# /sbin/service network restart
```

输入命令查看本机 IP 地址,检查是否修改成功。

```
# ifconfig
```

使用同样的方法把 HadoopSlave 节点的 IP 地址设置为 192.168.1.101。

5. 关闭 HadoopMaster 节点和 HadoopSlave 节点防火墙

在两节点的终端中分别执行以下命令。

```
# setup
```

将出现如图 10.9 所示的防火墙设置页面,移动光标选择 "Firewall configuration" 选项,按下回车键进入该选项。

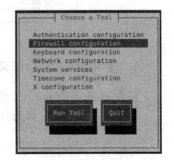

图 10.9　防火墙设置

如图 10.10 所示，如果方括号中有标记则表示防火墙是打开的，按下空格键标记消失，这样就关闭了防火墙。按下"Tab"键选择"OK"选项，再按下回车键保存设置。

在弹出的警告提示框中选择"Yes"选项，如图 10.11 所示。

图 10.10　关闭防火墙

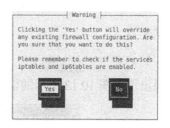

图 10.11　警告

6．配置 HadoopMaster 节点和 HadoopSlave 节点的 hosts 列表

在两个节点的终端中分别执行下面操作。
编辑主机名列表。

```
# gedit /etc/hosts
```

将如下内容添加到/etc/hosts 文件中。

```
192.168.1.100 master
192.168.1.101 slave
```

master 对应的 IP 地址是 192.168.1.100，slave 对应的 IP 地址是 192.168.1.101。
验证配置是否成功，使用以下命令。

```
# ping master
# ping slave
```

ping 通表示配置成功，否则表示配置失败。

7．上传软件到两个虚拟机

使用 SecureCRTPortable 软件终端方式登录两台虚拟机，后续设置可在该软件上进行。使用 SecureFXPPortable 软件将实验用完整软件包上传到"/home/zkpk/resources"，software 子目录下是相关安装软件包，sogou-data 是数据包。软件包可在本书配套资源文件夹中下载。

8．在 HadoopMaster 节点和 HadoopSlave 节点安装 JDK

将 JDK 文件解压，放置到"/usr/java"目录下。

```
# cd /home/zkpk/resources/software/jdk
# mkdir /usr/java
# mv jdk-7u71-linux-x64.gz /usr/java/ cd /usr/java
# tar -xvf jdk-7u71-linux-x64.gz
```

使用 gedit 配置环境变量。

  # gedit /home/zkpk/.bash_profile

将以下内容添加到 gedit 打开的文件中。

  export JAVA_HOME=/usr/java/jdk1.7.0_71/export PATH=$JAVA_HOME/bin:$PATH

执行以下命令使之生效。

  # source /home/zkpk/.bash_profile

测试配置。

  # java -version

如果出现如图 10.12 所示的信息，表示 JDK 安装成功。

图 10.12   安装成功

9. 设置两台虚拟机免密钥登录配置

该部分所有的操作都在 zkpk 用户下，切换到 zkpk 用户的命令如下。

  # su - zkpk

密码是 zkpk。

（1）HadoopMaster 节点

在终端生成密钥，命令如下，然后连续按下回车键。

  # ssh-keygen -t rsa

生成的密钥在 .ssh 目录下，如图 10.13 所示。

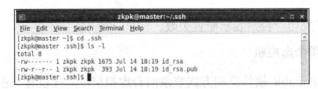

图 10.13   生成密钥

复制公钥文件。

  cat ~/.ssh/id_rsa.pub >> ~/.ssh/authorized_keys

执行 ls-l 命令后将看到如图 10.14 所示的文件列表。

```
[zkpk@master .ssh]$ cat ~/.ssh/id_rsa.pub >> ~/.ssh/authorized_keys
[zkpk@master .ssh]$ ls -l
total 12
-rw-rw-r-- 1 zkpk zkpk  393 Jul 14 18:23 authorized_keys
-rw------- 1 zkpk zkpk 1675 Jul 14 18:19 id_rsa
-rw-r--r-- 1 zkpk zkpk  393 Jul 14 18:19 id_rsa.pub
```

图 10.14   执行 ls-l 命令后文件列表

修改 authorized_keys 文件的权限。

```
chmod 600 ~/.ssh/authorized_keys
```

修改完权限后，文件列表如图 10.15 所示。

```
[zkpk@master .ssh]$ chmod 600 authorized_keys
[zkpk@master .ssh]$ ls -l
total 12
-rw-------  1 zkpk zkpk  393 Jul 14 18:23 authorized_keys
-rw-------  1 zkpk zkpk 1675 Jul 14 18:19 id_rsa
-rw-r--r--  1 zkpk zkpk  393 Jul 14 18:19 id_rsa.pub
```

图 10.15　修改权限后文件列表

将 authorized_keys 文件复制到 slave 节点。

```
#scp ~/.ssh/authorized_keys zkpk@slave:~/
```

在提示输入 yes/no 的时候，输入 yes，并按下回车键，输入密码为 zkpk。

（2）HadoopSlave 节点

在终端生成密钥，命令如下，然后连续按下回车键。

```
# ssh-keygen -t rsa
```

将 authorized_keys 文件移动到 .ssh 目录。

```
# mv authorized_keys ~/.ssh/
```

修改 authorized_keys 文件的权限。

```
# cd ~/.ssh
# chmod 600 authorized_keys
```

（3）验证免密钥登录

在 HadoopMaster 机器上执行如下命令。

```
# ssh slave
```

出现如图 10.16 所示列表，表示免密钥配置成功。

```
[zkpk@master ~]$ ssh slave
Last login: Mon Jul 14 20:55:12 2014 from master
[zkpk@slave ~]$
```

图 10.16　免密钥配置成功

10.2　Hadoop 配置部署

每个节点上的 Hadoop 配置基本相同，所以可以在 HadoopMaster 节点进行操作，然后复制到另一个节点。下面所有的操作都使用 zkpk 用户，切换 zkpk 用户的命令如下。

```
# su - zkpk
```

密码是 zkpk。

将软件包中的 Hadoop 生态系统包复制到相应 zkpk 用户的主目录下（直接拖曳即可实现复制）。

1. Hadoop 安装包解压

进入 Hadoop 软件包。

```
# cd /home/zkpk/resources/software/hadoop/apache
```

复制并解压 Hadoop 安装包。

```
# cp hadoop-2.5.2.tar.gz ~/ cd
# tar -xvf hadoop-2.5.2.tar.gz
# cd hadoop-2.5.2
```

执行 ls -l 命令，输出列表如图 10.17 所示，表示解压成功。

```
[zkpk@master hadoop-2.5.1]$ ls -l
total 56
drwxr-xr-x. 2 zkpk zkpk  4096 Nov 16 19:01 bin
drwxr-xr-x. 3 zkpk zkpk  4096 Sep  5 16:30 etc
drwxr-xr-x. 2 zkpk zkpk  4096 Sep  5 16:30 include
drwxr-xr-x. 3 zkpk zkpk  4096 Sep  5 16:30 lib
drwxr-xr-x. 2 zkpk zkpk  4096 Nov 16 19:06 libexec
-rw-r--r--. 1 zkpk zkpk 15458 Sep  5 16:30 LICENSE.txt
drwxrwxr-x. 2 zkpk zkpk  4096 Nov 16 19:20 logs
-rw-r--r--. 1 zkpk zkpk   101 Sep  5 16:30 NOTICE.txt
-rw-r--r--. 1 zkpk zkpk  1366 Sep  5 16:30 README.txt
drwxr-xr-x. 2 zkpk zkpk  4096 Nov 14 07:52 sbin
drwxr-xr-x. 4 zkpk zkpk  4096 Sep  5 16:30 share
```

图 10.17 解压成功

2. 配置环境变量 hadoop-env.sh

环境变量文件中，只需要配置 JDK 的路径。

```
# gedit /home/zkpk/hadoop-2.5.2/etc/hadoop/hadoop-env.sh
```

在文件靠前部分找到如下代码。

```
export JAVA_HOME=${JAVA_HOME
```

将这行代码修改为如下代码。

```
export JAVA_HOME= /usr/java/jdk1.7.0_71/
```

最后保存文件。

3. 配置环境变量 yarn-env.sh

环境变量文件中，只需要配置 JDK 的路径。

```
# gedit /etc/hadoop/yarn-env.sh
```

在文件靠前部分找到如下代码。

```
export JAVA_HOME=/home/y/libexec/jdk1.6.0/
```

将这行代码修改为如下代码。

```
export JAVA_HOME=/usr/java/jdk1.7.0_71/
```

最后保存文件。

4. 配置核心组件 core-site.xml

使用 gedit 编辑。

```
# gedit etc/hadoop/core-site.xml
```

用下面的代码替换 core-site.xml 中的内容。

```
<?xml version="1.0" encoding="UTF-8"?>
<?xml-stylesheet type="text/xsl" href="configuration.xsl"?>
<!-- Put site-specific property overrides in this file.-->

<configuration>
```

```
<property>
<name>fs.defaultFS</name>
<value>hdfs://master:9000</value>
</property>
<property>
<name>hadoop.tmp.dir</name>
<value>/home/zkpk/hadoopdata</value>
</property>
</configuration>
```

5. 配置文件系统 hdfs-site.xml

使用 gedit 编辑。

```
# gedit etc/hadoop/hdfs-site.xml
```

用下面的代码替换 hdfs-site.xml 中的内容。

```
<?xml version=M1.0" encoding=MUTF-8"?>
<?xml-stylesheet type="text/xsl" href="configuration.xsl"?>

<!-- Put site-specific property overrides in this file.-->
<configuration>
<property>
<name>dfs.replication</name>
<value>1</value>
</property>
</configuration>
```

6. 配置文件系统 yarn-site.xml

使用 gedit 编辑。

```
# gedit etc/hadoop/yarn-site.xml
```

用下面的代码替换 yarn-site.xml 中的内容。

```
<?xml version="1.0"?>
<configuration>
<property>
<name>yarn.nodemanager.aux-services</name>
<value>mapreduce shuffle</value>
</property>
<property>
<name>yarn.resourcemanager.address</name>
<value>master:18040</value>
</property>
<property>
<name>yarn.resourcemanager.scheduler.address</name> <value>master:18030
</value>
</property>
<property>
<name>yarn.resourcemanager.resource-tracker.address</name>    value>master:18025
</value>
```

```
        </property>
                <property>
<name>yarn.resourcemanager.admin.address</name> value>master:18141 </value>
        </property>
        <property>
<name>yarn.resourcemanager.webapp.address</name> <value>master:18088 </value>
        </property>
        </configuration>
```

7. 配置计算框架 mapred-site.xml

复制 mapred-site-template.xml 文件。

```
# cp etc/hadoop/mapred-site.xml.template etc/hadoop/mapred-site.xml
```

使用 gedit 编辑。

```
# gedit etc/hadoop/mapred-site.xml
```

用下面的代码替换 mapred-site.xml 中的内容。

```
<?xml version="1.0"?>
<?xml-stylesheet type="text/xsl" href="configuration.xsl"?>
<configuration>
<property>
<name>mapreduce.framework.name</name>
<value>yarn</value>
</property>
</configuration>
```

8. 在 Master 节点配置 slaves 文件

使用 gedit 编辑。

```
# gedit etc/hadoop/slaves
```

用下面的代码替换 slaves 中的内容。

```
slave
```

9. 复制到从节点

使用下面的命令将已经配置完成的 Hadoop 复制到从节点 HadoopSlave 上。

```
# cd
# scp -r hadoop-2.5.2 slave:~/
```

注意：因为之前已经配置了免密钥登录，所以这里可以直接远程复制。

10.3 运行 Hadoop

下面所有的操作都使用 zkpk 用户，切换 zkpk 用户的命令是。

```
# su - zkpk
```

密码是 zkpk。

1. 配置 Hadoop 启动的系统环境变量

该节的配置需要同时在两个节点（HadoopMaster 和 HadoopSlave）上进行操作，操作命令如下。

```
# cd
# gedit ~/.bash_profile
```

将下面的代码追加到.bash_profile 末尾。

```
# HADOOP
export HADOOP_HOME=/home/zkpk/hadoop-2.5.2
export PATH= $HADOOP_HOME/bin:$HADOOP_HOME/sbin:$PATH
```

然后执行命令。

```
# source .bash_profile
```

2. 创建数据目录

该节的配置需要同时在两个节点（HadoopMaster 和 HadoopSlave）上进行操作。在 zkpk 的用户主目录下，创建数据目录，命令如下。

```
# mkdir /home/zkpk/hadoopdata
```

3. 启动 Hadoop 集群

（1）格式化文件系统

格式化命令如下，该操作需要在 HadoopMaster 节点上执行。

```
# hdfs namenode -format
```

看到如图 10.18 所示的打印信息，表示格式化成功，如果出现 Exception/Error，则表示格式化失败。

```
[zkpk@master hadoop]$ hdfs namenode -format
14/11/17 03:55:18 INFO namenode.NameNode: STARTUP_MSG:
/************************************************************
STARTUP_MSG: Starting NameNode
STARTUP_MSG:   host = master/192.168.1.100
STARTUP_MSG:   args = [-format]
STARTUP_MSG:   version = 2.5.1
STARTUP_MSG:   classpath = /home/zkpk/hadoop-2.5.1/etc/hadoop:/home/zkpk/hadoop-2.5.
1/share/hadoop/common/lib/mockito-all-1.8.5.jar:/home/zkpk/hadoop-2.5.1/share/hadoop
/common/lib/protobuf-java-2.5.0.jar:/home/zkpk/hadoop-2.5.1/share/hadoop/common/lib/
log4j-1.2.17.jar:/home/zkpk/hadoop-2.5.1/share/hadoop/common/lib/jackson-mapper-asl-
1.9.13.jar:/home/zkpk/hadoop-2.5.1/share/hadoop/common/lib/jasper-compiler-5.5.23.ja
r:/home/zkpk/hadoop-2.5.1/share/hadoop/common/lib/jersey-json-1.9.jar:/home/zkpk/had
oop-2.5.1/share/hadoop/common/lib/httpcore-4.2.5.jar:/home/zkpk/hadoop-2.5.1/share/h
adoop/common/lib/xmlenc-0.52.jar:/home/zkpk/hadoop-2.5.1/share/hadoop/common/lib/com
mons-configuration-1.6.jar:/home/zkpk/hadoop-2.5.1/share/hadoop/common/lib/httpclien
t-4.2.5.jar:/home/zkpk/hadoop-2.5.1/share/hadoop/common/lib/jsr305-1.3.9.jar:/home/z
kpk/hadoop-2.5.1/share/hadoop/common/lib/paranamer-2.3.jar:/home/zkpk/hadoop-2.5.1/s
hare/hadoop/common/lib/snappy-java-1.0.4.1.jar:/home/zkpk/hadoop-2.5.1/share/hadoop/
common/lib/jackson-core-asl-1.9.13.jar:/home/zkpk/hadoop-2.5.1/share/hadoop/common/l
ib/jasper-runtime-5.5.23.jar:/home/zkpk/hadoop-2.5.1/share/hadoop/common/lib/asm-3.2
.jar:/home/zkpk/hadoop-2.5.1/share/hadoop/common/lib/jersey-core-1.9.jar:/home/zkpk/
hadoop-2.5.1/share/hadoop/common/lib/jetty-util-6.1.26.jar:/home/zkpk/hadoop-2.5.1/s
hare/hadoop/common/lib/jettison-1.1.jar:/home/zkpk/hadoop-2.5.1/share/hadoop/common/
```

图 10.18 格式化成功

（2）启动 Hadoop

使用 start-all.sh 启动 Hadoop 集群，首先进入 Hadoop 安装主目录，然后执行启动命令。

```
# cd~/hadoop_2.5.2 sbin/start-all.sh
# start-all.sh
```

执行命令后，提示输入 yes/no 时，输入 yes。

（3）查看进程是否启动

在 HadoopMaster 的终端执行 Jps 命令，在打印结果中将看到 4 个进程，分别是 ResourceManager、Jps、NameNode 和 SecondaryNameNode，如图 10.19 所示。如果出现了这 4 个进程表示主节点进程启动成功。

在 HadoopSlave 的终端执行 Jps 命令，在打印结果中会看到 3 个进程，分别是 NodeManager、DataNode 和 Jps，如图 10.20 所示。如果出现了这 3 个进程表示从节点进程启动成功。

图 10.19　主节点进程启动成功　　　　图 10.20　从节点进程启动成功

（4）Web UI 查看集群是否成功启动

在 HadoopMaster 上启动 Firefox 浏览器，在浏览器地址栏输入http://master:50070/，检查 NameNode 和 DataNode 是否正常。UI 页面如图 10.21 所示。

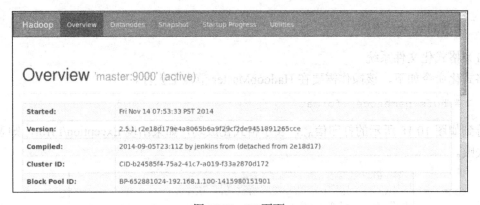

图 10.21　UI 页面

在 HadoopMaster 上启动 Firefox 浏览器，在浏览器地址栏输入http://master: 18088/，检查 YARN 是否正常，页面如图 10.22 所示。

（5）运行 PI 实例检查集群启动是否成功

进入 Hadoop 安装主目录，执行下面的命令。

```
# cd
# cd hadoop-2.5.2/share/hadoop/mapreduce/
# hadoop jar hadoop-mapreduce-examples-2.5.1.jar pi 10 10
```

将会看到如下输出结果。

```
Estimated value of Pi is 3.20000000000000000000
```

如果以上的验证步骤都未出现问题，说明集群正常启动。

图 10.22 运行状态

注意:/home/hadoop/hadoop-2.5.2/logs 目录下是 Hadoop 启动的记录文件,hadoop-hadoop-namenode-master.log 是 NameNode 启动的日志文件。 hadoop-hadoop-datanode-slave.log 是 DataNode 启动的日志文件。

常见问题: 如果 Slave 机 DataNode 进程无法启动,查看 hadoop-hadoop-datanode-master.log 可以看到以下提示。

```
FATAL org.apache.hadoop.hdfs.server.datanode.DataNode: Initialization
failed for Block pool <registering> (Datanode Uuid unassigned) service to
master/192.168.1.200:9000. Exiting.
    java.io.IOException: Incompatible clusterIDs in /home/hadoop/hadoopdata/
dfs/data: namenode clusterID = CID-8ec0dd00-8a47-4993-9299-1d848eee1f9f;
datanode clusterID = CID-3065e0c3-c37b-48b9-b9f2-efbc8b7a849d
```

从日志中可以看出,出现此问题是因为 DataNode 的 clusterID 和 NameNode 的 clusterID 不匹配。分别打开 hdfs-site.xml 里配置的 DataNode 的 VERSION 文件(/home/hadoop/hadoopdata/dfs/data/current/VERSION),与 NameNode 的 VERSION 文件(/home/hadoop/hadoopdata/dfs/name/current/VERSION)对比,可以看到 clusterID 项正如日志里记录的一样,不一致。修改 DataNode 里 VERSION 文件的 clusterID ,使其与 NameNode 里的 clusterID 一致,再重新启动 DFS(执行 start-dfs.sh),执行 Jps 命令就可以看到 DataNode 正常启动。

出现该问题的原因:在第一次格式化 DFS 后,启动并使用了 Hadoop,后又重新执行了格式化命令(hdfs namenode-format),这时 NameNode 的 clusterID 会重新生成,而 DataNode 的 clusterID 保持不变。

10.4 HDFS Shell 命令操作

HDFS 很多命令与 Linux 命令相似,下面介绍一些常用命令。
(1) hdfs dfs -ls:列出指定目录文件和目录。
(2) hdfs dfs -mkdir:创建文件夹。
(3) hdfs dfs -cat/text:查看文件内容。
(4) hdfs dfs -touchz:新建文件。

(5) hdfs dfs -appendToFile <src><tar>：将 src 的内容写入 tar 中。
(6) hdfs dfs -put<src><tar>：将 src 的内容写入 tar 中。
(7) hdfs dfs -rm <src>：删除文件或目录。
(8) hdfs dfs -du <path>：显示占用磁盘空间大小。
HDFS 命令列出指定目录文件和目录。
(1) hdfs dfs -ls：列出根目录文件和目录。
使用方法：

```
hdfs dfs -ls [-d][-h][-R] <paths>
```

其中：-d 返回 paths；-h 按照 K、M、G 数据单位大小显示文件大小，如果没有单位，默认为 B；-R 级联显示 paths 下文件，这里 paths 是个多级目录。

示例：列出根目录下的文件或目录。

```
# hdfs dfs -ls /
Found 8 items
drwxr-xr-x   -trucy    supergroup    0   2014-12-18  19:22  /data
drwxr-xr-x   -trucy    supergroup    0   2014-12-08  17:30  /dataguru
drwxr-xr-x   -trucy    supergroup    0   2014-12-16  17:04  /hbase
drwxr-xr-x   -trucy    supergroup    0   2014-12-28  10:43  /hive
drwxr-xr-x   -trucy    supergroup    0   2014-12-05  16:41  /kmedians
drwxrwxrwx   -trucy    supergroup    0   2015-01-08  16:29  /tmp
drwxr-xr-x   -trucy    supergroup    0   2014-12-21  23:10  /user
drwxr-xr-x   -trucy    supergroup    0   2014-12-24  16:12  /wangyc
```

(2) mkdir：创建文件夹。
使用方法：

```
hdfs dfs -mkdir [-p]<paths>
```

接收路径指定的 URI 作为参数，创建这些目录。其行为类似于 Linux 的 mkdir 用法，添加 -p 标签标识创建多级目录。

示例：在分布式主目录下新建文件夹 dir。

```
# hdfs dfs -mkdir dir
# hdfs dfs -ls
drwxr-xr-x -trucy supergroup     0 2015-01-08 18:49 dir
```

(3) touchz：新建文件。
使用方法：

```
hdfs dfs -touchz <path>
```

当前时间下创建大小为 0 的空文件，若大小不为 0，则返回错误信息。
示例：在/USer/${USER}/dir 下新建文件 file。

```
# hdfs dfs -touchz /user/${USER}/dir/file
# hdfs dfs -ls /user/${USER}/dir/
Found 1 items
-rw-r--r-- 2 trucy supergroup     0 2015-01-08 19:22 /user/trucy/dir/file
```

（4）cat、text、tail：查看文件内容。

使用方法：

```
hdfs dfs -cat/text [-ignoreCrc] <src>
hdfs dfs -tail [-f] <file>
```

其中：-ignoreCrc 的作用是忽略循环检验失败的文件；-f 的作用是动态更新显示数据，如查看某个不断增长的日志文件。

命令都是在命令行窗口查看指定文件内容。区别是 text 不仅可以查看文本文件，还可以查看压缩文件和 Avro 序列化的文件，其他两个不可以；tail 查看的是最后 1 KB 的文件。

示例：在作者的分布式目录/data/stocks/NYSE 下有文件 NYSE_daily_prices_Y.csv。

```
# hdfsdfs -cat /data/stocks/NYSE/NYSE_dividends_Y.csv
NYSE,YPF,1997-05-23,0.22
NYSE,YPF,1997-02-24,0.2
NYSE,YPF,1996-11-25,0.2
NYSE,YPF,1996-08-23,0.2
```

（5）appendToFile：追写文件。

使用方法：

```
hdfs dfs -appendToFile<localsrc>…<dst>
```

把 localsrc 指向的本地文件内容写到目标文件 dst 中，如果目标文件 dst 不存在，系统自动创建。如果 localsrc 是表示数据来自键盘中输入，则按"Ctrl+c"组合键结束输入。

示例：在/user/${USER}/dir/file 文件中写入文字"hello，HDFS!"。

在本地文件系统新建文件 localfile 并写入文字。

```
[trucy@nodel ~]$ echo "hello,HDFS! ">>localfile
[trucy@nodel ~]$ hdfs dfs -appendToFile localfile dir/file
[trucy@nodel ~]$ hdfs dfs -text dir/file hello,HDFS!
hello,HDFS !
```

（6）put/get：上传/下载文件。

使用方法：

```
hdfs dfs -put [-f] [-p] <localsrc>…<dst>
get [-p] [-ignoreCrc] [-crc] <src>…<localdst>
```

put 把文件从当前文件系统上传到分布式文件系统中，dst 为保存的文件名，如果 dst 是目录，把文件放在该目录下，名称不变。

get 把文件从分布式文件系统上复制到本地，如果有多个文件要复制，那么 localdst 即为目录，否则 localdst 就是要保存在本地的文件名。

其中：-f 的作用是如果文件在分布式系统上已经存在，则覆盖存储，若不加则会报错；-p 的作用是保持原始文件的属性（组、拥有者、创建时间、权限等）；IgnoreCrc 同上。

示例：把上例新建的文件 localfile 放到分布式文件系统主目录上，保存名为 hfile；把 hfile 下载到本地目录，名称不变。

```
[trucy@nodel ~]$ hdfs dfs -put localfile hfile
[trucy@nodel ~]$ hdfs dfs -ls.
Found 11 items
drwxr-xr-x - trucy supergroup 0 2015-01-0819:22 dir
drwxr-xr-x - trucy supergroup 0 2015-01-0818:51 dir0
-rw-r--r-- 2 trucy supergroup14 2015-01-08 21:30 hfile
[trucy@nodel ~]$ hdfs dfs -get hfile
[trucy0nodel ~]$ ls -1
total 108
-rw-r--r-- 1 trucy trucy 14 Jan 8 21:32 hfile
-rw-rw-r-- 1 trucy trucy 14 Jan 8 20:40 localfile
```

（7）Rm：删除文件或目录。

使用方法：

```
hdfs dfs -rm [-f] [-r][skipTrash] <src>…
```

其中：-f 的作用是如果要删除的文件不存在，不显示提示和错误信息；-r 的作用是级联删除目录下的所有文件和子目录文件；-skipTrash 的作用是直接删除，不进入垃圾回收站。

示例：在分布式主目录下（/uSer/${USER}）删除 dir 目录及 dir0 目录。

```
[trucy@nodel ~]$ hdfs dfs -rm -r dir dir0
```

（8）du：显示占用磁盘空间大小。

使用方法：

```
hdfs dfs -du [-s][-h]<path>…
```

默认按字节显示指定目录所占空间大小。其中：-s 显示指定目录下文件总大小；-h 按照 K、M、G 数据大小单位显示文件大小，如果没有单位，默认为 B。

示例：在分布式主目录下（/user/${USER}）新建文件夹 dir。

```
[trucy@nodel ~]$ hdfs dfs -du
1984582 bayes
4       hfile
1649passwd
595079rating
```

10.5 MapReduce 程序解读

本节将对 WordCount 进行更加详细的讲解。详细执行步骤如下。

（1）将文件拆分成 splits，由于测试用的文件较小，所以每个文件为一个 split，并将文件按行分割形成<key,value>对，如图 10.23 所示。这一步由 MapReduce 框架自动完成，其中偏移量（即 key 值）包括了回车所占的字符数，Windows 和 Linux 环境不同。

（2）将分割好的<key,value>对交给用户定义的 map 方法进行处理，生成新的<key,value>对，如图 10.24 所示。

（3）得到 map 方法输出的<key,value>对后，Mapper 会将它们按照 key 值进行排序，并执行 Combine 过程，将 key 值相同的 value 值累加，得到 Mapper 的最终输出结果，如图 10.25 所示。

图 10.23 分割过程　　　　　　　　　图 10.24 执行 map 方法

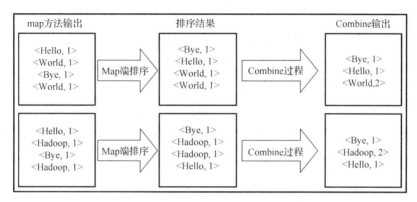

图 10.25 Map 端排序及 Combine 过程

（4）Reducer 先对从 Mapper 接收的数据进行排序，再交由用户自定义的 reduce 方法进行处理，得到新的<key,value>对，并作为 WordCount 的输出结果，如图 10.26 所示。

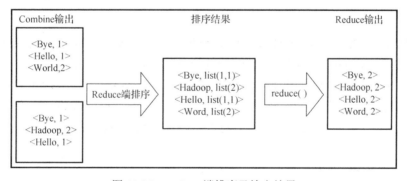

图 10.26 Reduce 端排序及输出结果

下面就是 WordCount 程序的源代码，只有 77 行就编写了一个并行计算程序。下面对该程序进行解读。

```
1    package com.hadoop.sample;
2
3    import java.io.IOException;
4    import java.util.StringTokenizer;
5
6    import org.apache.hadoop.conf.Configuration;
```

```
7    import org.apache.hadoop.fs.Path;
8    import org.apache.hadoop.io.IntWritable;
9    import org.apache.hadoop.io.Text;
10   import org.apache.hadoop.mapreduce.Job;
11   import org.apache.hadoop.mapreduce.Mapper;
12   import org.apache.hadoop.mapreduce.Reducer;
13   import org.apache.hadoop.mapreduce.lib.input.FileInputFormat;
14   import org.apache.hadoop.mapreduce.lib.output.FileOutputFormat;
15   import org.apache.hadoop.util.GenericOptionsParser;
16
17   public class WordCount {
18      //继承mapper接口，设置map的输入类型为<Object,Text>
19      //输出类型为<Text,IntWritable>
20      public static class Map extends Mapper<Object,Text,Text,IntWritable>{
21          //one 表示单词出现一次
22          private static IntWritable one = new IntWritable(1);
23          //word存储切下的单词
24          private Text word = new Text();
25          public void map(Object key,Text value,Context context) throws
                       IOException,InterruptedException{
26              //对输入的行切词
27              StringTokenizer st = new StringTokenizer(value.toString());
28              while(st.hasMoreTokens()){
29                  word.set(st.nextToken());//切下的单词存入word
30                  context.write(word, one);
31              }
32          }
33      }
```

Map 过程需要继承 org.apache.hadoop.mapreduce 包中 Mapper 类，并重写其 map 方法。通过在 map 方法中添加两句把 key 值和 value 值输出到控制台的代码，可以发现 map 方法中 value 值存储的是文本文件中的一行（以回车符为行结束标记），而 key 值为该行的首字母相对于文本文件的首地址的偏移量。随后 StringTokenizer 类将每一行拆分成为一个个的单词，并将 <word,1> 作为 map 方法的结果输出，其余的工作都交有 MapReduce 框架处理。

```
34      //继承reducer接口，设置reduce的输入类型<Text,IntWritable>
35      //输出类型为<Text,IntWritable>
36      public static class Reduce extends Reducer<Text,IntWritable,Text,IntWritable>{
37          //result 记录单词的频数
38          private static IntWritable result = new IntWritable();
39          public void reduce(Text key,Iterable<IntWritable> values,
             Context context) throws IOException,InterruptedException{
40              int sum = 0;
41              //对获取的<key,value-list>计算value的和
42              for(IntWritable val:values){
43                  sum += val.get();
44              }
```

```
45              //将频数设置到 result
46              result.set(sum);
47              //收集结果
48              context.write(key, result);
49          }
50      }
```

Reduce 过程需要继承 org.apache.hadoop.mapreduce 包中 Reducer 类，并重写其 reduce 方法。Map 过程输出<key,values>中 key 为单个单词，而 values 是对应单词的计数值所组成的列表，Map 的输出就是 Reduce 的输入，所以 reduce 方法只要遍历 values 并求和，即可得到某个单词的总次数。

```
51      /**
52       * @param args
53       */
54      public static void main(String[] args) throws Exception{
55          // TODO Auto-generated method stub
56          Configuration conf = new Configuration();
57          //检查运行命令
58          String[] otherArgs = new GenericOptionsParser(conf,args).getRemainingArgs();
59          if(otherArgs.length != 2){
60              System.err.println("Usage WordCount <int> <out>");
61              System.exit(2);
62          }
63          //配置作业名
64          Job job = new Job(conf,"word count");
65          //配置作业各个类
66          job.setJarByClass(WordCount.class);
67          job.setMapperClass(Map.class);
68          job.setCombinerClass(Reduce.class);
69          job.setReducerClass(Reduce.class);
70          job.setOutputKeyClass(Text.class);
71          job.setOutputValueClass(IntWritable.class);
72          FileInputFormat.addInputPath(job, new Path(otherArgs[0]));
73          FileOutputFormat.setOutputPath(job, new Path(otherArgs[1]));
74          System.exit(job.waitForCompletion(true) ? 0 : 1);
75      }
76
77  }
```

在 MapReduce 中，由 Job 对象负责管理和运行一个计算任务，并通过 Job 的方法对任务的参数进行相关设置。此处设置了使用 TokenizerMapper 完成 Map 过程中的处理和使用 IntSumReducer 完成 Combine 和 Reduce 过程中的处理。还设置了 Map 过程和 Reduce 过程的输出类型：key 的类型为 Text，value 的类型为 IntWritable。任务的输出和输入路径则由命令行参数指定，并由 FileInputFormat 和 FileOutputFormat 分别设定。完成相应任务的参数设定后，即可调用 job.waitForCompletion 方法执行任务。

10.6 小结

本章 Hadoop 实验环境中有两个节点：HadoopMaster 节点包含 NameNode、SecondNamenode 和 Resource Manager；HadoopSlave 节点包含 DataNode 和 NodeManager。两台机器上都要配置时钟同步、配置主机名、使用 setup 命令配置网络环境、关闭防火墙、配置 hosts 列表、上传实验完整软件包、安装 JDK、设置免密钥登录配置。节点上的 Hadoop 配置基本相同：需要进行 Hadoop 安装包解压、配置环境变量、配置核心组件、配置文件系统、配置计算框架。随后启动 Hadoop 集群：配置 Hadoop 启动的系统环境变量、创建数据目录、启动 Hadoop 集群、格式化文件系统、启动 Hadoop、查看进程是否启动、通过 Web UI 查看集群是否成功启动、运行 PI 实例检查集群是否成功。集群正常启动后就可以执行 HDFS Shell 常用命令。统计文件中的单词数量程序是一个经典的大数据程序，标准步骤有：数据分割、map 方法处理 <key,value> 生成新的 <key,value> 对、排序、reduce 方法处理，最后得到新的 <key,value> 对，并作为 WordCount 的输出结果。

深入思考

1. Hadoop 的节点为什么要安装 JDK？
2. 什么是公钥？什么是私钥？免密码登录是如何实现的？
3. 哪些进程表明 Hadoop 启动成功？
4. 使用 HDFS Shell 命令创建目录，上传文件。
5. 描述 MapReduce 架构下程序执行的过程。

参 考 文 献

[1] 陆嘉恒等. 分布式系统及云计算概论（第二版）. 北京：电子工业出版社，2013.
[2] 刘鹏. 云计算（第二版）. 北京：电子工业出版社，2011.
[3] 埃尔等. 云计算：概念、技术与架构. 北京：机械工业出版社，2014.
[4] 何坤源. VMware vSphere 5.1 虚拟化架构实战指南. 北京：人民邮电出版社，2014.
[5] 任永杰等. KVM 虚拟化技术：实战与原理解析. 北京：机械工业出版社，2014.
[6] 王春海. VMware 虚拟化与云计算应用案例详解. 北京：中国铁道出版社，2013.
[7] 黄凯等. OpenStack 实战指南. 北京：机械工业出版社，2014.
[8] 王春海. VMware vSphere 企业运维实战. 北京：人民邮电出版社，2015.
[9] 克鲁克斯顿等. VMware vSphere 部署的管理和优化. 徐炯译. 北京：机械工业出版社，2013.
[10] 陈伯龙等. 云计算与 OpenStack（虚拟机 Nova 篇）. 北京：电子工业出版社，2013.
[11] 张东. 大话存储 2：存储系统架构与底层原理极限剖析. 北京：清华大学出版社，2011.
[12] 麦里等. VMware vSphere 5 虚拟数据中心构建指南. 姚军等译. 北京：机械工业出版社，2013.
[13] 张小斌. OpenStack 企业云平台架构与实践. 北京：电子工业出版社，2015.
[14] 怀特等. Hadoop 权威指南（第 3 版）（修订版）. 北京：清华大学出版社，2015.
[15] 法菲尔德等. OpenStack 运维指南. 钱永超译. 北京：人民邮电出版社，2015.
[16] 黄凯等. 云计算与虚拟化技术丛书：OpenStack 实战指南. 北京：机械工业出版社，2014.
[17] 董西成. Hadoop 技术内幕：深入解析 MapReduce 架构设计与实现原理. 北京：机械工业出版社，2013.
[18] 刘军. Hadoop 大数据处理. 北京：人民邮电出版社，2013.
[19] 萨默等. Hadoop 技术详解. 刘敏等译. 北京：人民邮电出版社，2013.
[20] 安俊秀等. Hadoop 大数据处理技术基础与实践. 北京：人民邮电出版社，2015.
[21] 李俊杰等. 云计算和大数据技术实战. 北京：人民邮电出版社，2015.
[22] 顾炯炯. 云计算架构技术与实践. 北京：清华大学出版社，2014.
[23] 鲍尔等. 云计算实战：可靠性与可用性设计. 高巍等译. 北京：人民邮电出版社，2014.
[24] 金永霞等. 云计算实践教程. 北京：电子工业出版社，2015.
[25] 邓志. 处理器虚拟化技术. 北京：电子工业出版，2014.
[26] Gustavo. 数据中心虚拟化技术权威指南. 张其光，袁强，薛润忠译. 北京：人民邮电出版社，2015.
[27] 赵明. 联想基于 OpenStack 的高可用企业云平台实践. http://www.wtoutiao.com/p/K89EDu.html.
[28] 潘晓东. 高稳定、高可用，数千 VM 的 OpenStack 集群是如何炼成的. http://www.csdn.net/article/2015-04-08/2824422.
[29] 李宝，谭郁松. OpenStack 在天河二号的大规模部署实践. http://www.csdn.net/article/ 014-12-11/2823077.

参考文献